H.-G. Zimmer · Geometrische Optik

H.-G. Zimmer

Geometrische Optik

Mit 46 Abbildungen

Springer-Verlag Berlin · Heidelberg · New York 1967

Dr. Hans-Georg Zimmer
7082 Oberkochen
Lenzhalde 23

ISBN 978-3-642-86835-1 ISBN 978-3-642-86834-4 (eBook)
DOI 10.1007/978-3-642-86834-4

Softcover reprint of the hardcover 1st edition 1967

Titel-Nr. 1435

Vorwort

Die geometrische Optik ist aus der Mode gekommen. Die Forscher sehen wenig Hoffnung, bei der Bearbeitung dieser Disziplin der klassischen Physik zu wesentlichen neuen Erkenntnissen zu kommen. Die Lehrer meiden den Stoff, weil er durch die jahrhundertelangen Exerzierübungen der Mathematiker spröde geworden ist und nicht mehr ins Konzept des modernen Physikunterrichts paßt. Geblieben und in letzter Zeit wohl gar gewachsen ist die Bedeutung der geometrischen Optik für die Technik. Sie ermöglicht die Konstruktion der optischen Instrumente, die wir im täglichen Leben, in Wissenschaft, Forschung und Industrie als Werkzeuge benutzen.

In diesem Büchlein will ich zweierlei zeigen, nämlich die Gesetze der geometrischen Optik und ihre Anwendung bei der Konstruktion optischer Instrumente. Zum Aufbau der Theorie benutze ich nicht das Snelliussche Brechungsgesetz, sondern einen Erhaltungssatz für die Strahlungsenergie. Damit erreiche ich eine Anpassung an die jetzt in der Physik übliche Methodik, es fallen auch geometrische Hilfsgrößen und die durch sie bedingten Singularitäten weg. Die Gesetze der geometrischen Optik lassen sich dadurch einfacher formulieren, ihre physikalische Bedeutung wird klarer.

Bei der Ausführung habe ich versucht, den Wünschen der Lehrer und der Techniker in gleichem Maße entgegenzukommen und den Stoff auf den Umfang eines Taschenbuches zu beschränken. Man wird deshalb keinen systematischen Ausbau der Theorie finden und auch keine Anleitung zum Bau optischer Instrumente, vielleicht aber die Anregung, das eine zu tun und das andere nicht zu lassen.

Herrn Prof. Falk in Karlsruhe und dem Springer-Verlag danke ich für die Aufforderung, dieses Buch zu schreiben, der Geschäftsleitung der Firma Carl Zeiss für die Unterstützung des Vorhabens und vor allem Herrn Habermann und seinen Mitarbeitern in der Mathematischen Abteilung für Mikro-Optik für die Hilfe bei theoretischen und experimentellen Untersuchungen.

Oberkochen, im Mai 1967 H.-G. Zimmer

Inhaltsverzeichnis

Teil 1
Die ideale Abbildung

Hier wird erklärt, was eine optische Abbildung ist und wann sie als ideal bezeichnet wird. Die Gesetze der idealen Abbildung werden abgeleitet und ausführlich behandelt. Aus ihnen folgt alles, was man zum Verstehen der Wirkung optischer Instrumente braucht.

§ 1. Licht, Strahlung und geometrische Optik
Abgrenzung der Begriffe

Licht ist eine Empfindung, die uns durch Nervenzellen im Auge und Gehirn vermittelt wird. Diese physiologischen und psychologischen Vorgänge hängen mit dem physikalischen Begriff Strahlung dadurch zusammen, daß normalerweise Strahlung Anlaß einer Lichtempfindung ist. Aber auch Türpfosten oder Alkohol können solche Anlässe sein.

Strahlung ist ein physikalischer Grundbegriff, Name für eine Energieübertragung von einem „Sender" zu einem „Empfänger". Sie kann auf ganz verschiedene Weisen erfolgen. Beim Schall sind es materielle Schwingungen, beim Rundfunk elektromagnetische Wellen, bei der Korpuskularstrahlung bewegte Materieteilchen. Für jedes dieser Beispiele braucht man einen anderen mathematischen Formalismus, weil sich durch den Einfluß der Materie grundsätzliche Unterschiede ergeben. Diese „Wechselwirkung zwischen Strahlung und Materie" wird besonders deutlich an der Wirkungsweise der Sender und Empfänger und bei der Durchlässigkeit der Materie für verschiedene Arten der Strahlung. Wegen dieser Effekte ist Strahlung ein bevorzugtes Hilfsmittel bei der Untersuchung der Struktur der Materie. Ihre Anwendung reicht von der Werkstoffprüfung mit Ultraschall bis zu den Experimenten der Kernphysik.

Die *geometrische Optik* ist eine Teildisziplin der Physik, in der Strahlung untersucht wird. Nicht eine bestimmte Art der Strahlung, also nicht nur solche, die wir als Licht empfinden, sondern Strahlung ganz allgemein, aber unter der Voraussetzung, daß die Wechselwirkung zwischen Strahlung und Materie ohne Einfluß sei auf die Übertragung der Energie. Man untersucht also die energetisch ungestörte Ausbreitung der Strahlung, die „Wechselwirkung der Strahlung mit dem Raum".

Tatsächlich ist die Voraussetzung der geometrischen Optik in der Natur nie erfüllt. Aber in vielen und praktisch wichtigen Fällen ist der

Einfluß der Materie auf die Energiebilanz nur mit Mühe meßbar. Hier liefert die geometrische Optik gute Näherungen zur Beschreibung des wirklichen Sachverhalts. Auch dort, wo die Materie die Energieübertragung deutlich beeinflußt, benutzt man oft die Gesetze der geometrischen Optik für eine erste Orientierung, weil sie viel einfacher zu handhaben und in ihren Konsequenzen leichter zu übersehen sind als eine strenge Theorie des speziellen Falles. Dabei ist es allerdings wichtig, den Gültigkeitsbereich der geometrischen Optik zu kennen, damit man aus solchen Näherungen keine falschen Schlüsse zieht. Deshalb werden wir uns in den folgenden Paragraphen mit den Voraussetzungen der geometrischen Optik im einzelnen beschäftigen. Ich werde hauptsächlich die Strahlung behandeln, die wir als Licht empfinden. Mir erscheint das gerechtfertigt, weil die Theorie der optischen Instrumente das bevorzugte Anwendungsgebiet der geometrischen Optik ist und weil sich für andere Strahlung am Prinzip nichts ändert.

§ 2. Die Lichtröhre
Geometrische Beschreibung des zur Strahlungsmessung benutzten Lichtkegels

Wir stellen uns die Aufgabe, die durch Strahlung übertragene Energie zu messen. Der Sender O sei flächenhaft, beispielsweise ein glühendes Blechstück. Es strahlt Licht und Wärme in alle Richtungen, ein Teil davon erreicht den Empfänger P. Auch er sei flächenhaft. Wir können ihn uns als rußgeschwärztes Blech vor einem empfindlichen Thermometer oder Thermoelement vorstellen. Wie Sender und Empfänger funktionieren, darüber verliert man in der geometrischen Optik kein Wort, man setzt einfach voraus, daß sie es einwandfrei tun. Wesentlich ist, daß sie flächenhafte Gebilde sind. Für räumliche Sender, beispielsweise Gasentladungslampen, gelten streng genommen andere Gesetzmäßigkeiten.

Das Raumstück, das aus allen Verbindungsstrecken zwischen allen Punkten von O mit allen Punkten von P gebildet wird, bezeichne ich als *Lichtröhre*. Konsequenterweise müßte ich es Strahlungsröhre nennen, weil wir es bei physikalischen Messungen nur mit Strahlung zu tun haben, nie mit der Empfindung Licht. Außerdem ist das zu beschreibende Meßverfahren nicht auf die Strahlung beschränkt, die wir als Licht empfinden können. Aber aus sprachlichen Gründen ist das Wort Lichtröhre vorzuziehen.

Die Lichtröhre kann eine sehr komplizierte Form haben, die sich mathematisch nur mit Hilfe der Infinitesimalrechnung beschreiben läßt. Alle grundsätzlichen Probleme der geometrischen Optik lassen sich aber schon am einfachsten Modell behandeln. Das sind die *zentrierten Systeme*: Sender und Empfänger sind Kreisscheiben und stehen senkrecht auf einer Geraden durch beide Mittelpunkte. Diese ausgezeichnete Gerade nennt man die *Achse* des Systems oder des Instruments.

Dieser einfache Fall hat große praktische Bedeutung, denn die optischen Geräte sind mit ganz wenigen Ausnahmen zentrierte Systeme oder lassen sich gedanklich auf solche zurückführen. So ist beim Photoapparat der Strahlungsempfänger, nämlich die Filmschicht, in Wirklichkeit rechteckig begrenzt. Dennoch kann man ihn formal wie ein zentriertes System behandeln, wenn man den Umkreis des Bildformats als Bildrand ansieht. Alle folgenden Ausführungen gelten für zentrierte Systeme, auch wenn diese Voraussetzung nicht immer ausdrücklich erwähnt wird. Nur in der Theorie der Bildfehler werde ich kurz auf die Besonderheiten der dezentrierten Abbildung eingehen.

Abb. 1 zeigt die Lichtröhre eines zentrierten Systems in einem ebenen Schnitt längs der Achse. Sie ist ein gerader Kegelstumpf, der links und

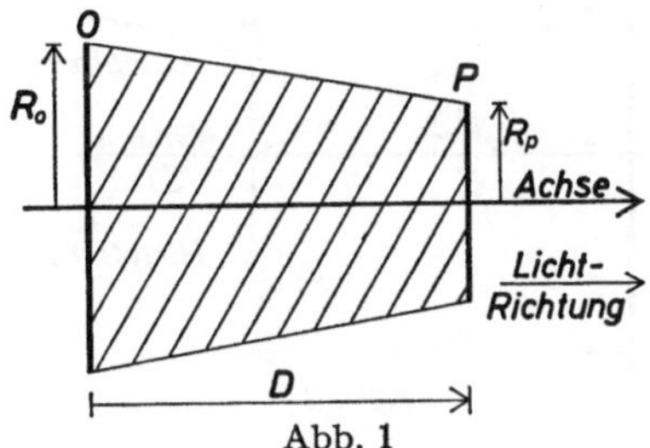

Abb. 1

rechts durch Kreisscheiben O und P begrenzt wird. Die Bezeichnungen links und rechts sind deshalb brauchbar, weil es in der geometrischen Optik eine allgemeine Konvention ist, für Zeichnung und Rechnung die Richtung der Energieübertragung von links nach rechts anzunehmen. Bei Spiegelungen wird diese Regelung unbrauchbar. In solchen Fällen muß man die Abweichung von der Konvention durch Pfeile ausdrücklich kennzeichnen. Statt Richtung der Energieübertragung sagt man einfach Lichtrichtung.

Zur mathematischen Beschreibung der Lichtröhre in dieser speziellen Gestalt genügen drei Koordinaten, zum Beispiel die Radien R_O und R_P der Kreisscheiben O und P und der Abstand D zwischen O und P. Dieses Koordinatensystem ist sehr einfach und zweckmäßig für geometrische Untersuchungen. Die physikalisch wichtigen Eigenschaften der Lichtröhre lassen sich mit dem in Abb. 2 dargestellten Koordinatensystem besser beschreiben.

Wir verbinden die Mitte des Senders mit dem Rand des Empfängers durch eine in der Zeichenebene liegende Gerade, die wir *Randstrahl* nennen. Ganz entsprechend ziehen wir einen *Hauptstrahl* durch den Rand von O und die Mitte von P. Nun wählen wir auf der Achse einen

Aufpunkt E. Er braucht nicht innerhalb der Lichtröhre zu liegen. Von E aus fällen wir die Lote A und B auf den Rand- bzw. Hauptstrahl. Wir nehmen die Lotlänge positiv, wenn das Lot über der Achse liegt, sonst negativ. Damit haben wir zwei Koordinaten für die Lichtröhre erklärt. Zwei weitere Koordinaten gewinnen wir aus den Winkeln u und w, die Rand- und Hauptstrahl mit der Achse bilden. Und zwar nehmen wir als Koordinaten $U = \sin u$ und $W = \sin w$. Die Vorzeichen der Winkel werden in der geometrischen Optik nicht nach den in der analytischen Geometrie üblichen Regeln festgelegt, sondern genau anders herum definiert. In Abb. 2 ist also u negativ und w positiv. Man hat die Zeichen so festgesetzt, damit in den Linsenformeln die Brechkraft einer Sammellinse positiv wird. Es hat keinen Zweck, diese Regel umzustoßen. Das würde nur Verwirrung stiften.

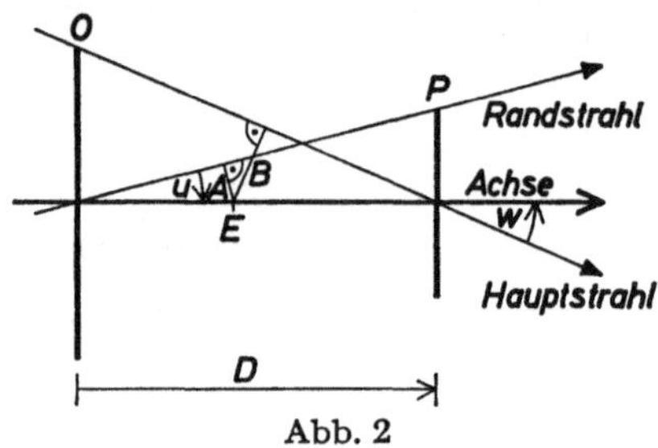

Abb. 2

Die vier Koordinaten A, B, U und W bestimmen die Gestalt der Lichtröhre. Es ist nämlich A/U der Abstand vom Aufpunkt E bis zum Sender O und B/W der Abstand von E bis P. Dies sieht man mit Hilfe der Abb. 2 leicht ein, weil der Abstand E bis P die Hypotenuse und das Lot B die dem Winkel w gegenüberliegende Kathete eines rechtwinkligen Dreiecks sind. Also gibt die Formel $B/W - A/U = D$ den Abstand zwischen Sender und Empfänger. Aus dem Abstand und den Winkeln w bzw. u kann man ihre Radien berechnen.

Umgekehrt sind die vier Koordinaten durch die Gestalt der Lichtröhre nicht eindeutig festgelegt. Wählt man einen anderen Aufpunkt, so bekommt man andere Werte für die Lote A und B. Vom Aufpunkt unabhängig ist der Ausdruck $D = B/W - A/U$, weil er den Abstand zwischen Sender und Empfänger gibt. Auch die Winkel und damit die Koordinaten U und W hängen nicht von der Wahl des Aufpunktes ab. Deshalb ist

$$-DUW = AW - BU$$

eine unveränderliche Größe, eine Invariante der Lichtröhre.

Das ist kein Zufall, die Koordinaten A, B, U und W wurden nämlich so bestimmt, daß zwischen ihnen diese Invarianzbeziehung besteht.

§ 3. Der lineare Leitwert

Ein Maß für den Einfluß der Lichtröhre auf die Übertragung der Energie

Wir nehmen jetzt Sender und Empfänger in Betrieb. Die durch die Lichtröhre übertragene Energie wird normengerecht als *Strahlungsmenge* bezeichnet, ihre technische Maßeinheit ist die Wattsekunde. Aber bei Strahlungsmessungen interessiert man sich in der Regel nur für die pro Zeiteinheit übertragene Energie. Sie wird in Watt gemessen und normengerecht *Strahlungsfluß*, häufig auch Strahlungsleistung genannt.

Zuerst betreiben wir Sender und Empfänger unter „Normalbedingungen". Das heißt für Schall- und Lichtstrahlung, daß die Energieübertragung in Luft erfolgt. Für Strahlung, die in Luft stark absorbiert wird, nimmt man als Normalmedium den leeren Raum. Wir verändern die Größen von Sender und Empfänger, ohne ihre sonstigen Eigenschaften zu beeinflussen, und variieren den Abstand zwischen ihnen. Dabei ändert sich auch die gemessene Strahlungsleistung.

In einer zweiten Versuchsreihe behalten wir die geometrische Form der Lichtröhre bei und ersetzen das Normalmedium zwischen Sender und Empfänger durch einen anderen Stoff, der die zu übertragende Energie nicht absorbiert und die räumliche Energiedichte in der Lichtröhre verändert. Für Schallstrahlung kann man ein anderes Gas nehmen. Auch eine Änderung der Temperatur oder des Luftdrucks hat diese Wirkung. Für Lichtstrahlung nimmt man optisch einwandfreies Glas.

Bei diesen Versuchen, deren Prinzip schon von J. H. Lambert (1728—1777) beschrieben wurde, stellen wir fest, daß die Strahlungsleistung Φ proportional ist zum Quadrat der Brechzahl n des in der Lichtröhre benutzten Stoffes und proportional zum Quadrat der charakteristischen Größe $AW - BU$ der Lichtröhre:

$$\Phi = c\,n^2\,(AW - BU)^2, \quad c \text{ ist der Proportionalitätsfaktor.}$$

Geben also zwei Lichtröhren verschiedener Gestalt für den Ausdruck $AW - BU$ bis aufs Vorzeichen denselben Wert, dann übertragen beide im gleichen Medium dieselbe Strahlungsleistung. In verschiedenen Medien verhalten sich die Strahlungsleistungen wie die Quadrate der zugehörigen Brechzahlen. Ist für eine Lichtröhre $AW - BU$ doppelt so groß wie der entsprechende Ausdruck für eine zweite Lichtröhre, dann kann sie im selben Medium viermal so viel Strahlungsleistung übertragen wie die zweite.

Der Proportionalitätsfaktor c ist ein Maß für die Leistungsfähigkeit des Senders und sollte deshalb einen eigenen Namen haben. Aber da nicht alle Lichtröhren zentriert sind und man diese spezielle Eigenschaft nicht zur Grundlage des Meßverfahrens machen wollte, benutzt man stattdessen den Ausdruck c/π^2, er heißt Strahlungsdichte oder normengerecht *Strahldichte*. Der Nenner π^2 kommt durch die Umrechnung kreisförmiger Sender und Empfänger auf quadratische zustande.

Am Beispiel des glühenden Blechs wird die Bedeutung der Strahlungsdichte sehr anschaulich. Ein weiß glühendes Blech strahlt von derselben Fläche mehr Energie in Form von Licht und Wärme aus als ein dunkelrot glühendes oder gar ein schwarzes. Ein entsprechendes Maß für die Leistungsfähigkeit des Empfängers gibt es theoretisch nicht, denn er muß ja immer die ganze Strahlungsleistung aufnehmen. Sonst verfälscht er die Messung.

Die experimentell gefundene Formel $\Phi = c\,n^2\,(AW - BU)^2$ für den Zusammenhang zwischen der Strahlungsleistung, der Brechzahl des benutzten Mediums und den Koordinaten der Lichtröhre zeigt, daß der Ausdruck $n\,(AW - BU)$ für die Übertragungseigenschaften der Lichtröhre charakteristisch ist. Es ist deshalb zweckmäßig, ihm einen Namen zu geben. Ich nenne ihn den *linearen Leitwert* LLW. Seine Definitionsgleichung ist

$$\text{LLW} = AnW - BnU\,.$$

Das Adjektiv linear soll darauf hinweisen, daß in die energetischen Beziehungen das Quadrat dieser Größe eingeht, und eine Verwechselung mit dem Lichtleitwert $\pi^2\,(AW - BU)^2$ zentrierter Systeme verhindern.

Bevor wir den linearen Leitwert zum Fundament der geometrischen Optik machen, müssen wir uns die Frage vorlegen, ob die angedeuteten Experimente als beweiskräftig gelten können. Nein; streng logisch gesehen beweisen sie nichts. Denn kein durch ein technisches Instrument realisierter Sender oder Empfänger funktioniert ideal. Kein Meßwert ist garantiert frei von Fehlern. Mit denselben Experimenten hätte man vielleicht auch für einen von LLW um Winzigkeiten verschiedenen Ausdruck beweisen können, daß er die Übertragungseigenschaften der Lichtröhre charakterisiert.

Machen wir ein Beispiel: Als Koordinate $\bar{A}$ der Lichtröhre nehmen wir nicht das Lot vom Aufpunkt E auf den Randstrahl, sondern das Lot vom Randstrahl auf die Achse, welches durch E geht. Analog sei jetzt $\bar{B}$ das Lot vom Hauptstrahl auf die Achse, und zwar wieder durch den Aufpunkt E, siehe Abb. 3. Als weitere Koordinaten nehmen wir $\bar{U} = \operatorname{tg} u$ und $\bar{W} = \operatorname{tg} w$. Auch in diesem Koordinatensystem ist $\bar{B}/\bar{W} - \bar{A}/\bar{U} = D$ der Abstand zwischen Sender und Empfänger und $\bar{A}\bar{W} - \bar{B}\bar{U}$ eine von der Wahl des Aufpunktes unabhängige Größe. Zu den früher definierten Koordinaten bestehen die Beziehungen $A = \bar{A}\cos u$, $B = \bar{B}\cos w$, $U = \bar{U}\cos u$ und $W = \bar{W}\cos w$, also ist

$$AW - BU = \cos u \cdot \cos w\,(\bar{A}\bar{W} - \bar{B}\bar{U}).$$

Will man durch ein Experiment entscheiden, welches Koordinatensystem besser ist, dann muß man die Winkel u und w so groß machen, daß $\cos u \cdot \cos w$ deutlich von 1 verschieden ist. Das führt auf das technische Problem, einen Empfänger zu bauen, der auf einer großen

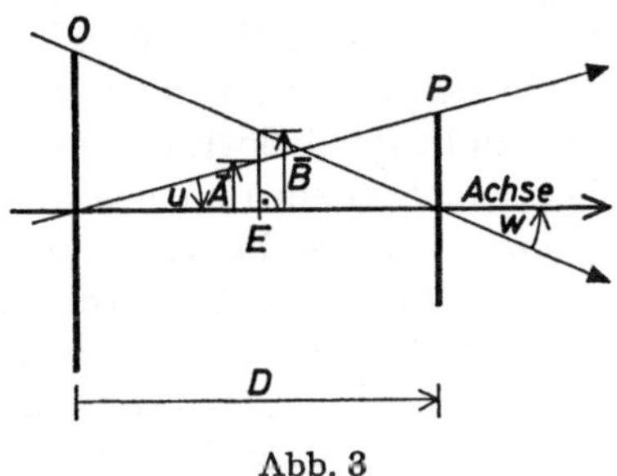

Abb. 3

Fläche über einen großen Winkelbereich einwandfrei mißt. Im nächsten Paragraphen werde ich zeigen, wie man diese Schwierigkeit umgehen kann.

§ 4. Beugung

Eine Grenze für die Energieübertragung durch Lichtröhren

Wir legen den Aufpunkt E für das Koordinatensystem A, B, U und W der Lichtröhre in die Mitte des Senders. Dann ist $A = 0$, und der lineare Leitwert bekommt die spezielle Gestalt LLW $= -BnU$. Verkleinern wir den Durchmesser des Senders, dann werden B und LLW entsprechend kleiner. Wollen wir LLW ungeändert lassen, so müssen wir U entsprechend der Verkleinerung von B vergrößern. Sofern das möglich ist. Weil der Betrag von $U = \sin u$ höchstens den Wert 1 annehmen kann, hat dieses Verfahren bald ein Ende. Man kann die Brechzahl erhöhen bis $n = 2{,}5$ (Diamant), aber danach läßt es sich nicht mehr verhindern, daß mit der Verkleinerung des Senders auch der lineare Leitwert kleiner wird.

Grundsätzlich andere Ergebnisse liefert das im vorigen Paragraphen erwähnte Koordinatensystem $\bar{A}$, $\bar{B}$ usw. Wie klein auch immer wir den Radius $\bar{B}$ des Senders machen mögen, stets können wir einen Winkel u so finden, daß $-\bar{B}n\bar{U}$ einen gewünschten Wert ergibt. Denn $\bar{U} = \operatorname{tg} u$ nimmt beliebig große Werte an, wenn u einem rechten Winkel nahekommt.

Legt man den Aufpunkt E in die Mitte des Empfängers, dann kommt man zu ganz entsprechenden Folgerungen für die Ausdrücke AnW und $\bar{A}n\bar{W}$. Daraus können wir schließen: Wenn das erste Koordinatensystem für die Lichtröhre richtig ist, dann muß bei der Energieübertragung ein grundsätzlicher Unterschied zwischen großen und kleinen Sendern oder auch Empfängern bestehen. Wenn das Koordinatensystem mit den Querstrichen richtig ist, darf es keinen solchen Unterschied geben.

Auf Grund dieser Überlegung muß es sich durch Experimente feststellen lassen, welche Annahme der Erfahrung widerspricht. Tatsächlich ändern sich die Übertragungseigenschaften einer Lichtröhre wesentlich, wenn man von großen zu sehr kleinen Sendern oder Empfängern übergeht. Das ist durch die Beobachtung der Beugungserscheinungen experimentell gesichert. Wir wissen heute, daß wir uns ein Atom, auch mit dem stärksten Lichtmikroskop, nicht ansehen können wie etwa unsere Hand. Und daß man durch winzige Löcher hindurch kein scharfes Bild der Landschaft bekommen kann. Letzteres kann jeder leicht ausprobieren, indem er in einen lichtundurchlässigen Karton mit einer Nadel ein feines Loch bohrt und das dicht vors Auge hält. Damit wissen wir auch, daß das Koordinatensystem mit den Querstrichen für eine Beschreibung der physikalischen Vorgänge unbrauchbar ist. Aber es bleibt ungewiß, ob A, B, U und W die richtigen Koordinaten sind.

§ 5. Die Rayleigh-Einheit
Ein Maß für den kleinsten Leitwert einer Lichtröhre

Die einfachen Regeln für die Energieübertragung in einer Lichtröhre können versagen, wenn Sender oder Empfänger sehr klein und die Beugungserscheinungen deutlich werden. Man kann keine scharfe Grenze für ihre Gültigkeit angeben. Es hängt sehr von speziellen Einzelheiten des Senders und der Art der Beobachtung ab, ob die Beugungserscheinungen nachweisbar oder gar störend werden. Aber man weiß, daß sie wesentlich abhängen von der Wellenlänge der Strahlung und vom linearen Leitwert der Lichtröhre. Also nicht nur von der Größe des Senders oder Empfängers allein, sondern auch von deren Abstand. Wollen wir etwas deutlich sehen, dann bringen wir es so dicht wie möglich an unser Auge heran. Der Sender O, nämlich das Objekt unserer Beobachtung, ändert dabei seine Größe nicht. Auch die Größe der Augenpupille, die als Empfänger P der Strahlung dient, bleibt praktisch ungeändert. Aber der lineare Leitwert wird durch die Verkürzung des Abstandes größer. Das ist die physikalische Erklärung für das deutlichere Erkennen.

Der Einfluß der Beugung auf die Energieübertragung wird meßbar, wenn der lineare Leitwert LLW etwa die Größe der Wellenlänge erreicht. Deshalb ist es oft zweckmäßig, LLW nicht in Millimetern oder einer anderen Längeneinheit anzugeben, sondern in Vielfachen der benutzten Wellenlänge.

Dient die Wellenlänge als Maßeinheit für den linearen Leitwert, dann nennt man sie *Rayleigh-Einheit* und kürzt sie ab mit R.E. Prinzipiell ist der neue Name überflüssig. Aber er ist nützlich, weil er nur für Leitwerte benutzt wird. In Vielfachen einer Wellenlänge werden auch andere Werte gemessen, beispielsweise Phasendifferenzen oder die Länge des Urmeters.

Mit dem Namen dieser Einheit wird Lord RAYLEIGH geehrt. Er beschäftigte sich um 1880 mit der Leistungsfähigkeit optischer Instrumente und der Frage, wie sie durch Bildfehler beeinträchtigt wird. Seine Arbeiten sind deshalb von Bedeutung, weil er die Kriterien für den Einfluß der Bildfehler nicht aus der Geometrie der Strahlen, sondern aus den physikalischen Eigenschaften der Strahlung ableitete. Dies war der Todesstoß für die „klassische" geometrische Optik, die den Strahlen physikalische Bedeutung gab und sie als Träger der Energie ansah.

Wie unbrauchbar die „klassische" Theorie für die Lösung physikalischer Probleme ist, hatte schon ERNST ABBE erfahren, als CARL ZEISS ihm um 1870 die Aufgabe stellte, ein Mikroskop-Objektiv zu konstruieren. Wenn Strahlen die Energie übertragen, so schloß er, dann muß ein Mikroskop-Objektiv mit kleinem Winkel u und kleinem Empfänger so leistungsfähig sein wie eins mit großem Winkel. Den Verlust an Helligkeit kann man durch bessere Lichtquellen ausgleichen. Durch den Mißerfolg dieser Theorie wurde ABBE auf die Bedeutung der Beugung aufmerksam und erkannte die Leistungsgrenze optischer Instrumente. Seine „Sinusbedingung" ist heute der Grund für die Wahl der Koordinaten A, B, U und W für die Lichtröhre.

§ 6. Definition der idealen Abbildung

Die Invarianz des linearen Leitwertes als Grundprinzip und die Rayleigh-Einheit als Grenze für die Gültigkeit der Theorie

Von den orientierenden Betrachtungen der bisherigen Paragraphen ausgehend, definieren wir nun die Theorie der idealen Abbildung für zentrierte Systeme. Ihr *Grundbegriff* ist die Lichtröhre mit den in § 2 festgelegten Koordinaten A, B, U und W. *Grundprinzip* ist die Invarianz des linearen Leitwertes LLW $= AnW - BnU$. Das n in dieser Formel ist eine reine Zahl. Wir nennen sie Brechzahl des Mediums am Ort des Aufpunktes E der Lichtröhrenkoordinaten, aber die Theorie ist von einer konkreten Bedeutung dieser Zahl unabhängig. Ich werde im folgenden stets voraussetzen, daß alle Medien homogen und isotrop sind, daß sich also die Brechzahl nur an der Trennfläche zweier Medien ändern kann. Diese Annahme vereinfacht den Formalismus der Theorie wesentlich und ist nur in wenigen Spezialfällen nicht erfüllt.

In § 2 habe ich als Beispiel gezeigt, daß LLW sich nicht ändert, wenn man den Aufpunkt E längs der Achse verschiebt und die Brechzahl dabei unverändert bleibt. Diese Aufpunktsverschiebung ist also ein Prozeß, der das Grundprinzip der Theorie erfüllt. Zweck der Theorie ist es, *alle* Prozesse zu finden, die LLW ungeändert lassen. Damit bekommt man einen Überblick über alles, was bei der idealen Abbildung möglich oder auch nur denkbar ist.

Damit die Theorie der idealen Abbildung nicht der experimentellen Erfahrung widerspricht, müssen wir ihre Gültigkeit auf einen Bereich beschränken, in dem die Erscheinungen durch Beugungseffekte nicht wesentlich gestört werden. Da es keine scharfe natürliche Begrenzung gibt, setzen wir eine *Grenze der Gültigkeit* fest durch die Forderung, daß der Betrag des linearen Leitwertes nicht kleiner sein darf als eine Rayleigh-Einheit, also eine Wellenlänge.

Als Leistungsgrenze optischer Instrumente wird oft das *Auflösungsvermögen* angegeben, und zwar mit einer viertel Rayleigh-Einheit. Das ist kein Widerspruch zu obiger Festsetzung, denn beim Auflösungsvermögen geht es nicht um die korrekte Beschreibung der Energieübertragung. Es besagt nur, wann alle Einzelheiten der Lichtröhre, also beispielsweise Form und Größe des Senders, in der Beugungsfigur untergehen. Liegt LLW zwischen einer und einer viertel Rayleigh-Einheit, dann kann man die Theorie der idealen Abbildung noch als grobe Näherung benutzen, unterhalb des Auflösungsvermögens werden ihre Aussagen falsch.

Anlaß für die Bildung der drei Grundbegriffe Lichtröhre, Leitwert und Rayleigh-Einheit war unsere experimentelle Erfahrung. Wir haben also keinen formalen Beweis für ihre Richtigkeit. Die Theorie der idealen Abbildung benutzt diese Grundbegriffe und kommt durch logische Schlüsse zu Aussagen, die weit über die in den Grundbegriffen enthaltene Erfahrung hinausgehen und durch optische Instrumente glänzend bestätigt werden. Damit wird dieser Ansatz nachträglich gerechtfertigt. Die Theorie der Bildfehler wird zeigen, daß er nicht streng richtig, aber sehr zweckmäßig ist. Der „bessere" Ansatz der Bildfehlertheorie führt nämlich sofort auf recht komplizierte Formeln, die man nur überschaut, wenn man sich an die ideale Abbildung als Leitseil halten kann. Auch von den Prinzipien der Bildfehlertheorie wissen wir, daß sie eine Näherung sind und nur grobe Kriterien für die Güte der Abbildung liefern.

Von den Eigenschaften der Materie berücksichtigt die Theorie nur die Brechzahl. Sie kann deshalb keine Aussagen liefern über die Polarisation und erst recht nicht über die Kristalloptik.

Die folgenden drei Paragraphen bringen die abstrakte Theorie der idealen Abbildung, also die formalen Konsequenzen obiger Definition. Mancher Leser wird an den Formeln wenig Gefallen finden, weil sie kaum anschaulich zu begreifen sind. Ich habe absichtlich die abstrakte Darstellung gewählt, weil ich damit die reine Theorie zeigen und sie trennen wollte von den später folgenden Anwendungen.

§ 7. Die Grundprozesse der idealen Abbildung
Objekt- und Pupillenverschiebung, Übergang und Brechung

Wir versuchen in diesem Paragraphen, folgende Fragen zu beantworten: Welche Prozesse lassen den linearen Leitwert der Lichtröhre ungeändert? Wie kann man sie formal beschreiben, und welche physikalischen Vorgänge entsprechen ihnen? Dazu nehmen wir auf einer Achse zwei Lichtröhren mit den Aufpunkten E und E^* her. Die Aufpunkte brauchen nicht verschieden zu sein, aber die linearen Leitwerte LLW und LLW* sollen gleich sein:

$$AnW - BnU = A^*n^*W^* - B^*n^*U^* . \tag{7.1}$$

Auf beiden Seiten fügen wir $A^*nW - B^*nU$ hinzu und bekommen durch Zusammenfassen der Glieder

$$\begin{aligned} 0 = (A^* - A)nW + (n^*W^* - nW)A^* - \\ - (B^* - B)nU - (n^*U^* - nU)B^* . \end{aligned} \tag{7.2}$$

Sehen wir A, B, nU und nW als gegebene Größen an, dann ist dies eine Gleichung für die vier Unbekannten A^*, B^*, n^*U^* und n^*W^*. Sie hat unendlich viele Lösungen. Einige kann man durch Probieren leicht finden.

Wir setzen $A^* = A$ und $n^*U^* = nU$. Dann reduziert sich die Formel (7.2) auf die Bedingung

$$(n^*W^* - nW)A = (B^* - B)nU . \tag{7.3}$$

Sind A und nU beide von Null verschieden, so folgt daraus die Proportion

$$\frac{n^*W^* - nW}{nU} = \frac{B^* - B}{A} = \pi .$$

Mit Hilfe des Proportionalitätsfaktors π können wir die Lösungsschar darstellen als

$$\Pi \left\{ \begin{array}{ll} A^* = A & B^* = B + \pi A \\ n^*U^* = nU & n^*W^* = nW + \pi nU . \end{array} \right. \tag{7.4}$$

Diese Form der Lösung für die Gleichung (7.3) bekommen wir auch, wenn A oder nU Null ist. Beide zugleich können nicht verschwinden. Dann wäre nämlich LLW $= 0$, also im Betrag kleiner als eine Rayleigh-Einheit. Der Fall liegt außerhalb des Gültigkeitsbereichs der Theorie und ist physikalisch sinnlos.

Bei der anschaulichen Deutung beschränke ich mich auf den Fall, daß $n = n^*$ ist und die Aufpunkte E und E^* zusammenfallen. Dies ist eine echte Einschränkung, weil der allgemeine Fall nicht nur theoretischen Sinn, sondern auch praktische Bedeutung hat. Aber es ist nicht leicht, ihn zu überblicken, und sehr schwer, ihn korrekt und anschaulich zu beschreiben. Außerdem lege ich die Aufpunkte in die Mitte des Senders, behandle also nur den Sonderfall $A = 0$. Das ist im Prinzip keine Einschränkung, weil die Wahl eines anderen Aufpunktes den Leitwert und die Geometrie der Lichtröhre nicht beeinflußt. Unter diesen Voraussetzungen sind alle Koordinaten mit und ohne Stern gleich bis auf $W^* = W + \pi U$. In Abb. 4 ist für beide Lichtröhren der Teil über der Achse dargestellt.

Am auffälligsten ist die Verschiebung des Empfängers und die damit verbundene Änderung seiner Größe. Da unsere Augenpupille ein Musterbeispiel für einen Strahlungsempfänger ist, nenne ich den durch eine

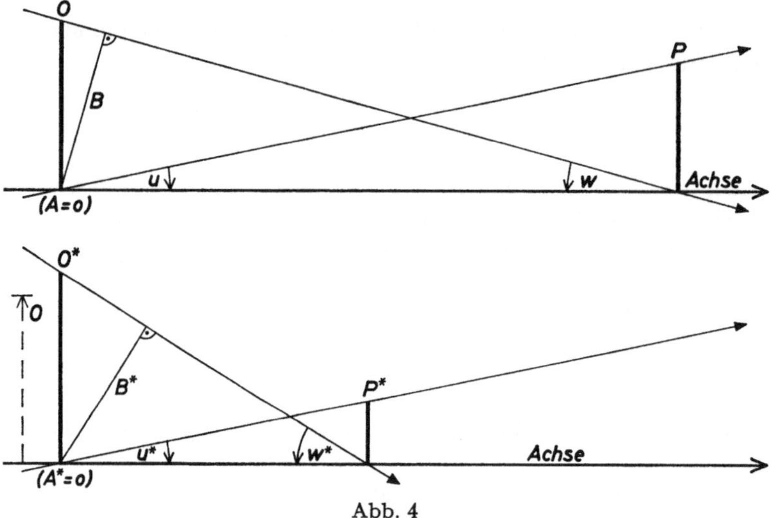

Abb. 4

Lösung der Schar Π beschriebenen Prozeß eine *Pupillenverschiebung.* Unter den speziellen Voraussetzungen für Abb. 4 kann man auch dem Parameter π eine anschauliche Deutung geben. Es sind nämlich

$$\frac{B}{W} = D \quad \text{und} \quad \frac{B^*}{W^*} = D^*$$

die Abstände zwischen Sender und Empfänger. Wegen $B = B^*$ ist

$$\pi = \frac{n^* W^* - nW}{nU} = \frac{nB}{nU}\left(\frac{1}{D^*} - \frac{1}{D}\right)$$

ein Maß für die Änderung des Kehrwertes vom Abstand zwischen Sender und Empfänger. In Abb. 4 ist $D = 2D^*$ und $1/D^* - 1/D = 1/D$. Für eine optisch gleichwertige Pupillenverschiebung in entgegengesetzter Richtung muß demnach $1/D^* - 1/D = -1/D$ werden. Das erfordert $D^* = \infty$, der Empfänger muß also nicht in die doppelte Entfernung, sondern unendlich weit weggeschoben werden. An diesem Beispiel merkt man, daß das Arbeiten mit reziproken Abständen recht unanschaulich ist. Aber in der geometrischen Optik läßt es sich nicht immer umgehen.

Auf eine Besonderheit der Pupillenverschiebung will ich nachdrücklich hinweisen, nämlich auf die Änderung in der Größe des Senders. Die von der Mitte des Senders auf die Hauptstrahlen gefällten Lote B und B^* sind gleichlang. Deshalb scheint der Sender von der Mitte des Empfängers her betrachtet gleichgroß zu sein. Dennoch werden die geometrischen Maße von O und O^* unterschiedlich sein, wenn W und W^* nicht gleich sind. Im unteren Teil von Abb. 4 ist zum Vergleich die Größe von O gestrichelt eingetragen. Je dichter der Empfänger an den Sender herangeschoben wird, um so größer muß der Sender werden, damit der lineare Leitwert konstant gehalten werden kann. An diesem Beispiel wird der Unterschied zwischen der „klassischen" und der modernen Auffassung von geometrischer Optik deutlich. Früher sah man den Sender als realen Gegenstand an, und zu seinen unveränderlichen Bestimmungsstücken gehörte natürlich auch seine geometrische Größe. Heute betrachtet man den Sender nur in Verbindung mit dem Empfänger als Hilfsbegriff zur Bestimmung der Energieübertragung. Die geometrisch-anschaulichen Größen der klassischen Theorie wurden dem abstrakten Begriff Energie geopfert.

In der Theorie der idealen Abbildung ist die energetische Wirkung des Senders O unabhängig von der Größe des Winkels w und wird beschrieben durch seine Projektion B auf die Mitte des Empfängers. Sender mit diesen besonderen Eigenschaften nennt man *Lambert-Strahler*. Ein glühendes Blech kommt diesem Idealfall recht nahe, aber andere Sender, zum Beispiel Volumenstrahler, haben eine grundsätzlich andere Strahlungscharakteristik und können nur für kleine Winkel w näherungsweise wie Lambert-Strahler behandelt werden.

Eine weitere Lösungsschar der Gleichung (7.2) bekommen wir, wenn wir $B^* = B$ und $n^*W^* = nW$ setzen. Ganz entsprechend zu obiger Ableitung liefert dann die Bedingung

$$(A^* - A)\cdot nW = (n^*U^* - nU)\cdot B$$

die Lösungsschar

$$\Omega \left\{ \begin{aligned} A^* &= A + \omega B & B^* &= B \\ n^*U^* &= nU + \omega\, nW & n^*W^* &= nW\,, \end{aligned} \right. \tag{7.5}$$

die wir anschaulich als „Objektverschiebung" deuten können. Die Begründung dafür ist ganz analog zum ersten Fall, man braucht nur die Rollen von Sender und Empfänger zu vertauschen. Vermerkt sei noch, daß in der Theorie der idealen Abbildung auch für den Empfänger eine Lambert-Charakteristik vorausgesetzt wird.

Als dritten Ansatz nehmen wir $n^*U^* = nU$ und $n^*W^* = nW$. Daraus folgt die Lösungsschar

$$\Delta \left\{ \begin{array}{ll} A^* = A + \delta\, nU & B^* = B + \delta\, nW \\ n^*U^* = nU & n^*W^* = nW\,. \end{array} \right. \tag{7.6}$$

Zur geometrischen Deutung nehmen wir nur eine Lichtröhre und setzen $n = n^*$. In diesem Spezialfall beschreiben die Formeln (7.6) die Verschiebung des Aufpunktes E nach E^*. Abb. 5 gibt die zugehörige Konstruktion. Man sieht an der gestrichelten Hilfslinie, daß $A^* = A - dU$ ist. Das Minuszeichen ergibt sich aus der Zeichenkonvention für Lote und Winkel und der Vereinbarung, daß Strecken in Lichtrichtung positiv genommen werden. Entsprechend ist $B^* = B - dW$. Also besteht zwischen dem Parameter δ und dem Abstand d der Zusammenhang $d = -n\delta$. Dieser Prozeß der Aufpunktsverschiebung spielt in der praktischen

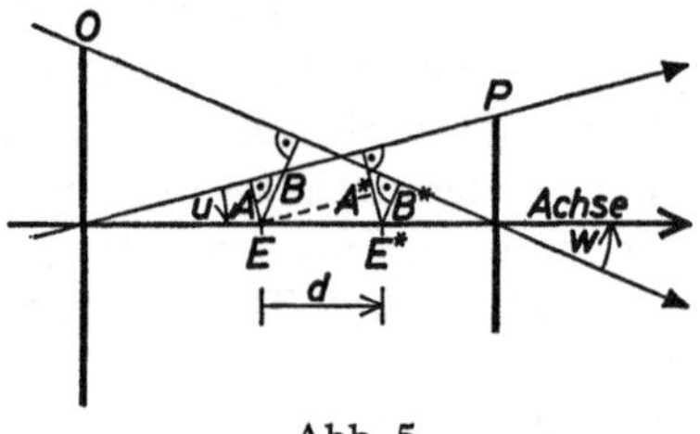

Abb. 5

Anwendung der geometrischen Optik eine große Rolle. Deshalb ist es zweckmäßig, dafür einen kürzeren Namen zu haben. Ich werde ihn als *Übergang* bezeichnen. Gemeint ist damit der Übergang von einem Aufpunkt zum nächsten, in der Praxis von einer Linse oder brechenden Fläche zur folgenden.

Die drei Lösungsscharen Objektverschiebung, Pupillenverschiebung und Übergang bringen nichts grundsätzlich Neues, denn mit den beiden ersten Prozessen hatten wir den Ansatz von der Invarianz des Leitwertes experimentell begründet, der dritte ist wegen der Wahl des Koordinatensystems geometrisch selbstverständlich. Aber in der Gleichung (7.2) stecken noch weitere Lösungen. Setzen wir nämlich $A^* = A$ und $B^* = B$, so finden wir die Lösungsschar

$$\Phi \left\{ \begin{array}{ll} A^* = A & B^* = B \\ n^*U^* = nU + \varphi\, A & n^*W^* = nW + \varphi\, B\,. \end{array} \right. \tag{7.7}$$

Sie beschreibt Prozesse, die wir *Brechung* nennen, denn in dieser Lösung ist die klassische Linsenformel enthalten. Dividieren wir nämlich die erste Gleichung der zweiten Zeile durch $A^* = A$, so folgt daraus

$$\frac{n^*U^*}{A^*} = \frac{nU}{A} + \varphi\,. \tag{7.8}$$

Deuten wir A bzw. A^* als die von der Mitte einer dünnen Linse in Luft auf die Randstrahlen gefällten Lote, dann ist $n = n^* = 1$, $A^*/U^* = b$ die Bildweite und $A/U = -a$ bis aufs Vorzeichen die Gegenstandsweite. Mit der Bezeichnung $\varphi = 1/f$ folgt aus (7.8) die bekannte Formel $1/a + 1/b = 1/f$. Abb. 6 zeigt die zugehörigen geometrischen Beziehungen.

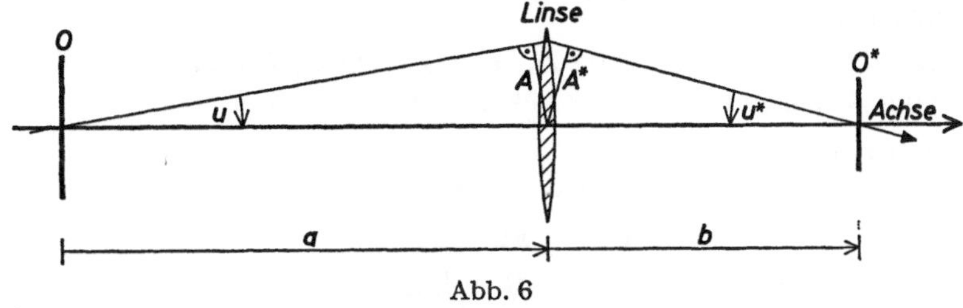

Abb. 6

Physikalisch gesehen ist sie unvollständig, weil die entsprechende Konstruktion für den Hauptstrahl fehlt und deshalb die Form der Lichtröhre vor und nach der Brechung unbestimmt bleibt.

§ 8. Abhängigkeiten zwischen den Grundprozessen Darstellung von Objekt- und Pupillenverschiebung durch Übergang und Brechung

Wir kennen jetzt vier einparametrige Lösungsscharen der Gleichung LLW = LLW*. Führen wir zwei solche Prozesse nacheinander aus, dann ergeben sie zusammen wieder einen Prozeß, der die Koordinaten der Lichtröhre ändert, aber den linearen Leitwert invariant läßt. Solche Zusammensetzungen der Grundprozesse liefern eine Vielfalt von Prozessen, die alle die Gleichung LLW = LLW* erfüllen. Aber es bleibt hier die Frage offen, ob sich jede Lösung dieser Gleichung aus den vier Grundprozessen zusammensetzen läßt. Im § 9 werde ich zeigen, daß dies der Fall ist. Aus beweistechnischen Gründen werde ich zuvor ein anderes Problem behandeln, nämlich die Frage, ob die vier Grundprozesse voneinander unabhängig sind. Sie sind es nicht, es gilt der

Satz 1: Jede Objektverschiebung Ω und auch jede Pupillenverschiebung Π läßt sich aus Übergängen Δ und einer Brechung Φ zusammensetzen.

Auf den ersten Blick ist die Aussage des Satzes algebraisch überraschend, denn zusammen mit dem später folgenden Satz 2 besagt er, daß die Gleichung LLW = LLW* höchstens zwei unabhängige Lösungen hat. Bei einer Gleichung für vier Unbekannte erwartet man in der Regel drei unabhängige Lösungen. Physikalisch gesehen ist diese Aussage trivial, denn eine Linse am Ort des Empfängers ändert den Empfänger nicht und erlaubt jede gewünschte Objektverschiebung. Eine sogenannte Feldlinse am Ort des Senders erlaubt jede Pupillenverschiebung und beeinflußt Ort und Größe des Senders nicht. Liegt der Sender im Unendlichen, dann ist eine Pupillenverschiebung gleichwertig mit dem Übergang zu einem anderen Aufpunkt. Entsprechendes gilt für die Objektverschiebung bei unendlich fernem Empfänger. Genau diese Aussagen ergeben sich bei dem folgenden Beweis:

Wir setzen einen Übergang Δ_1, eine Brechung Φ und einen zweiten Übergang Δ_2 zusammen. Dafür bekommen wir die Formeln:

1. Übergang Δ_1:

$$\begin{aligned} A' &= A + \delta_1\, nU \\ n'U' &= nU \\ B' &= B + \delta_1\, nW \\ n'W' &= nW\,. \end{aligned}$$

2. Übergang Δ_1 mit Brechung Φ zusammengesetzt:

$$\begin{aligned} A'' &= A' && = A + \delta_1\, nU \\ n''U'' &= n'U' + \varphi A' && = nU + \varphi\,(A + \delta_1\, nU) \\ B'' &= B' && = B + \delta_1\, nW \\ n''W'' &= n'W' + \varphi B' && = nW + \varphi\,(B + \delta_1\, nW)\,. \end{aligned}$$

3. Übergang Δ_1 und Brechung Φ mit Übergang Δ_2 zusammengesetzt:

$$\begin{aligned} A''' &= A'' + \delta_2\, n''U'' && = A + \delta_1\, nU + \delta_2\, nU + \delta_2\, \varphi\,(A + \delta_1\, nU) \\ n'''U''' &= n''U'' && = nU + \varphi\,(A + \delta_1\, nU) \\ B''' &= B'' + \delta_2\, n''W'' && = B + \delta_1\, nW + \delta_2\, nW + \delta_2\, \varphi\,(B + \delta_1\, nW) \\ n'''W''' &= n''W'' && = nW + \varphi\,(B + \delta_1\, nW)\,. \end{aligned} \tag{8.1}$$

Damit diese Gleichungen eine Objektverschiebung Ω beschreiben, muß gelten:

$$\begin{aligned} A''' &= A^* = A + \omega B \\ n'''U''' &= n^*U^* = nU + \omega nW \\ B''' &= B^* = B \\ n'''W''' &= n^*W^* = nW\,. \end{aligned} \tag{8.2}$$

Durch Gleichsetzen mit den entsprechenden Ausdrücken von (8.1) bestimmen wir die Parameter δ_1, δ_2 und φ. Ist $nW \neq 0$, dann ist die letzte Gleichung, nämlich $nW = nW + \varphi\,(B + \delta_1\, nW)$, erfüllt für $\delta_1 = -\frac{B}{nW}$.

Damit bleibt von der vorletzten Gleichung nur die Bedingung

$B = B + \delta_1 nW + \delta_2 nW$. Sie ist erfüllt für $\delta_2 = -\delta_1$, also $\delta_2 = \frac{B}{nW}$. Mit dem angegebenen Wert für δ_1 liefert die zweite Gleichung

$$nU + \omega nW = nU + \varphi \left(A - \frac{BnU}{nW} \right)$$

für φ die Lösung $\varphi = \omega \frac{(nW)^2}{\mathrm{LLW}}$. Durch Einsetzen in die erste Gleichung findet man, daß auch sie erfüllt ist. Damit haben wir für $nW \neq 0$ die Übergänge und die Brechung bestimmt, deren Zusammensetzung die vorgegebene Objektverschiebung darstellt.

Ist $nW = 0$, dann ist $\delta_1 = \omega \frac{B}{nU}$, $\delta_2 = 0$ und $\varphi = 0$ eine Lösung des Gleichungssystems (8.2). Man kann das durch Einsetzen in (8.1) ohne Mühe nachrechnen. Der Nenner nU ist sicher von Null verschieden, weil andernfalls $\mathrm{LLW} = 0$ wäre.

Sollen die Gln. (8.1) eine Pupillenverschiebung Π beschreiben, dann muß gelten:

$$\begin{aligned} A''' &= A \\ n'''U''' &= nU \\ B''' &= B + \pi A \\ n'''W''' &= nW + \pi\, nU\,. \end{aligned}$$

Man findet dafür nach obigem Vorbild die Lösungen

$$\delta_1 = -\frac{A}{nU}, \; \delta_2 = -\delta_1 = \frac{A}{nU}, \; \varphi = -\pi \frac{(nU)^2}{\mathrm{LLW}} \quad \text{falls } nU \neq 0$$

und

$$\delta_1 = \pi \frac{A}{nW}, \quad \delta_2 = 0, \; \varphi = 0 \quad \text{falls } nU = 0 \text{ ist.}$$

Damit ist alles bewiesen, was in Satz 1 behauptet worden war. Man kann auch zeigen, daß sich jeder Übergang und jede Brechung aus Objekt- und Pupillenverschiebungen zusammensetzen lassen. Aber dieser Satz ist physikalisch nutzlos.

§ 9. Die Gesamtheit aller Prozesse der idealen Abbildung Darstellung durch Übergänge und Brechungen

Satz 2: Ist $\mathrm{LLW} \neq 0$, dann läßt sich jede Lösung der Gleichung $\mathrm{LLW} = \mathrm{LLW}^*$ mit Hilfe von vier Koeffizienten

$$a = \frac{A^* nW - B^* nU}{\mathrm{LLW}}, \qquad b = \frac{B^* A - A^* B}{\mathrm{LLW}},$$

$$c = \frac{n^* U^* nW - n^* W^* nU}{\mathrm{LLW}}, \qquad d = \frac{n^* W^* A - n^* U^* B}{\mathrm{LLW}} \tag{9.1}$$

darstellen in der Form

$$\begin{aligned} A^* &= aA + bnU & B^* &= aB + bnW \\ n^*U^* &= cA + dnU & n^*W^* &= cB + dnW\,. \end{aligned} \qquad (9.2)$$

Zwischen den Koeffizienten besteht die Relation

$$ad - bc = 1\,. \qquad (9.3)$$

Zum Beweis nehmen wir an, die Werte A, B, nU, nW und A^*, B^*, n^*U^*, n^*W^* seien Lösung der Gleichung $\mathrm{LLW} = \mathrm{LLW}^*$ und es sei $\mathrm{LLW} = AnW - BnU$ von Null verschieden. Dann können wir die Koeffizienten a, b, c, d nach der Vorschrift (9.1) berechnen. Daß damit die Gln. (9.2) erfüllt sind, zeigt eine einfache Rechnung:

$$\begin{aligned} aA + bnU &= \frac{A^*nWA - B^*nUA + B^*AnU - A^*BnU}{\mathrm{LLW}} \\ &= A^* \cdot \frac{AnW - BnU}{\mathrm{LLW}} = A^*\,. \end{aligned}$$

Ebenso leicht verifiziert man die drei anderen Gleichungen.

Etwas umfangreicher wird die Rechnung für den Beweis der Relation (9.3):

$$\begin{aligned} ad - bc &= \frac{1}{\mathrm{LLW}^2}\,[(A^*nW - B^*nU)\cdot(n^*W^*A - n^*U^*B) - \\ &\qquad - (B^*A - A^*B)\cdot(n^*U^*nW - n^*W^*nU)] \\ &= \frac{1}{\mathrm{LLW}^2}\,[A^*nWn^*W^*A - B^*n^*W^*AnU - A^*n^*U^*BnW + \\ &\qquad + B^*n^*U^*BnU - B^*n^*U^*AnW + A^*n^*U^*BnW + \\ &\qquad + B^*n^*W^*AnU - A^*n^*W^*BnU]\,. \end{aligned}$$

In der eckigen Klammer ergänzen sich der 2. und der 7., der 3. und der 6. Summand zu Null. Die anderen lassen sich zusammenfassen zu

$$(A^*n^*W^* - B^*n^*U^*)\,(AnW - BnU) = \mathrm{LLW}^* \cdot \mathrm{LLW} = \mathrm{LLW}^2\,.$$

Daraus folgt unmittelbar die Behauptung.

Mit Hilfe der Sätze 1 und 2 beweisen wir nun den

Hauptsatz der Theorie der idealen Abbildung: Jede Lösung der Gleichung $\mathrm{LLW} = \mathrm{LLW}^*$ läßt sich aus Brechungen Φ und Übergängen Δ zusammensetzen. Natürlich wird hierbei vorausgesetzt, daß der lineare Leitwert von Null verschieden ist, weil das zu den Grundprinzipien der Theorie gehört.

Zum Beweis nehmen wir das Gleichungssystem (8.1) her, das wir durch Ausklammern von A, B, nU und nW in folgende Form bringen:

$$\begin{aligned} A''' &= (1 + \varphi\,\delta_2)A + (\delta_1 + \delta_2 + \delta_1\,\varphi\,\delta_2)nU \\ n'''U''' &= \varphi\,A + (1 + \delta_1\,\varphi)nU \\ B''' &= (1 + \varphi\,\delta_2)B + (\delta_1 + \delta_2 + \delta_1\,\varphi\,\delta_2)nW \\ n'''W''' &= \varphi\,B + (1 + \delta_1\,\varphi)nW\,. \end{aligned} \qquad (9.4)$$

Formal hat es die Gestalt von (9.2), und die Koeffizienten erfüllen die Relation (9.3):

$$(1 + \varphi\,\delta_2)\,(1 + \delta_1\,\varphi) - \varphi\,(\delta_1 + \delta_2 + \delta_1\,\varphi\,\delta_2)$$
$$= 1 + \varphi\,\delta_2 + \delta_1\,\varphi + \delta_1\,\varphi^2\,\delta_2 - \varphi\,\delta_1 - \varphi\,\delta_2 - \delta_1\,\varphi^2\,\delta_2 = 1\,.$$

Letzteres hätte man auch ohne Rechnung einsehen können. Es muß ja gelten, weil Übergänge und Brechungen Lösungen der Gleichung LLW = LLW* sind.

Jetzt ist also nur noch zu zeigen, daß man in (9.4) die Parameter δ_1, δ_2 und φ so bestimmen kann, daß die Koeffizienten bestimmte, durch (9.1) gegebene Werte a, b, c, d annehmen. Diese Bestimmungsgleichungen lauten

$$a = 1 + \varphi\,\delta_2 \qquad b = \delta_1 + \delta_2 + \delta_1\,\varphi\,\delta_2$$
$$c = \varphi \qquad d = 1 + \delta_1\,\varphi\,.$$

Ist $c \neq 0$, dann sind $\delta_1 = \dfrac{d-1}{c}$, $\delta_2 = \dfrac{a-1}{c}$ und $\varphi = c$ Lösungen der 1., 3. und 4. Gleichnung. Auch die zweite ist erfüllt. Man kann es leicht nachrechnen, formal folgt es aus der Bedingung (9.3). Damit ist der Hauptsatz bewiesen für den Spezialfall $c \neq 0$.

Eine physikalische Interpretation dieses Resultats gibt der bekannte *Satz von Gauß*: Ist die Brechkraft φ eines optischen Systems von Null verschieden, dann gibt es auf der Achse des Systems zwei ausgezeichnete Bezugspunkte H und H^*. Man nennt sie die Hauptpunkte des Systems und kann sie, ausgehend von beliebigen Bezugspunkten, durch Übergänge mit den Parametern $\delta = \dfrac{d-1}{\varphi}$ bzw. $\delta^* = \dfrac{1-a}{\varphi}$ finden. Bezieht man die Koordinaten der Lichtröhre vor dem System auf H und die hinter dem System auf H^*, dann werden die angegebenen Übergangsparameter δ_1 und δ_2 beide gleich Null, und die Wirkung des Systems läßt sich darstellen als eine Brechung mit dem Parameter φ. Zur Kennzeichnung solcher Systeme braucht man also außer den Hauptpunktlagen nur eine weitere Größe. Dafür nimmt man in der Regel die Brennweite $f = 1/\varphi$. Die Hauptpunkte sind dadurch ausgezeichnet, daß die Koeffizienten $a = d = 1$ sind. Wegen $ad - bc = 1$ und $c = \varphi \neq 0$ ist dann stets $b = 0$. Damit folgt aus (9.1) als geometrische Kennzeichnung der Hauptpunkte die Relation $A^* = A$ und $B^* = B$.

Der Fall $c = 0$ liegt vor bei teleskopischen Systemen. Der Feldstecher und das Opernglas sind wohl die bekanntesten Beispiele hierfür. Ihre Funktion wird durch zwei Brechungen, nämlich im Objektiv und im Okular, und einen Übergang beschrieben, der dem Abstand dieser Systemteile entspricht. Für den formalen Beweis gehen wir von den vorgegebenen

Werten A, B, nU, nW durch eine Brechung mit einem von Null verschiedenen, aber sonst beliebigen Parameter $\overline{\varphi}$ über zu den Koordinaten

$$\overline{A} = A \qquad \overline{B} = B$$
$$\overline{nU} = nU + \overline{\varphi}\, A \qquad \overline{nW} = nW + \overline{\varphi}\, B\,.$$

Diese Gleichungen lösen wir auf nach den gegebenen Werten

$$A = \overline{A} \qquad B = \overline{B}$$
$$nU = \overline{nU} - \overline{\varphi}\, \overline{A} \qquad nW = \overline{nW} - \overline{\varphi}\, \overline{B}$$

und setzen sie in (9.2) ein. Das liefert das Gleichungssystem

$$A^* = (a - b\,\overline{\varphi})\overline{A} + b\overline{nU} \qquad B^* = (a - b\,\overline{\varphi})\overline{B} + b\overline{nW}$$
$$n^*U^* = (c - d\,\overline{\varphi})\overline{A} + d\overline{nU} \qquad n^*W^* = (c - d\,\overline{\varphi})\overline{B} + d\overline{nW}\,.$$

Hierin ist der Koeffizient $\overline{c} = c - d\,\overline{\varphi}$ von Null verschieden, denn nach Voraussetzung ist $c = 0$, $\overline{\varphi} \neq 0$ und außerdem $d \neq 0$, weil $ad - bc = 1$ ist. Nach dem ersten Teil des Beweises gibt es also Übergänge und eine Brechung mit den Parametern

$$\delta_1 = \frac{d-1}{-d\overline{\varphi}}, \qquad \delta_2 = \frac{a - b\overline{\varphi} - 1}{-d\overline{\varphi}}, \qquad \varphi = -d\,\overline{\varphi}\,,$$

deren durch (9.4) beschriebene Zusammensetzung von dem System mit den Querstrichen zu dem System mit den gesternten Koordinaten führt. Also transformiert die Zusammensetzung der Brechung mit dem Parameter $\overline{\varphi}$, des Übergangs mit δ_1, der Brechnung mit φ und des Übergangs mit δ_2 das Ausgangssystem A, B, nU, nW in das Endsystem A^*, B^*, n^*U^*, n^*W^*. Damit ist der Hauptsatz vollständig bewiesen.

Physikalisch gedeutet besagt der Hauptsatz, daß sich jede Transformation einer Lichtröhre, bei der der lineare Leitwert ungeändert bleibt, mit Hilfe von Brechungen und Übergängen, also durch ein ideales Linsensystem erreichen läßt. Aufgabe der Optik-Konstrukteure ist es, die Parameter solcher Systeme zu berechnen und geeignete Mittel für ihre technische Realisierung anzugeben. Das erste ist einfach, weil dafür eine vollständige Theorie zur Verfügung steht, das zweite ist eine Kunst, weil diese Teilaufgabe nur in Sonderfällen streng lösbar ist. Nicht jede Brechung läßt sich durch eine Linse mit dem erforderlichen Durchmesser realisieren, und alle Linsen haben den unvermeidlichen Mangel, daß die Brechkraft am Rande anders ist als in der Mitte. Etwas über die Kunst, diese Mängel unsichtbar zu machen, kann man im zweiten Teil dieses Buches finden.

Eine einfache und für die Praxis nützliche Folgerung aus Satz 2 ist der folgende

Satz 3: Jede Objektverschiebung Ω und jede Pupillenverschiebung Π ist mit jeder idealen Abbildung vertauschbar.

Das bedeutet: Wird eine Lichtröhre im Objektraum durch ein ideales Linsensystem abgebildet in eine Lichtröhre im Bildraum und wird dort eine Objektverschiebung Ω vorgenommen, so führt sie zum selben Ergebnis wie die Objektverschiebung im Objektraum mit anschließender Abbildung in den Bildraum.

Der Beweis ist sehr einfach, denn nach (9.2) ist

$$\begin{aligned} A^* + \omega B^* &= aA + bnU + \omega\,(aB + bnW) \\ &= a\cdot(A + \omega B) + b\cdot(nU + \omega nW)\,, \\ n^*U^* + \omega n^*W^* &= cA + dnU + \omega(cB + dnW) \\ &= c\cdot(A + \omega B) + d\cdot(nU + \omega nW)\;. \end{aligned}$$

Für die Pupillenverschiebung verläuft er ganz analog.

§ 10. Das Auge
Die für die geometrische Optik wesentlichen Daten des menschlichen Auges

Der Bau des Auges und seine Funktion werden in der physiologischen Optik untersucht. Von den experimentellen und theoretischen Ergebnissen dieser Disziplin will ich hier nur ein paar Einzelheiten angeben, die für die geometrische Optik wesentlich sind. Ausführliche Darstellungen findet man bei H. v. HELMHOLTZ: Handbuch der Physiologischen Optik (1866), W. TRENDELENBURG: Der Gesichtssinn (1943) und bei H. SCHOBER: Das Sehen (2 Bände, 1957 und 1958).

Das Auge vermittelt uns für Strahlung in Form elektromagnetischer Wellen mit Wellenlängen zwischen 400 nm und 700 nm einen Sinneseindruck, den wir als Licht bezeichnen. Ein Nanometer (nm) ist der millionste Teil eines Millimeters. Diese Wellenlängen sind also unvorstellbar klein. Die Lichtempfindung ist normalerweise verknüpft mit einer Farbempfindung. Eine grobe Zuordnung der Wellenlängenbereiche zu Farbnamen gibt folgende Tabelle:

Tabelle 1

Wellenlänge in nm	Farbname
400 bis 440	violett
440 bis 495	blau
495 bis 570	grün
570 bis 630	gelb und orange
630 bis 700	rot

Man darf diese Tabelle nur von links nach rechts lesen, denn die Umkehrung ist falsch. Der Farbeindruck gelb kann auch als „Komplementärfarbe“ entstehen, wenn aus dem Bereich der sichtbaren Strahlung nur der Teil mit Wellenlängen um 480 nm fehlt. Die Feinheiten der Farbenlehre wollen wir den Physiologen, Malern und Goethe überlassen und uns nur auf die Physik beschränken.

Gegenüber einem physikalischen Strahlungsempfänger zeigt das Auge wesentliche Unterschiede. Es registriert nämlich nicht die von der Umwelt ins Auge kommende Strahlungsmenge oder deren zeitlichen Mittelwert, die Strahlungsleistung. Es vergleicht *Leuchtdichten*. Damit meint man Strahlungsdichten, die aber in einem von der Wellenlänge abhängigen Maß gemessen werden, und zwar will man damit der von der Wellenlänge abhängigen Empfindlichkeit des Auges Rechnung tragen. Dies aber ist leichter gesagt als getan, denn schließlich gibt es darin erhebliche individuelle Unterschiede. Deshalb hat man als internationale Norm eine

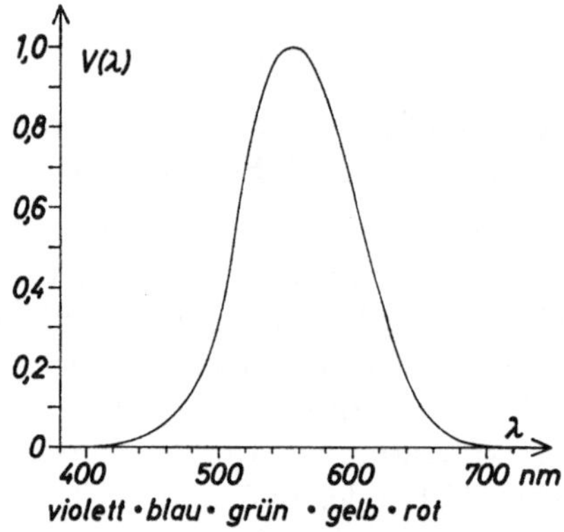

Abb. 7. Internationale spektrale Hellempfindlichkeitskurve

spektrale Hellempfindlichkeitskurve festgelegt. Sie ist in Abb. 7 dargestellt. Mit dem Faktor $V(\lambda)$ muß man die spektrale Strahlungsdichte multiplizieren, um die entsprechende Leuchtdichte zu erhalten. Durch Integration über alle Wellenlängen von 380 bis 720 nm bekommt man daraus die gesuchte Leuchtdichte bis auf einen Proportionalitätsfaktor K_m:

$$B = K_m \int_{380}^{720} B_e(\lambda) \cdot V(\lambda)\, \delta\lambda \,.$$

B = Leuchtdichte, gemessen in Stilb (sb),

B_e = spektrale Strahlungsdichte, gemessen in Watt pro cm² und pro Raumwinkeleinheit (sr),

$$K_m = 680 \frac{\text{sb}}{W \cdot \text{cm}^{-2}\,\text{sr}^{-1}} \,.$$

Die Leuchtdichte des schwarzen Körpers bei 2042° K, das ist die

Erstarrungstemperatur des Platins, beträgt 60 sb und dient als Leuchtdichte-Normal. Weitere Beispiele gibt folgende Tabelle:

Tabelle 2

Lichtquelle	Richtwerte der Leuchtdichte in sb
Leuchtstofflampe	0,5
Glühlampen	500 bis 1200
Kohlebogenkrater	16000
Sonne	150000
Quecksilber-Höchstdrucklampe	170000

Als weitere Maßeinheit benutzt man das Apostilb asb, und zwar sind 31416 asb = 1 sb. Sie ist nützlich für die Beschreibung der Leuchtdichte von Fremdstrahlern und beim Dämmerungs- und Nachtsehen, denn unser Auge kann sich dem großen Leuchtdichtebereich von etwa 20 sb bis hinunter zu 10^{-10} sb, das sind etwa $3 \cdot 10^{-6}$ asb, anpassen. Wohl jeder hat die Erfahrung gemacht, daß man sich zwar eine Leuchtstoffröhre, aber nicht die Wendel einer Glühlampe oder gar die Sonne ansehen kann. Diese kurzen Hinweise auf die Photometrie, die Lichtmessung als Gegensatz zur physikalischen Strahlungsmessung, sollen hier genügen.

Bei der physikalischen Beschreibung des Sehens dient der betrachtete Gegenstand als Sender. Empfänger ist das „Pupille" genannte Loch in der Regenbogenhaut. Sein von außen sichtbarer (scheinbarer) Halbmesser liegt zwischen 1 mm und 4 mm. Ein brauchbarer Durchschnittswert für den Pupillenradius beim Tagessehen ist 1,5 mm. Wie groß muß dann der Sender sein, damit der lineare Leitwert der Lichtröhre eine Rayleigh-Einheit erreicht? Als Wellenlänge nehmen wir 554 nm = 0,000554 mm, weil das Auge dafür besonders empfindlich ist. Der Sender sei unendlich weit weg, seine Größe wird dann durch den Winkel w beschrieben. Seinen kleinsten Betrag bei geometrischer Abbildung bekommen wir aus der Bedingung

$$\mathrm{LLW} = 1\,\mathrm{R.E.}\,.$$

Am Ort der Pupille ist $B = 0$, in Luft ist $n = 1$, also bleibt

$$AW = 0{,}000554\ \mathrm{mm}\,,$$

$$W = \frac{0{,}000554\ \mathrm{mm}}{1{,}5\ \mathrm{mm}} = 0{,}00037\,.$$

Das entspricht einem Winkel von etwa 1,3′. Dieser Wert stimmt gut überein mit der experimentellen Erfahrung, daß wir bei zweckmäßiger

Beleuchtung Einzelheiten mit einem Winkeldurchmesser von 2,6′ erkennen können. Wer das nachprüfen möchte, der stelle einen Rechenschieber etwa einen Meter weit vor sich auf. Dann ist für einen Normalsichtigen die Millimeterteilung noch ablesbar, aber die logarithmische Unterteilung wird an den Stellen undeutlich, wo der Strichabstand rund 0,5 mm beträgt. Dem Winkeldurchmesser von 2,6′ entspricht in 1 m Entfernung ein Objektdurchmesser von 0,74 mm, in der „normalen Sehweite" von 250 mm ein Objektdurchmesser von knapp 0,2 mm.

Das Auflösungsvermögen des Auges beträgt nach obiger Rechnung den vierten Teil von 1,3′, also etwa 20″. Dem entspricht in 1 m Entfernung eine zur Blickrichtung senkrechte Länge von 0,09 mm, in 250 mm Entfernung eine Länge von 0,02 mm. Ein Haar ist etwa 0,04 mm dick. Gegen einen hellen Hintergrund kann man es auch aus größerer Entfernung als 1 m gut erkennen. Hierbei leistet das Auge mehr, als man es der Rechnung nach erwarten würde. Doch spielt hierbei die Gestalt, in diesem Fall die Länge, eine wesentliche Rolle. Zwei eng benachbarte Punkte kann man in der Regel erst dann getrennt sehen, wenn der Zwischenraum etwa 1,5′, also ein Mehrfaches des Auflösungsvermögens beträgt. Die mangelhafte Punktauflösung des Auges spielt im täglichen Leben eine große Rolle. Beispielsweise gibt ein quadratisches Punktgitter mit sechs Punkten pro Millimeter aus 250 mm Entfernung den Eindruck einer gleichmäßig grauen Fläche. Das nutzt man beim Kunstdruck aus. Selbst die viel gröberen Punktgitter der Zeitungsbilder oder das Zeilenmuster auf dem Fernsehschirm reichen aus, einen Bildeindruck zu vermitteln.

Diese Beispiele zeigen, daß man im Normalfall keinen groben Fehler macht, wenn man auf das Auge die Regeln der geometrischen Optik anwendet. Die anatomischen und physiologischen Einzelheiten bekommen erst Bedeutung bei extremen Beanspruchungen. Dann aber können sie die physikalisch bedingten Effekte überwiegen. Beispielsweise müßte man halbe Millimeterintervalle aus einem Meter Entfernung mit einem Pupillenradius von 3 mm sehen können. Wartet man, bis es dunkel wird und die Pupille sich so weit geöffnet hat, dann kann man auch ganze Millimeter nicht mehr erkennen. Bei der Anpassung an die Dunkelheit ändert das Auge seine Funktion.

Streng genommen kann man für das Auge keinen linearen Leitwert angeben, denn es ist kein zentriertes System. Beim Blicken bewegt es sich ständig um den Augendrehpunkt, das ist grob gesagt der Mittelpunkt des Augapfels. Die Lage der Pupille ändert sich deshalb mit der Blickrichtung. Da aber viele zentrierte optische Instrumente in Verbindung mit dem Auge benutzt werden, ist es zweckmäßig, das Auge vereinfachend als zentriert anzusehen. Man erreicht das durch die Annahme, wir könnten unser Blickfeld bereits mit fester Augenstellung übersehen.

Wie groß ist das Blickfeld? Gesichtseindrücke als Wahrnehmen von Helligkeit oder Bewegung haben wir aus einem sehr großen Winkelraum, der in horizontaler Richtung über 180° hinausgeht. Der Bereich, in dem wir mit beiden Augen scharf sehen, ist viel kleiner, er erreicht seine Grenze etwa bei 30° seitlich der geraden Blickrichtung.

Beschränkt man in einem optischen Instrument den Bildwinkel auf weniger als 20°, dann hat man das Gefühl, in eine Röhre zu blicken. Aber es ist nicht sinnlos, Okulare mit Sehfeldern von mehr als 30° zu bauen, weil wir es gewohnt sind, daß unser „Blickfeld" von einem großen „Sehfeld" umgeben ist, in dem wir grobe Strukturen und Bewegungen wahrnehmen.

Für das so schematisierte Auge bei ruhiger Kopfhaltung ist also $nW = 1 \cdot \sin 30° = 0{,}5$. Legen wir den Aufpunkt E in die Mitte der Pupille, dann ist $B = 0$ und $A = 1{,}5$. Daraus ergibt sich als linearer Leitwert

$$\mathrm{LLW} = AnW - BnU = 1{,}5 \cdot 0{,}5\ \mathrm{mm} = 0{,}75\ \mathrm{mm}\,.$$

Dieser Wert ist wichtig, wenn es um die Frage geht, ob die Lichtröhre eines Instruments dem Auge angepaßt werden kann.

§ 11. Brille und Lupe
Die einfachen Sehhilfen

Wir können Unterschiede in der Leuchtdichte nur feststellen, wenn sich der Sender in ausreichender Entfernung vor dem Auge befindet. Ein normalsichtiger Erwachsener kann seine Nasenspitze nicht scharf sehen, ein Kurzsichtiger sieht ferne Gegenstände nur undeutlich. Der sogenannte Akkommodationsbereich, in dem man scharf sieht, ist individuell verschieden und hängt auch vom Lebensalter ab. Als normal gelten dafür die Abstände von 250 mm bis unendlich. Das ist eine Festsetzung. Sie stimmt ungefähr für einen Normalsichtigen im Alter von 45 Jahren.

Will man Gegenstände scharf sehen, die nicht im Akkommodationsbereich liegen, so muß man sie dahin bringen. Außerdem muß man ihre Größe der Abstandsänderung entsprechend verändern, damit sie dem Auge unter dem richtigen Winkel w erscheinen. Man muß also eine Objektverschiebung vornehmen, wie sie in § 7 erklärt wurde. Das ist tatsächlich nur in seltenen Fällen möglich und glücklicherweise auch nicht nötig, weil sich jede Objektverschiebung durch eine Brechkraft am Ort der Pupille erreichen läßt. Das sagt nämlich Satz 1 für den Spezialfall $B = 0$.

Brille und Lupe sind technische Realisierungen dieser Brechkraft durch Linsen oder Linsensysteme. Sie unterscheiden sich in der Ausführungsform und im Anwendungsbereich, aber nicht im Prinzip ihrer Wirkung. Aus anatomischen Gründen setzt man die Linse nicht an den Ort der Augenpupille, sondern ein Stück davor. Dort bewirkt sie keine reine Objektverschiebung mehr. Aber die zusätzlichen Effekte beeinträchtigen das Prinzip erst, wenn der Abstand der Linse vom Auge vergleichbar wird mit dem Abstand zum Objekt. Ich werde auf diese Besonderheiten nicht eingehen.

Die Objektverschiebung durch Brille oder Lupe ist bestimmt durch deren Brechkraft φ. Sie hat die Dimension einer reziproken Länge, kann also angegeben werden in mm^{-1} oder m^{-1}. Die zuletzt genannte Maßeinheit nennt man auch Dioptrie (dpt). In einer anderen Kennzeichnung gibt man nicht die Brechkraft, sondern ihren Kehrwert in mm oder m an und nennt sie Brennweite f. Eine Linse oder Linsengruppe mit der Brechkraft $\varphi = 0{,}01\ \text{mm}^{-1} = 10\ \text{m}^{-1} = 10$ dpt hat also die Brennweite $f = \frac{1}{0{,}01}\ \text{mm} = 100\ \text{mm} = 0{,}1\ \text{m}$. Beide Maßsysteme haben ihre Berechtigung. Unter einer Brennweite kann man sich eine Länge anschaulich vorstellen, mit Brechkräften kann man bequemer rechnen.

Wie stark vergrößert eine Brille oder Lupe? Genau genommen überhaupt nicht, jedenfalls nicht, wenn sie korrekt am Ort der Pupille benutzt würde. Denn dann zeigte sie den Gegenstand genau unter dem Winkel, unter dem er dem Auge auch ohne die Linse erscheinen würde. Man kann sich das mit Hilfe der Abb. 4 klarmachen, wenn man dort die Rollen von Sender und Empfänger vertauscht. Die Augenpupille denke man sich bei O bzw. O^*. Ein Objekt bei P^* kann nicht scharf gesehen werden, weil es zu dicht am Auge steht. Eine Objektverschiebung bringt es nach P in den Akkommodationsbereich des Auges.

Die Angabe einer *Lupenvergrößerung* N beruht auf einer Konvention, man definiert

$$N = \frac{250\ \text{mm}}{f} = 250\ \text{mm}\ \varphi\ ,$$

wobei f bzw. φ die Brennweite bzw. Brechkraft der Lupe ist.

Grund für diese Definition ist der in § 8 bewiesene Zusammenhang zwischen einer Objektverschiebung Ω und einer Brechung Φ am Ort des Empfängers:

$$\varphi = \omega \frac{(nW)^2}{\text{LLW}}\,.$$

Speziell für die Augenpupille ist wegen $n = 1$ und $B = 0$

$$\varphi = \omega \cdot \frac{W}{A}\,.$$

Dem normalen Akkomodationsbereich entspricht eine Objektverschiebung um $\omega_0 = \frac{U^* - U}{W} = \frac{A}{W}\left(\frac{1}{250\ \text{mm}} - \frac{1}{\infty}\right) = \frac{A}{W \cdot 250\ \text{mm}}$. Sie wird erreicht durch eine Brechkraft

$$\varphi_0 = \omega_0 \frac{W}{A} = \frac{1}{250\ \text{mm}} = 4\ \text{dpt}$$

und im Auge realisiert durch eine Formänderung der dicht hinter der Pupille liegenden Augenlinse.

Eine Lupe mit n-facher Vergrößerung bringt also eine Objektverschiebung um das n-fache des normalen Akkommodationsbereichs. Mit einer 1fachen Lupe kann ein Normalsichtiger im Bereich von 125 mm bis 250 mm vor dem Auge scharf sehen, mit einer 10fachen im Bereich von 22,73 mm bis 25 mm. Bei Fehlsichtigkeit und anormaler Akkommodationsbreite verschiebt sich Lage und Länge des Bereichs, in dem man mit Hilfe einer Brille oder Lupe scharf sieht. Ein Kurzsichtiger kann mit einer − 2fachen (zerstreuenden) Lupe ferne Gegenstände sehen, einem Normalsichtigen nutzt sie in der Regel nichts. Er könnte sie nur für einen Bereich von − 250 mm bis − 125 mm, also für die Betrachtung virtueller Bilder verwenden, die hinter seiner Pupille zu liegen scheinen.

§ 12. Fernrohr und Mikroskop
Instrumente zur Erhöhung des Auflösungsvermögens

Brille und Lupe sind Hilfsmittel zum deutlichen Sehen außerhalb des Akkommodationsbereichs. Sie verändern Lage und Größe der Pupille nicht und sind deshalb ohne Einfluß auf die Winkelgröße W des kleinsten

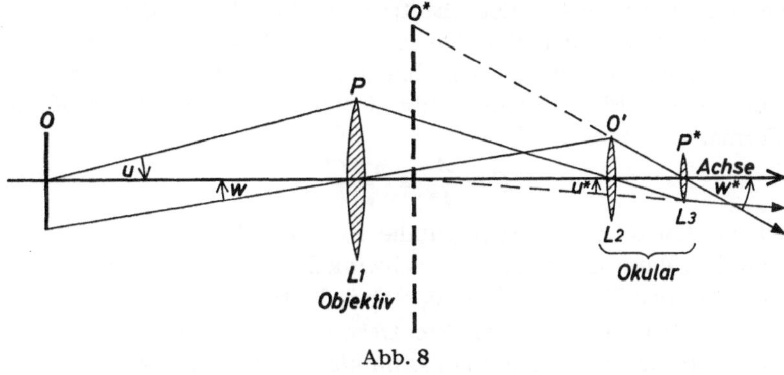

Abb. 8

wahrnehmbaren Gegenstandes. Viel feinere Einzelheiten könnte man nur mit entsprechend größerer Pupille erkennen. Beim bloßen Auge ergibt eine Vergrößerung der Pupille über den Durchmesser von 3 mm hinaus keine bessere Auflösung der Objektdetails. Das hat seinen Grund im Aufbau und der Funktion des Auges. Deshalb stellt man sich mit Hilfe eines optischen Instruments, eines Fernrohrs, ein vergrößertes Bild der Augenpupille her, das als Empfänger der Strahlung dient. Das Prinzip eines solchen Gerätes ist in Abb. 8 dargestellt.

Die Linse $L1$ ist der Empfänger P der vom Objekt O ausgehenden Strahlung. Sie kann einen viel größeren Durchmesser als die Augenpupille haben. In Teleskopen nimmt man dafür einen Spiegel von etlichen Metern Durchmesser. Das „Objektiv" $L1$ wirkt als Lupe und verschiebt das Objekt von O nach O'. Es ist natürlich gleichgültig, ob diese Objektverschiebung mit einer Linse oder einem Spiegel erreicht wird. Am Ort des Zwischenbildes O' steht eine „Feldlinse" $L2$. Sie verschiebt die Pupille von P nach P^*. Ihre Brechkraft muß so bestimmt werden, daß der Durchmesser von P^* etwa gleich dem Durchmesser der Augenpupille wird.

In P^*, also am Ort der Augenpupille, steht eine zweite Lupe $L3$, die dazu dient, das Zwischenbild O' mit einer Objektverschiebung nach O^* in den Akkommodationsbereich des Auges zu bringen. Feldlinse $L2$ und die Lupe $L3$ werden als Baueinheit zusammengefaßt und Okular genannt. In der Praxis muß man darauf achten, daß zwischen der letzten Linse des Okulars und der Augenpupille ein Abstand bleibt, damit die Bewegung der Augenlider nicht behindert wird. Noch größere Abstände zum Auge brauchen Brillenträger, denn die Okulare haben in der Regel keinen Ausgleich der Fehlsichtigkeiten. Das führt auf technische Schwierigkeiten, die ich in Abb. 8 absichtlich außer acht gelassen habe, damit das Prinzip des Fernrohrs leichter zu erkennen ist.

Als *Fernrohrvergrößerung* Γ bezeichnet man den Quotienten aus den Loten A und A^* am Ort der „Eintrittspupille" P und der „Austrittspupille" P^*. Weil in den Pupillen stets $B = 0$ bzw. $B^* = 0$ ist und die Brechungen und Übergänge den linearen Leitwert ungeändert lassen, ist $AnW = A^*n^*W^*$. Deshalb ergibt sich für die Fernrohrvergrößerung die Formel

$$\Gamma = \frac{A}{A^*} = \frac{n^*W^*}{nW}. \qquad (12.1)$$

Ist das Lot in der Austrittspupille ein Fünftel vom Lot in der Eintrittspupille, dann ist in Luft der Sehwinkel W^* vor dem Auge fünfmal so groß wie der Bildwinkel W vor dem Instrument. Damit sieht der Gegenstand trotz gleicher Objektentfernung in seinen linearen Maßen fünffach vergrößert aus, und man kann kleinere Details erkennen als mit bloßem Auge. Daß der Gegenstand näher ans Auge herangekommen sei, ist eine Sinnestäuschung auf Grund seiner unserer Erfahrung widersprechenden Ausmaße.

Die nach dem Prinzip der Abb. 8 gebauten Handfernrohre werden gekennzeichnet durch ihre Vergrößerung und den Objektivdurchmesser in mm. Ein Feldstecher 8×30 hat eine achtfache Fernrohrvergrößerung und eine freie Öffnung des Objektivs von 30 mm. Bei einem korrekt konstruierten Gerät ist das der Durchmesser der Eintrittspupille. Da das Objekt normalerweise so weit weg ist, daß der Winkel u nur wenige Grad beträgt, hat das Lot A praktisch die Länge des Pupillenradius, im genannten Beispiel also 15 mm. Das Lot A^* in der Austrittspupille ist dann 15 mm:8 = 1,875 mm lang. Das ist etwa mehr als der Radius 1,5 mm der Augenpupille beim Tagessehen. Man gibt hier etwas zu für das Dämmerungssehen. Dem Blickwinkel $W^* = 0{,}5 = \sin 30°$ des Auges entspricht ein Bildwinkel

$$W = 0{,}5:8 = 0{,}0625 = \sin 3{,}5°$$

des Instruments. Man kann mit diesem Gerät also nur einen Winkelbereich von 7° übersehen, dafür aber Einzelheiten erkennen, deren Winkeldurchmesser den achten Teil von 2,6′ beträgt, das sind etwa 20″.

Das einfache Opernglas hat nicht den in Abb. 8 dargestellten Aufbau. Deshalb ist sein Objektivdurchmesser nicht für das Auflösungsvermögen maßgeblich. Ich werde im § 18 darauf zurückkommen.

Das Mikroskop wird nach demselben Prinzip aufgebaut wie das Fernrohr in Abb. 8, nur wird das Objektiv speziell für die Betrachtung sehr naher Objekte konstruiert. Man denke sich eine Lupe mit großer Brechkraft vor das Fernrohr gesetzt. Gegenüber einer Lupe vor dem bloßen Auge bringt dieser Aufbau den technischen Vorteil, daß die geometrischen Maße für die Linsen in praktisch realisierbaren Bereichen bleiben. Für eine geforderte Objektverschiebung ω braucht man am Auge eine Lupe mit der Brechkraft $\varphi^* = \omega \frac{W^*}{A^*}$, vor dem Fernrohr mit k-facher Vergrößerung aber nur die Brechkraft $\varphi = \omega \frac{W}{A} = \omega \frac{W^*/k}{kA^*} = \frac{1}{k^2} \varphi^*$. Die Fernrohrvergrößerung im Mikroskop hängt von der Wahl des Okulars ab und schwankt normalerweise zwischen 5fach und 20fach.

Die für die optische Abbildung im Mikroskop wesentlichen Daten werden für das Objektiv und das Okular getrennt angegeben, weil man je nach Bedarf verschiedene Objektive oder Okulare wahlweise benutzen kann. Die Okulare kennzeichnet man durch die in § 11 definierte Lupenvergrößerung, für die Objektive gibt man den *Abbildungsmaßstab* β und die numerische Apertur nU am Objekt an. Der Abbildungsmaßstab ist definiert durch das Verhältnis der Lote B' und B am Ort des Zwischenbildes O' und am Objektort O. Er hängt davon ab, an welcher Stelle das Zwischenbild O' im Gerät liegt. Dieser Ort wird bei manchen Geräten durch Angabe der Tubuslänge festgelegt. Sie gibt den Abstand vom Objektiv bis zum Okular an, der bei korrekter Benutzung des Gerätes eingehalten werden muß. Wegen der Invarianz des linearen Leitwertes ist $nUB = n'U'B'$. Deshalb ergibt sich für den Abbildungsmaßstab die Formel

$$\beta = \frac{B'}{B} = \frac{nU}{n'U'}. \tag{12.2}$$

Als Gesamtvergrößerung des Mikroskops gibt man das Produkt $\beta \cdot N$ aus Abbildungsmaßstab des Objektivs (bei richtiger Tubuslänge) und Lupenvergrößerung des Okulars an.

Aus den angegebenen Daten des Mikroskops kann man die Größe A^* der Austrittspupille berechnen, wenn man annimmt, daß das Okular das Zwischenbild O' nach Unendlich verschiebt, daß also $n^*U^* = 0$ ist. Diese Annahme wird auch bei der Berechnung der Okulare gemacht. Für die Brechkraft des Okulars liefert (9.1) die Formel

$$\varphi = \frac{n^*U^*n'W' - n^*W^*n'U'}{\text{LLW}} = -\frac{n'U'}{A^*}.$$

Mit der Definition 250 mm $\varphi = N$ der Okularvergrößerung folgt daraus

$$A^* = -\frac{n'U' \cdot 250\ \text{mm}}{N}$$

und wegen (12.2)

$$A^* = -\frac{nU \cdot 250\ \text{mm}}{\beta \cdot N}. \tag{12.3}$$

Nehmen wir als Beispiel ein Objektiv 40/0,65 und ein 10faches Okular. Dann ist $\beta = -40$, $nU = 0{,}65$ und $N = 10$, also

$$A^* = \frac{0{,}65 \cdot 250\ \text{mm}}{40 \cdot 10} = 0{,}41\ \text{mm}.$$

Die Austrittspupille dieses Mikroskops ist viel kleiner als die Augenpupille beim Tagessehen. Deshalb wird das Auflösungsvermögen nur durch die Daten des Gerätes begrenzt und nicht durch das Auge. Die Mikroskopiker wählen in der Regel Gesamtvergrößerungen zwischen dem 500- bis 1000fachen der numerischen Apertur am Objekt. Dazu gehören Pupillenhalbmesser A^* von 0,5 mm bis 0,25 mm, also der 3. bis 6. Teil der Tagespupille. Noch kleinere Werte sind unzweckmäßig, weil dann die natürlichen Inhomogenitäten im Auge stören. Größere Pupillen P^* bekommt man nur bei schwächerer Gesamtvergrößerung. Dann werden aber die Bildwinkel kleiner, denn bei den heutigen Mikroskopen ist der lineare Leitwert selten größer als $-n'U'B' = 0{,}03 \cdot 15\ \text{mm} = 0{,}45\ \text{mm}$. Paßt man die Austrittspupille des Instruments der Tagespupille an, dann bleibt der nutzbare Sehwinkel W^* kleiner als $0{,}3 = \sin 17{,}5°$, und man hat das Gefühl, in eine Röhre zu blicken.

Ist die Austrittspupille des Gerätes kleiner als die Augenpupille, dann erscheinen ausgedehnte Gegenstände, also solche, die man auch mit bloßem Auge erkennen kann, im Mikroskop dunkler als beim direkten Sehen. Das hat zwei Gründe. Der eine ist die Verminderung der Strahlungsleistung durch Absorption im Glas und durch Reflexion an den Oberflächen der Linsen. Diese Effekte gehören eigentlich nicht in die geometrische Optik. Sie lassen sich durch Wahl geeigneter Gläser und

Reflexminderung durch dünne Schichten deutlich verringern. Selbst wenn man sie ganz beseitigen könnte, bliebe ein Verlust an Helligkeit. Der Grund dafür ist, daß bei gleicher Strahlungsdichte die vom Auge registrierte Strahlungsleistung pro Bildwinkel dem Quadrat der Pupillenöffnung proportional ist.

Grundsätzlich andere Helligkeitsverhältnisse findet man bei ganz winzigen Objekten, die auch mit dem Instrument nicht mehr aufgelöst werden. Hier versagen die Regeln der geometrischen Optik. Statt eines Bildes sieht man eine Beugungsfigur, deren Größe nur vom wirksamen Pupillendurchmesser abhängt. Ist also die Austrittspupille des Instruments nicht kleiner als die Augenpupille, dann ist die mit Hilfe des Instruments wahrgenommene Beugungsfigur so groß wie beim direkten Sehen. Ist die Fernrohrvergrößerung $\Gamma = k$, dann ist die Fläche der Eintrittspupille des Fernrohrs um den Faktor k^2 größer als die Augenpupille. Die aufgenommene Strahlungsleistung ist der Fläche der Eintrittspupille proportional, deshalb erscheint die Beugungsfigur im Fernrohr k^2-mal so hell wie bei direkter Beobachtung.

Sehen wir von den Helligkeitsverlusten durch Absorption und Reflexion ab, dann erscheint im Feldstecher 8×30 der Himmel so hell wie beim direkten Sehen mit einer Pupille von höchstens 1,875 mm Radius. Die Fixsterne aber sind um den Faktor $8^2 = 64$ heller, also eher zu erkennen als mit bloßem Auge.

Ist der Radius der Augenpupille um den Faktor a größer als der Radius der Austrittspupille des Gerätes, dann ist die mit dem Instrument gesehene Beugungsfigur um den Faktor a größer als beim direkten Sehen. Die von der Eintrittspupille des Gerätes aufgenommene Strahlungsleistung verteilt sich also auf eine größere Fläche. Theoretisch hat man dabei denselben Helligkeitsverlust wie bei ausgedehnten Objekten. Tatsächlich aber bemerkt man ihn erst, wenn der Radius der Austrittspupille kleiner als der 4. oder 5. Teil der Augenpupille ist. Einen genauen Wert kann man nicht angeben, weil es sich um eine Eigenschaft des Auges handelt. Mit Hilfe dieses Effektes kann man den Kontrast zwischen Beugungsobjekten und Hintergrund verstärken und dann lichtschwache Details leichter erkennen. Deshalb arbeitet man bei astronomischen und mikroskopischen Untersuchungen in der Regel mit Übervergrößerungen, also einer Austrittspupille, die kleiner ist als die Augenpupille.

Für das Auflösungsvermögen des Mikroskops am Ort des Objekts gilt $BnU = 0{,}25$ R.E. Bei fester Wellenlänge kann man um so kleinere Objekte auflösen, je größer nU ist. $U = \sin u$ kann höchstens den Betrag 1 haben, in der Praxis ist es meistens kleiner als 0,9. Die Auflösung wird besser, wenn man das Objekt nicht in Luft ($n = 1$), sondern in ein Medium mit höherer Brechzahl eingebettet betrachtet. Als solche Immersionen benutzt man Wasser ($n = 1{,}33$) oder spezielle Öle ($n = 1{,}52$). Monobromnaphthalin ($n = 1{,}66$) und Methylenjodid ($n = 1{,}74$) werden nur in Spezialfällen verwendet.

Mit einer numerischen Apertur $nU = 1{,}3$ bekommt man für die Wellenlänge 554 nm als kleinsten auflösbaren Radius B des Objekts

$$B = \frac{0{,}25 \cdot 0{,}000554 \text{ mm}}{1{,}3} = 0{,}000107 \text{ mm} .$$

Geometrisch abgebildet werden Gegenstände mit dem vierfachen Radius, also einem Durchmesser von 0,00085 mm. Solche Objekte erscheinen dem Auge unter einem Winkeldurchmesser von 2,6′, wenn die Austrittspupille des Mikroskops den Radius $A^* = 1{,}5$ mm hat, oder unter einem entsprechend größeren Winkel, je kleiner A^* ist. Da das Auflösungsvermögen der Wellenlänge proportional ist, kann man theoretisch feinere Einzelheiten erkennen, wenn man mit Strahlung kürzerer Wellenlänge arbeitet. Praktisch wird das dadurch erschwert, daß die Empfindlichkeit des Auges schon bei 400 nm sehr gering ist. Aber mit geeigneten Empfängern oder Bildwandlern kann man die bessere Auflösung im Bereich ultravioletter Strahlung bis hinunter zu 200 nm ausnutzen. Dann dürfen die Linsen nicht mehr aus Glas sein, weil es Strahlung mit Wellenlängen unter 360 nm stark absorbiert.

Eine viel bessere Auflösung erlaubt das Elektronenmikroskop. Dort wird die Strahlungsenergie durch Elektronen übertragen. Beschleunigt man sie mit Spannungen von 50000 Volt, dann bekommen sie eine Wellenlänge von etwa 0,0055 nm = 0,0000000055 mm. Das ist der hunderttausendste Teil der Wellenlänge 550 nm, für die das Auge besonders empfindlich ist. Aber man bekommt beim Elektronenmikroskop keine hunderttausendfache Auflösung. Man kann zwar mit elektrischen oder magnetischen Feldern Brechkräfte für Elektronenstrahlung realisieren, doch nicht mit der bei Linsensystemen erreichten Vollkommenheit. Deshalb macht man die numerische Apertur in der Regel nicht größer als $nU = 0{,}005$. Damit ergibt sich nach der Formel $BnU = 0{,}25$ R.E. ein theoretisches Auflösungsvermögen von $B = 0{,}0000003$ mm = 0,3 nm. Diese Größenordnung hat man tatsächlich erreicht. Das ist etwa die 350fache Auflösung des normalen Mikroskops.

§ 13. Die photographische Schicht

Bei der Photographie nutzt man aus, daß einige Stoffe durch Aufnahme von Strahlungsenergie chemisch verändert werden. Silberbromid zerfällt bei Lichteinwirkung in Silber und Brom. Auf die physikalischen, chemischen und technischen Probleme der Filmherstellung will ich hier nicht eingehen, auch die Prozesse des Entwickelns, Fixierens und Kopierens, mit denen das photographische Bild sichtbar gemacht wird, sollen nicht besprochen werden. Wer sich für die Photographie interessiert, kann Einzelheiten in populären Darstellungen oder Fachbüchern nachlesen.

Der Durchmesser eines Silberbromidkörnchens liegt bei den gebräuchlichen Filmschichten zwischen 0,0003 mm und 0,003 mm, je nach den vom Film geforderten Eigenschaften. Der Einfachheit halber rechnen wir mit einem Radius A von 0,0005 mm. Die Empfindlichkeit des Films, gemessen in der pro Wattsekunde im Quadratmillimeter entstandenen Silbermenge, hängt von vielen Daten ab, auch von der Korngröße und der Wellenlänge der Strahlung. Die maximale Empfindlichkeit des Silberbromids liegt unterhalb von 400 nm, also außerhalb des sichtbaren Spektralbereichs. Durch „Sensibilieren" der Schicht mit Farbstoffen erreichen die Chemiker, daß die Filme auch noch für Wellenlängen über 600 nm verwendbar sind. Ohne diesen Kunstgriff könnten Photographien uns keinen natürlichen Bildeindruck vermitteln, weil alle roten Objekte zu dunkel und alle blauen und violetten zu hell erscheinen würden.

Die vom Film aufgenommene Strahlungsenergie hängt ab von der Strahlungsdichte des Senders, vom Leitwert der Lichtröhre und der Bestrahlungsdauer. Letztere nennt man allgemein Belichtungszeit, was formal nicht korrekt ist, weil es sich hier um einen physikalischen und nicht um einen physiologischen Vorgang handelt. Im Photoapparat regelt man sie mit Hilfe des Verschlusses.

Im Rahmen der geometrischen Optik dürfen wir ein einzelnes Silberbromidkörnchen nicht als Strahlungsempfänger ansehen. Denn für den linearen Leitwert am Ort des Körnchens bekommen wir den Ausdruck LLW $= AnW$. Ist $A = 0{,}0005$ mm, dann muß nW fast den Wert eins haben, wenn LLW gleich einer Rayleigh-Einheit sein soll. Das ist praktisch unmöglich. Außerdem liegen die Silberbromidkörnchen nicht alle in einer mathematisch exakt definierten Ebene, sondern statistisch verteilt in einer Gelatineschicht von beispielsweise 0,01 mm Dicke. Darin breitet sich die Strahlung durch Streuung und Reflexion an der Unterseite der Schicht aus. Deshalb ist es der Praxis einigermaßen angemessen, wenn wir als kleinsten Empfängerradius in der Filmschicht $A = 0{,}01$ mm annehmen. Dann ist für eine geometrische Abbildung nur noch $nW = 0{,}05$ erforderlich. Dazu gehört im Photoapparat die Blendenzahl 10, die zwischen den aufgravierten Werten 8 und 11 liegt.

Diese Angabe über die „Körnigkeit" der Filmschicht darf nicht so verstanden werden, daß im belichteten, entwickelten und fixierten Negativ schwarze Körner von 0,02 mm Durchmesser zu sehen sind. Geschwärzt sind nur die viel kleineren Stellen, wo vor der Belichtung die Silberbromidkörnchen lagen. Aber der Bereich der Schwärzung hat im Mittel mindestens den Durchmesser von 0,02 mm. Also können es auch nicht die Silberkörnchen sein, die den Kleinbildphotographen so ärgern.

Individuell sichtbar werden sie erst bei etwa 100facher Vergrößerung, wenn das Kleinbild 24 mm × 36 mm eine Zimmerwand von 2,4 m × 3,6 m ausfüllt. Was man bei normalen Vergrößerungen als „Korn" sieht, sind statistische Zusammenballungen geschwärzter Silberkörnchen.

§ 14. Das Photo-Objektiv

Das Prinzip der Wirkung eines Photo-Objektivs wird meistens so beschrieben: Eine Linse entwirft von dem fernen Gegenstand ein Bild ungefähr in der Nähe des hinteren Brennpunktes, wo es vom Film aufgefangen wird. Diese Darstellung gilt als besonders anschaulich, denn man braucht ja nur eine Mattscheibe oder notfalls ein Blatt Pergamentpapier in die Filmebene zu bringen, wenn man dieses Bild sehen will.

Was aber sieht man, wenn man auf diese Hilfsmittel verzichtet und einfach die Augenpupille in die Nähe der Filmebene bringt? Nichts, jedenfalls nichts von den Gegenständen, die in der Filmebene zu sehen sein sollten. Probieren Sie es aus, wenn Sie Ihre Kamera geöffnet haben, um den Film einzulegen. Man sieht nur das durch den Blendenrand begrenzte Loch im Objektiv farbig und gleichmäßig hell oder dunkel, je nach Farbe und Helligkeit des Gegenstandes, der durch dieses Loch anvisiert wird. Bei normalen Photoapparaten ist der Blendenrand nicht scharf zu erkennen, weil er zu dicht vor dem Auge liegt. Mit einer Lupe kann man ihn deutlich sehen, ohne daß dadurch die sonstigen Beobachtungen verändert werden.

Physikalisch konsequent läßt sich die Wirkung des Photo-Objektivs folgendermaßen beschreiben: Sender ist das selbstleuchtende oder beleuchtete Objekt, Empfänger der Strahlung ist die Eintrittspupille des Objektivs. Wir wollen hier der Einfachheit halber annehmen, daß das Objektiv nur aus einer dünnen Linse besteht und keine Blende davor oder dahinter angebracht ist. Dann ist die Linsenfassung Begrenzung für Eintritts- und Austrittspupille. Die Linse dient also als Strahlungsempfänger. Da sie die Strahlungsenergie nicht aufnehmen kann, muß sie sie als Strahlung wieder abgeben. Damit wird die Linse zum Sender, und zwar strahlt sie mit derselben Strahlungsdichte wie das Objekt, weil die Strahlungsleistung und der Leitwert der Lichtröhre von der (idealen!) Linse nicht verändert werden. Wozu braucht man dafür eine Linse? Denn ein Loch in einem undurchlässigen Schirm kann ebensogut als Empfänger und dann als Sender der Strahlung dienen. Das ist richtig. Aber man kann hinter dem Loch die zu zwei verschiedenen Objekten gehörenden Lichtröhren nicht mehr trennen, wenn ihr Abstand kleiner ist als die Pupille. Das zeigt Abb. 9. Man kann zwar hinter dem Loch die Strahlungsleistung beider Sender messen, aber keine Unterschiede zwischen ihnen feststellen. Dazu müßte man den Empfänger vor das Loch etwa an den Ort der Objekte bringen. Diese Schwierigkeit läßt sich leicht beseitigen, wenn man eine Linse benutzt, die die Objekte hinter das Loch verschiebt (Abb. 10).

In den Abb. 9 und 10 sind die Lichtröhren dezentriert und deshalb nicht durch Haupt- und Randstrahl, sondern durch die äußeren Begrenzungen dargestellt.

Haben wir nicht nur eine dünne Linse, sondern ein komplizierter gebautes Objektiv, dann gilt als Verallgemeinerung obiger Resultate: Als Sender dient beim Photoapparat die Austrittspupille des Objektivs.

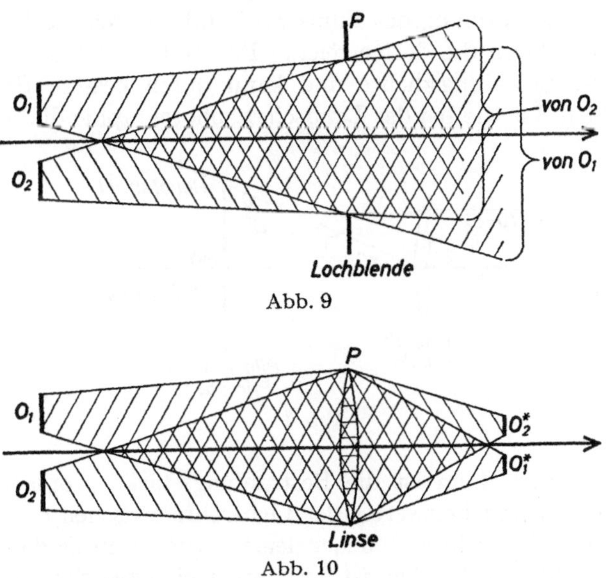

Abb. 9

Abb. 10

Sie ist das optische Bild der Eintrittspupille, wird wie diese vom Objekt beleuchtet und strahlt (bis auf die Verluste durch Reflexion und Absorption) mit der Strahlungsdichte des Objekts. Die vom Film als Empfänger aufgenommene Strahlungsleistung ist deshalb der Fläche der Austrittspupille proportional. Die Größe der Austrittspupille wird mit einer im Objektiv angebrachten Irisblende geregelt. Das Objektiv bildet die Filmschicht in den Objektraum ab. Nicht umgekehrt, denn physikalisch festgelegt ist nicht das Objekt, sondern die Filmschicht und die Pupille. Wegen seiner körnigen Struktur registriert der Film nicht nur die Strahlungsleistung der ganzen Lichtröhre, sondern auch die Strahlungsleistung pro Flächenelement der Filmschicht, die Bestrahlungsstärke. Da sich die geometrische Daten der Lichtröhre und ihr Leitwert nur wenig ändern, wenn man zu benachbarten Flächenelementen übergeht, verhalten sich die Bestrahlungsstärken etwa wie die Strahlungsdichten.

Die Strahlungsdichten sind bis auf Absorption und Reflexion abbildungsinvariant und geben uns deshalb einen Eindruck von der Leuchtdichteverteilung in dem Objektraum, der bei der Abbildung durchs Objektiv der Filmschicht entspricht.

Es ist ein Glück, daß die Photographie längst erfunden ist, denn obige Erklärung hätte bestimmt jeden Erfinder von der Sache ferngehalten. Ich habe diese Darstellung gegeben, weil ich annehme, daß Sie mit der Praxis des Photographierens vertraut sind, und weil ich Ihnen zeigen wollte, wie kompliziert ein so alltäglicher Vorgang wird, wenn man nach seinen physikalischen Grundlagen fragt.

Die lokale Schwärzung des Films wird außer durch die Belichtungszeit bestimmt durch die dort erreichte Bestrahlungsstärke. Sie ist proportional der Strahlungsdichte und kann durch bessere Beleuchtung erhöht werden. Ist wie bei der Landschaftsphotographie die Strahlungs-

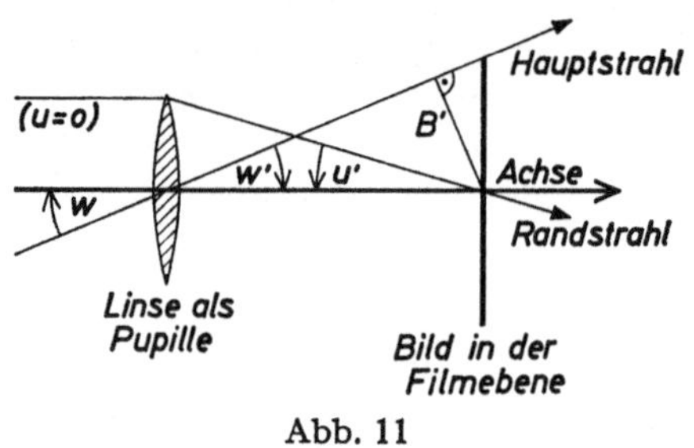

Abb. 11

dichte vorgegeben, dann ist die Bestrahlungsstärke proportional dem Quadrat des linearen Leitwertes der Lichtröhre zwischen der Austrittspupille und dem bestrahlten Flächenelement, geteilt durch die bestrahlte Fläche F. Bei kleinen Flächen ist der Unterschied zwischen dem Radius und dem Lot B' belanglos, also ist die Bestrahlungsstärke proportional zu $\frac{(\mathrm{LLW})^2}{F} \approx \frac{(B'n'U')^2}{\pi B'^2}$, also proportional zu $(n'U')^2$. Hierbei ist u' der Winkel, den der Randstrahl vom Rand der Austrittspupille zur Mitte des Flächenelements in der Filmebene mit der Achse bildet. Vergleiche Abb. 11, wo ein unendlich fernes Objekt ($U = 0$) und als Objektiv eine dünne Linse am Ort der Pupille angenommen wurde. Es kommt also beim Photoapparat nicht auf die absolute Größe der Austrittspupille an, sondern nur auf den Winkel u', unter dem sie von der Filmebene aus erscheint. Im Raum zwischen Objektiv und Film ist Luft, also $n' = 1$.

Man kennzeichnet die Leistungsfähigkeit der Photo-Objektive durch die größte „relative Öffnung" $\frac{2h}{f}$. Mit $2h$ ist der Durchmesser der Eintrittspupille gemeint. Bei $u = 0$ ist $h = A$ das Lot auf den Randstrahl, $\varphi = 1/f$ ist die Brechkraft des Objektivs, also nach der Formel (9.1)

$$\varphi = \frac{n'U'nW - n'W'nU}{\mathrm{LLW}} = \frac{n'U'}{A} \quad \text{für } nU = 0 .$$

Deshalb ist $\frac{2h}{f} = 2A\varphi = 2n'U'$ ein lineares Maß für die Bestrahlungsstärke in der Filmebene bei der Abbildung unendlich ferner Objekte. Als Blendenzahlen werden die Kehrwerte von $2n'U'$ angegeben. In folgender Tabelle sind die üblichen Blendenstufen und die zugehörigen Werte von $2n'U'$ angegeben. Der Faktor 2 hat für die Photographie keine sachliche Bedeutung. Man gibt auch als Bildwinkel nicht W, sondern $2W$ an.

Tabelle 3

Blendenzahl	0,5	0,7	1,0	1,4	2	2,8	(3,5)	4,0
$2n'U'$	2,0	1,4	1,0	0,7	0,5	0,35	(0,28)	0,25

Blendenzahl	5,6	8	11	16	22	32	45	64
$2n'U'$	0,18	0,125	0,088	0,062	0,044	0,031	0,022	0,016

Wenn man von dem eingeklammerten Zwischenwert 3,5 absieht, dann unterscheiden sich zwei aufeinanderfolgende Blendenzahlen um den Faktor $\sqrt{2} = 1{,}41$. Das ist zweckmäßig, denn da die Bestrahlungsstärke im Bild ausgedehnter Objekte proportional zum Quadrat von $n'U'$ ist, wird sie beim Übergang zur nächsthöheren Blendenzahl halbiert, beim Übergang zur nächstkleineren Blendenzahl verdoppelt. Bei gleicher Strahlungsdichte braucht man dann die doppelte bzw. halbe Belichtungszeit.

Wie ändert sich die Bestrahlungsstärke, wenn man auf nahe Objekte einstellt? Aus Formel (9.1) folgt allgemein

$$n'U' = \frac{\mathrm{LLW}}{f \cdot nW} + \frac{n'W'}{nW} nU .$$

In der Eintrittspupille ist $B = 0$ und $\mathrm{LLW} = AnW$. Dabei ist A das Lot von der Mitte der Eintrittspupille auf den Randstrahl und kann sich vom Radius der Eintrittspupille ein wenig unterscheiden. Also ist

$$2n'U' = \frac{2A}{f} + \frac{n'W'}{nW} 2nU . \tag{14.1}$$

Diese Formel zeigt, daß man obige Frage nicht allgemeingültig beantworten kann. Es kommt wesentlich auf den Quotienten $\frac{n'W'}{nW}$, also den Abbildungsmaßstab der Pupillen an. Bei vielen Objektiven ist $n'W' \approx nW$. Dann wird die Bestrahlungsstärke für nahe Objekte kleiner, weil U und U'

entgegengesetzte Vorzeichen haben. Man kann sich diesen Normalfall anschaulich so erklären, daß die Austrittspupille ihre Fläche nicht ändert, aber der Abstand zur Filmebene beim Einstellen auf nahe Objekte wächst. Bei Tele- und Weitwinkelobjektiven sind W und W' nicht annähernd gleich. Hier ist der Benutzer auf Versuche oder Belichtungstabellen des Objektivherstellers angewiesen, denn Lage und Abbildungsmaßstab der Pupillen kennt er in der Regel nicht. Die Formel (14.1) zeigt, daß die Bestrahlungsstärke vom Objektort unabhängig wird, wenn man $W' = 0$ macht, also die Austrittspupille ins Unendliche legt. Das ist technisch möglich, spielt aber in der praktischen Photographie keine Rolle.

Moderne Kleinbildobjektive haben eine Brennweite $f = 50$ mm, also eine Brechkraft $\varphi = 0{,}02\ \mathrm{mm}^{-1} = 20$ dpt, und eine relative Öffnung $2h/f = 1/2{,}8$. Die kleinste Blendenzahl ist 2,8, dazu gehört ein Durchmesser der Eintrittspupille von $2A = 50\ \mathrm{mm}/2{,}8 = 18$ mm. Bei einem Bildwinkel $2w = 46°$ ist in Luft $nW = -0{,}39$. Das Vorzeichen entspricht der Abb. 11, prinzipiell ist es natürlich belanglos. Am Ort der Eintrittspupille ist $B = 0$, deshalb ist LLW $= AnW = -9 \cdot 0{,}39$ mm $= -3{,}5$ mm.

Ein Vergleich mit dem linearen Leitwert des Auges (LLW = 0,75 mm) zeigt, daß es mit den Mitteln der geometrischen Optik nicht möglich ist, die Lichtröhre des Photo-Objektivs dem Auge anzupassen. Es gibt also keinen Sucher, der dem Auge das Bild zeigt, wie es in der Filmebene entsteht. Wir können das ganze Bildfeld nur übersehen, wenn wir im Sucher die Apertur auf den fünften Teil beschränken. Dem entspräche bei der Aufnahme die Blendenzahl 14. Oder wir nutzen die Öffnung des Objektivs voll aus, sehen aber nur ein Fünftel des Bildfeldes. Bei den Photosuchern verzichtet man auf die volle Apertur zugunsten des Überblicks übers ganze Bildfeld. Deshalb kann man im Sucher die Bildqualität nicht kontrollieren und die Einstellung der Schärfe nur mit einem Trick feststellen. Man bringt an die Stelle der Filmschicht eine Mattscheibe. Sie streut die Strahlung halbwegs gleichmäßig in den ganzen Raum. Deshalb kann man von einer weitgehend beliebig gewählten Stelle aus die Leuchtdichteverteilung auf der Mattscheibe sehen und braucht das Auge nicht mehr an den vorgeschriebenen Pupillenort zu bringen. Diese Zerstörung der Lichtröhre durch Streuung hat den Nachteil, daß die Gesetze der geometrischen Optik außer Kraft gesetzt werden. Die Strahlungsdichte wird geringer, das Mattscheibenbild erscheint deutlich dunkler als das Objekt. Das ist der Grund, weshalb die Photographen sich früher ein schwarzes Tuch über den Kopf stülpten und weshalb heute die Entfernungseinstellung bei Mattscheibensuchern mit der größten Blendenöffnung vorgenommen wird.

Zum Schluß noch ein Hinweis auf eine Kuriosität der Photographie, die Lochkamera. Wie Abb. 9 zeigt, ist eine geometrische Trennung der

Lichtröhren hinter dem Loch nicht möglich. Dennoch kann die Lochkamera bei genügend langer Belichtungsdauer gute Bilder liefern, wenn man die Lochgröße geschickt wählt. In Abb. 12 sei der Abstand a des Objekts groß gegen den Radius r des Loches. Dann hat die geometrische Verbreiterung der Lichtröhre gegenüber der Zentralprojektion durch die Lochmitte nach beiden Seiten die Größenordnung von r. Sie fällt also gegenüber der Zentralprojektion um so weniger ins Gewicht, je größer der Abstand b vom Loch bis zur Filmebene ist. Andrerseits wird dabei der Winkel u', unter dem das Loch von der Filmebene aus erscheint, immer kleiner, das Bild dunkler und die geometrische Schattengrenze mehr und mehr von Beugungsbildern des Loches überlagert. Deshalb

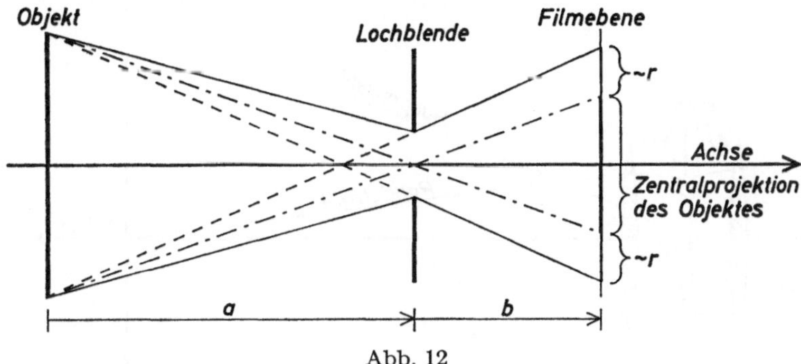

Abb. 12

wählt man den Abstand b zweckmäßigerweise so, daß die geometrische Verbreiterung r die Größenordnung der Beugungsfigur bekommt:

$$r = \frac{\lambda}{\sin u'}, \quad r \sin u' = \lambda.$$

Zwischen Sinus und Tangens ist bei diesen kleinen Winkeln kein Unterschied, also setzen wir $\sin u' = r/b$ und bekommen

$$\frac{r^2}{b} = \lambda, \qquad r = \sqrt{b \cdot \lambda}.$$

Für $b = 300$ mm und $\lambda = 0{,}00055$ mm finden wir $r = 0{,}41$ mm, für $b = 50$ mm und dieselbe Wellenlänge $r = 0{,}17$ mm. Lord Rayleigh gab als besten Wert $r = 0{,}95 \cdot \sqrt{b \cdot \lambda}$ an. Aber der Unterschied spielt wegen der Ausdehnung des Wellenlängenbereichs praktisch keine Rolle.

§ 15. Die Berechnung der Lichtröhre
Iterative Anwendung der Formeln für Übergang und Brechung

Für eine genaue Beschreibung optischer Instrumente und der Besonderheiten ihrer technischen Ausführungsformen reichen die vorwiegend qualitativen Angaben in den vorhergehenden Paragraphen nicht aus.

Kennt man die Parameter, also die Brechkräfte und Abstände eines optischen Systems und die Gestalt der Lichtröhre vor dem System, dann kann man die Änderung der Lichtröhre beim Durchgang durch das System berechnen, indem man nacheinander die Formeln (7.6) und (7.7) für Übergang Δ und Brechung Φ anwendet. Dieses Verfahren wird für jede Linse oder brechende Fläche des Systems wiederholt, bis man hinter der letzten die Gestalt der Lichtröhre im Bildraum gefunden hat.

Numerische Berechnungen sind unbeliebt, weil sie außerordentlich viel Selbstdisziplin erfordern. Die Optik-Konstrukteure erleichtern sich ihre tägliche Arbeit wesentlich durch ein festgelegtes Schema für die

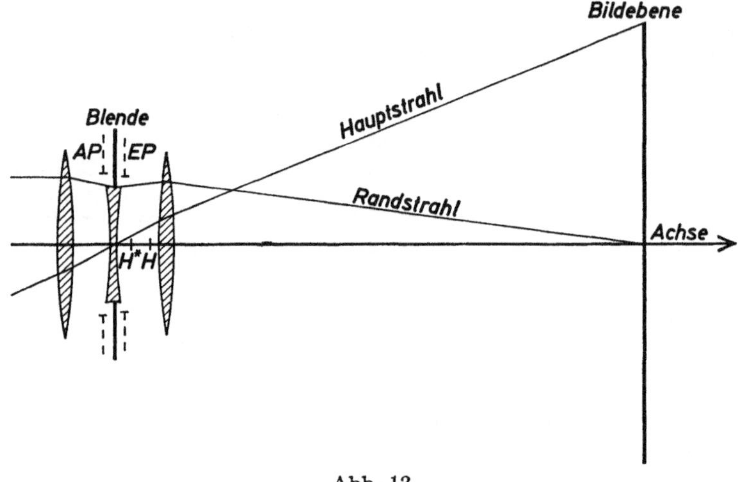

Abb. 13

Bezeichnungen der Werte und ihre Notierung. Die Wahl eines solchen Schemas richtet sich nach den vorhandenen Rechenhilfsmitteln, der Aufgabenstellung und persönlicher Neigung und ist prinzipiell belanglos für die Resultate. Aber erfahrungsgemäß ist das pedantische Festhalten an einem Schema der sicherste Weg, Rechenfehler zu vermeiden.

Für die Rechnung werden die Linsen oder brechenden Flächen in Lichtrichtung durchnumeriert. Diese Nummern dienen als Indizes für die Systemparameter und die Koordinaten der Lichtröhre. Die Brechkraft der ersten brechenden Fläche heißt also φ_1, der Krümmungsradius der dritten r_3 usw.

Die Größen unmittelbar vor der Brechung an der Linse Nr. i bekommen den Index i, die entsprechenden Größen nach der Brechung auch den Index i, aber zusätzlich einen Akzent, der als „Strich" gelesen wird. A_2 ist das Lot vom Scheitel der zweiten brechenden Fläche (oder der Mitte der zweiten Linse) auf den Randstrahl vor der Brechung, A_2' das

Lot nach der Brechung. Wegen dieser Regel haben alle Abstände, Brechzahlen und Winkel zwei Namen, denn es ist $n_2' = n_3$, $U_i' = U_{i+1}$, usw. Aber das stört nicht.

Als erstes Rechenbeispiel nehmen wir ein „Triplet", ein Photoobjektiv aus drei Linsen. Die Zählung soll nach Linsen erfolgen, die wir uns als ideal dünn vorzustellen haben. Abb. 13 zeigt einen Längsschnitt durch das System und die Lichtröhre. Als Systemparameter seien gegeben

$$\begin{aligned} \varphi_1 &= 0{,}016\ \text{mm}^{-1} \\ \varphi_2 &= -0{,}029\ \text{mm}^{-1} \\ \varphi_3 &= 0{,}019\ \text{mm}^{-1} \end{aligned} \qquad \begin{aligned} \delta_2 &= -10\ \text{mm} \\ \delta_3 &= -11\ \text{mm}\,. \end{aligned}$$

Die Dimensionen mm und mm^{-1} werden normalerweise weggelassen, falls keine anderen Maßsysteme verwendet werden. Das System besteht also aus einer Zerstreuungslinse zwischen zwei Sammellinsen, die Abstände betragen 10 mm und 11 mm, denn in Luft ist $n = 1$. Das Objekt liege unendlich weit weg und habe einen Winkeldurchmesser von $2w = 2\cdot 23{,}6° = 47{,}2°$. Dann ist $n_1 U_1 = 0$ und $n_1 W_1 = -0{,}4$. Den ersten Aufpunkt legen wir in die erste Linse und setzen $A_1 = 14\,\text{mm}$, $B_1 = -5\,\text{mm}$.

Die Durchrechnung besteht aus folgenden Teilschritten:

1a) Übergang vom ersten Aufpunkt zur ersten Linse:

$$A_1 = A_0 + \delta_1 n_1 U_1 \qquad B_1 = B_0 + \delta_1 n_1 W_1\,.$$

Liegt der erste Aufpunkt E_0 mit den Loten A_0 und B_0 bereits in der ersten Linse, dann ist $\delta_1 = 0$, und dieser Teilschritt kann weggelassen werden.

1b) Brechung an der ersten Linse:

$$\begin{aligned} A_1' &= A_1 & B_1' &= B_1 \\ n_1' U_1' &= n_1 U_1 + \varphi_1 A_1 & n_1' W_1' &= n_1 W_1 + \varphi_1 B_1\,. \end{aligned}$$

2a) Übergang zur zweiten Linse:

$$\begin{aligned} n_2 U_2 &= n_1' U_1' & n_2 W_2 &= n_1' W_1' \\ A_2 &= A_1' + \delta_2\, n_2 U_2 & B_2 &= B_1' + \delta_2\, n_2 W_2\,. \end{aligned}$$

2b) Brechung an der zweiten Linse:

$$\begin{aligned} A_2' &= A_2 & B_2' &= B_2 \\ n_2' U_2' &= n_2 U_2 + \varphi_2 A_2 & n_2' W_2' &= n_2 W_2 + \varphi_2 B_2\,. \end{aligned}$$

Damit ist wohl klar, wie das Verfahren fortgesetzt wird. Weil alle Formeln die gleiche Gestalt haben, kann man sich den Rechengang schnell einprägen. Die trivialen Relationen $A_i' = A_i$ und $n_{i+1} U_{i+1} = n_i' U_i'$ sind nur der konsequenten Bezeichnung wegen hingeschrieben, für die numerische Rechnung sind sie belanglos. Die Zahlen trägt man in ein Schema ein, das für jede Linse zwei Kästchen enthält, eins für die Daten des Randstrahls, eins für den Hauptstrahl. Abb. 14 zeigt das formale Schema und die Zahlenwerte für das als Beispiel benutzte Triplet.

Schema für die Notierung

	$n_1 U_1$	$n_1 W_1$
1.	A_1 $n_1' U_1'$	B_1 $n_1' W_1'$
2.	A_2 $n_2' U_2'$	B_2 $n_2' W_2'$
3.	A_3 $n_3' U_3'$	B_3 $n_3' W_3'$

Zahlenbeispiel

	0	−0,4
1.	14 0,224	−5 −0,48
2.	11,76 −0,11704	−0,2 −0,4742
3.	13,04744 0,130861	5,0162 −0,378892

Abb. 14

Zur Kontrolle berechnet man den linearen Leitwert vor und hinter dem System: LLW $= 14 \cdot (-0{,}4) - (-5) \cdot 0 = -5{,}6$,
LLW' $= 13{,}04744 \cdot (-0{,}378892) - 5{,}0162 \cdot 0{,}130861 = -5{,}599998$.

Die Brechkraft des Objektivs ist

$$\varphi = \frac{n_3' U_3' n_1 W_1 - n_3' W_3' n_1 U_1}{\text{LLW}} = \frac{n_3' U_3'}{A_1} = \frac{0{,}130861}{14 \text{ mm}} = 0{,}009347 \text{ mm}^{-1} .$$

Der Kehrwert davon ist die Brennweite $f = 1/\varphi = 106{,}98$ mm. Die relative Öffnung ist $2 n_3' U_3' = 0{,}261722 \approx 1/3{,}8$. Der Bildort wird bestimmt durch den Schnittpunkt des Randstrahls mit der Achse, er liegt also $A_3/U_3' = 99{,}7$ mm hinter der dritten Linse.

Die Lage der Eintrittspupille ist bestimmt durch den Schnittpunkt des Hauptstrahls im Objektraum mit der Achse. Er liegt $B_1/W_1 = 12{,}5$ mm hinter der ersten Linse. Die Austrittspupille liegt $B_3/W_3' = -13{,}24$ mm hinter der dritten Linse, also nach der Vorzeichenregel für Abstände 13,24 mm vor der dritten Linse. Wie groß ist das Lot A_{AP} in der Austrittspupille? Wir können diesen Wert finden, wenn wir von der letzten Linse aus einen Übergang mit $\delta = 13{,}24$ (gegen die Lichtrichtung) machen und $A_{AP} = A_3' + \delta\, n_3' U_3'$ berechnen. Eleganter ist folgender Weg: Am Ort der Austrittspupille ist nach Definition $B = 0$. Dann ist wegen der Invarianz des linearen Leitwertes $A_{AP}\, n_3' W_3' =$ LLW, also

$$A_{AP} = -5{,}6/-0{,}378892 = 14{,}78 \text{ mm} .$$

Der Abbildungsmaßstab von der Eintrittspupille zur Austrittspupille ist $A_{AP}/A_{EP} = 14{,}78/14 = n_1 W_1 / n_3' W_3' = -0{,}4/-0{,}378892 = 1{,}0557$. Eine reelle Blende muß da angebracht werden, wo der Hauptstrahl (und nicht seine Verlängerung) die Achse schneidet. Der Ort liegt $B_2/W_2' = 0{,}42$ mm hinter der zweiten Linse. Dort ist das Lot auf den Randstrahl $A_B = \text{LLW}/W_2' = 11{,}81$ mm lang. Der Randstrahl hat gegen die

Achse eine Neigung $\sin u = 0{,}117$, also muß man der Blende den Radius $R = A_B/\cos u = 11{,}81\ \text{mm}/0{,}9931 = 11{,}89$ mm geben.

Zur Bestimmung der Hauptpunkte berechnen wir nach der Formel (9.1) die Koeffizienten $a = \frac{A_3 n_1 W_1 - B_3 n_1 U_1}{LLW} = \frac{A_3}{A_1} = \frac{13{,}04744}{14} = 0{,}932$ und $d = \frac{n_3' W_3' A_1 - n_3' U_3' B_1}{\text{LLW}} = \frac{(-0{,}378892)\cdot 14 - 0{,}130861\cdot(-5)}{-5{,}6} = 0{,}830$. Nach den in § 9 abgeleiteten Formeln gibt $\delta = (d-1)\,f$ den Übergang vom ersten Aufpunkt zum vorderen Hauptpunkt. Also hat H von der ersten Linse den Abstand $-n_1(d-1)f = 18{,}1$ mm. $\delta^* = (1-a)f$ gibt den Übergang vom letzten Aufpunkt zum hinteren Hauptpunkt H^*, der Abstand ist $-n_3'(1-a)f = -7{,}3$ mm. Der hintere Hauptpunkt liegt also 7,3 mm vor der dritten Linse und damit sogar vor dem vorderen Hauptpunkt. In der Praxis spielt die Berechnung der Hauptpunktlagen nur eine untergeordnete Rolle.

Im obigen Beispiel waren die Brechkräfte φ und Übergangsparameter δ gegeben. Häufig kennt man von den Linsen nur die Brechzahl und die geometrischen Bestimmungsstücke. So sei von einer Linse die Brechzahl $n = 1{,}62287$ und die Mittendicke $d = 15$ mm bekannt. Die eine Begrenzungsfläche ist eine Kugel mit dem Radius $r = 200$ mm, die andere eine Ebene. Wie kann man die Wirkung dieser Linse berechnen?

Da wir die Linse zentriert benutzen, gibt die Mittendicke den Abstand der beiden brechenden Flächen längs der Achse. Der zugehörige Übergangsparameter ist $\delta = -d/n$ (vgl. Abb. 5 in § 7), in diesem Falle $-15/1{,}62287 = -9{,}2429$ mm. Für die Berechnung der Brechkraft einer Fläche aus ihrem Radius r und den Brechzahlen n und n' vor und hinter der Fläche benutzt man die Formel

$$\varphi = \frac{n' - n}{r} = (n' - n)\cdot\varrho\,, \tag{15.1}$$

wobei $\varrho = 1/r$ die Krümmung der Fläche ist. Das Rechnen mit den Radien ist anschaulicher, das Rechnen mit den Krümmungen formal bequemer. Man kann die Formel (15.1) nicht beweisen. Die Bildfehler in optischen Instrumenten zeigen sogar, daß sie nicht allgemein richtig sein kann. Linsen sind nur unvollkommene Realisierungen für die Brechkräfte der idealen Abbildung und ihre Wirkung hängt in komplizierter Weise ab von den Koordinaten der Lichtröhre. Die Bildfehlertheorie wird zeigen, daß die Beziehung (15.1) eine Näherungsformel ist, allerdings eine besonders gute. Wenn nämlich das optische System korrigiert ist und die Bildfehler nicht stören, dann liefert sie die richtigen Resultate. Gibt (15.1) grob falsche Werte, dann ist das Linsensystem wegen der Bildfehler unbrauchbar und keine Realisierung der idealen Abbildung. Solange man die Bildfehler nicht berücksichtigt, ist (15.1) die richtige Formel. Ihre formale Herleitung werde ich im § 26 bringen.

Die Radien sind positiv zu nehmen, wenn die Fläche in Lichtrichtung gekrümmt ist, der Krümmungsmittelpunkt also rechts vom Scheitel der Fläche liegt, sonst negativ. Für eine Planfläche braucht man keine besondere Regel, wenn man sie als Kugel mit unendlich großem Radius ansieht. Sie hat stets die Brechkraft $\varphi = 0$.

Im genannten Beispiel soll die Linse in Luft stehen und die gekrümmte Fläche vorn sein, also dem Objekt zugewandt. Dann ist

$$\varphi_1 = (n_1' - n_1)/r = 0{,}62287/200 = 0{,}00311435\ \text{mm}^{-1},$$
$$f_1 = 1/\varphi_1 = 321{,}09\ \text{mm}\,.$$

Für die Planfläche ist $\varphi_2 = 0$.

Für eine spätere Anwendung rechnen wir folgenden Fall durch: Das Objekt hat einen Durchmesser von 30 mm und liegt 6 m vor der Linse. Als Eintrittspupille dient eine Lochblende von 30 mm Durchmesser am Ort des Linsenscheitels. Wegen der großen Entfernung brauchen wir zwischen Sinus und Tangens nicht zu unterscheiden und können die Radien von Objekt und Pupille als Längen der Lote nehmen. Mit dieser Vereinfachung wird $U_1 = -15/6000 = -0{,}0025 = W_1$. Die Vorzeichen ergeben sich auf Grund der Vorstellung, daß der Randstrahl zum oberen Blendenrand läuft und der Hauptstrahl vom unteren Objektrand kommt. Den ersten Aufpunkt legen wir in den Scheitel der ersten Fläche. Dort ist $A_1 = 15$ und $B_1 = 0$. Die numerische Rechnung liefert für die einzelnen Flächen die Zahlenwerte:

Tabelle 4

	−0,0025	−0,0025
1.	15,0 0,044215	0 −0,0025
2.	14,591324 0,044215	0,023107 −0,0025

Das Bild entsteht $A_2/U_2' = 330{,}0$ mm hinter der zweiten Fläche, der Abbildungsmaßstab ist $n_1 U_1/n_2' U_2' = -0{,}05654$. Aus dem Objekt von 30 mm Durchmesser wird also ein Bild von nur 1,7 mm Durchmesser. Der Abbildungsmaßstab ist negativ, deshalb erscheint das Bild kopfstehend und seitenverkehrt. Wo liegt das Bild nach der Brechung an der ersten Fläche? Dabei hat man sich vorzustellen, daß der ganze Raum hinter der ersten Fläche mit Glas erfüllt sei. Die Formel für den Bildabstand ist A_1/U_1'. Aber in der zweiten Zeile des ersten Kästchens steht $n_1' U_1'$ mit $n_1' = 1{,}62287$. Man darf also nicht 15/0,044215 berechnen, sondern muß $1{,}62287 \cdot 15$ durch 0,044215 teilen. Das Bild liegt also im Glas

550,6 mm hinter der ersten Fläche. Daran sieht man, daß die Planfläche trotz $\varphi = 0$ Einfluß auf die Bildlage hat. Die Bildgröße beeinflußt sie nicht, denn $n_1 U_1 / n_1' U_1'$ hat denselben Wert wie $n_1 U_1 / n_2' U_2'$.

§ 16. Die Gaußschen Klammern
Ein explizites Rechenverfahren

Das im vorigen Paragraphen geschilderte Rechenverfahren dient dazu, die Wirkung eines optischen Systems auf die Gestalt einer Lichtröhre zu berechnen. Der Optik-Konstrukteur steht häufig vor der Umkehrung dieser Aufgabe. Ihm ist eine bestimmte Form der Lichtröhre im Objekt- und im Bildraum vorgeschrieben. Er soll das optische System angeben, das diese Transformation bewirkt. Hier sind also nicht die Koordinaten der Lichtröhre, sondern die Parameter des Systems unbekannt. Zu ihrer Bestimmung ist ein explizites Rechenverfahren vorteilhaft, das rekursive Verfahren des vorigen Paragraphen ist weniger geeignet. Allerdings ist die praktische Bedeutung der Gaußschen Klammern nicht sehr groß, denn jeder erfahrene Optik-Konstrukteur kann die zur Lösung einer Aufgabe erforderlichen Brechkräfte und Abstände „über den Daumen peilen" und die korrekten Werte durch gezieltes Probieren mit dem rekursiven Formelsatz schnell finden.

Das explizite Verfahren beruht auf dem Satz 2. Er besagt, daß jede optische Abbildung durch vier Koeffizienten a, b, c, d festgelegt ist. Die Formeln (9.1) geben an, wie diese Koeffizienten von den Koordinaten der Lichtröhre abhängen. Die Gaußschen Klammern drücken die Koeffizienten durch die Parameter des optischen Systems aus. Damit ist der Zusammenhang zwischen Lichtröhrenkoordinaten und Systemparametern hergestellt.

Bei der Herleitung der Formeln wollen wir voraussetzen, daß die Systemparameter in der Reihenfolge $\delta_1, \varphi_1, \delta_2, \ldots, \delta_k, \varphi_k, \delta_{k+1}$ gegeben sind. Das ist keine Einschränkung, weil wir zulassen, daß einige Parameter den Wert Null haben. Folgen beispielsweise die Brechkräfte φ_i und φ_{i+1} ohne einen Abstand aufeinander, dann können wir ihre Wirkung auch beschreiben mit der Brechkraft $\varphi_i + \varphi_{i+1}$ oder der Parameterfolge $\varphi_i, \delta_{i+1}, \varphi_{i+1}$ mit $\delta_{i+1} = 0$.

Findet nur ein Übergang Δ statt und keine Brechung, dann gilt für die Transformation der Lichtröhre die Formel (7.6)

$$\begin{aligned} A^* &= A + \delta\, nU & \qquad B^* &= B + \delta\, nW \\ n^* U^* &= nU & \qquad n^* W^* &= nW\,. \end{aligned}$$

Ein Vergleich mit der Formel (9.2) liefert die Koeffizienten

$$a = 1, \qquad b = \delta, \qquad c = 0 \qquad \text{und} \qquad d = 1\,.$$

Für eine Brechung Φ_1 und zwei Übergänge Δ_1 und Δ_2 hatten wir die Transformationsformeln (9.4) beim Beweis des Hauptsatzes abgeleitet und dabei die Koeffizienten

$$\begin{aligned} a &= 1 + \varphi_1\,\delta_2 &&= [\varphi_1, \delta_2]\,, \\ b &= \delta_1 + (1 + \delta_1\varphi_1)\delta_2 &&= [\delta_1, \varphi_1, \delta_2]\,, \\ c &= \varphi_1 &&= [\varphi_1]\,, \\ d &= 1 + \delta_1\varphi_1 &&= [\delta_1, \varphi_1] \end{aligned}$$

gefunden. Die eckigen Klammern sind vorerst nur als Abkürzungen für die links stehenden Ausdrücke anzusehen. Wenn $a = [\varphi_1, \delta_2]$ bedeutet, daß a eine Funktion von φ_1 und δ_2 ist, so ist mit diesem Symbol nicht viel anzufangen. Interessant wird es dadurch, daß man damit nach formalen Regeln rechnen kann. Denn wenn man φ_1 mit $[\varphi_1]$ und $1 + \delta_1\varphi_1$ mit $[\delta_1, \varphi_1]$ „abkürzen“ darf, dann kann man statt $\delta_1 + (1 + \delta_1\,\varphi_1)\delta_2$ auch $[\delta_1] + [\delta_1, \varphi_1]\cdot[\delta_2]$ schreiben. Wenn der Formalismus logisch konsequent ist, dann muß also $[\delta_1, \varphi_1, \delta_2] = [\delta_1] + [\delta_1, \varphi_1]\cdot[\delta_2]$ sein. Diese hier an einem Beispiel gezeigte „Reduktionsregel“ für die Darstellung eines Klammerausdrucks durch Summe und Produkt von Klammern mit weniger Gliedern gilt ganz allgemein.

Zum Beweis untersuchen wir die Änderung der vier Koeffizienten bei einer weiteren Brechung und anschließendem Übergang:
Brechung mit der Brechkraft φ_k:

$$\begin{aligned} \bar{A}^* &= A^* &&= aA + bnU, \\ \bar{n}^*\bar{U}^* &= n^*U^* + \varphi_k\,A^* &&= (c + a\,\varphi_k)A + (d + b\,\varphi_k)nU\,. \end{aligned}$$

Die entsprechenden Gleichungen für die Brechung des Hauptstrahls können wir weglassen, weil sie dieselben Koeffizienten haben.
Übergang mit dem Parameter δ_{k+1}:

$$\begin{aligned} \bar{\bar{A}}^* &= \bar{A}^* + \delta_{k+1}\,\bar{n}^*\bar{U}^* &&= \{a + (c + a\,\varphi_k)\delta_{k+1}\}A + \\ & &&\quad + \{b + (d + b\,\varphi_k)\delta_{k+1}\}nU\,, \\ \bar{\bar{n}}^*\bar{\bar{U}}^* &= \bar{n}^*\bar{U}^* &&= (c + a\,\varphi_k)A + (d + b\,\varphi_k)nU\,. \end{aligned}$$

Die neuen Koeffizienten sind also

$$\begin{aligned} \bar{c} &= c + a\,\varphi_k &&= [\varphi_1, \delta_2, \ldots, \varphi_{k-1}] + [\varphi_1, \delta_2, \ldots, \varphi_{k-1}, \delta_k]\cdot\varphi_k \\ & &&= [\varphi_1, \delta_2, \ldots, \delta_k, \varphi_k]\,, \\ \bar{d} &= d + b\,\varphi_k &&= [\delta_1, \varphi_1, \ldots, \varphi_{k-1}] + [\delta_1, \varphi_1, \ldots, \varphi_{k-1}, \delta_k]\cdot\varphi_k \\ & &&= [\delta_1, \varphi_1, \ldots, \delta_k, \varphi_k]\,, \\ \bar{a} &= a + \bar{c}\,\delta_{k+1} &&= [\varphi_1, \delta_2, \ldots, \delta_k] + [\varphi_1, \delta_2, \ldots, \delta_k, \varphi_k]\cdot\delta_{k+1} \\ & &&= [\varphi_1, \delta_2, \ldots, \varphi_k, \delta_{k+1}]\,, \\ \bar{b} &= b + \bar{d}\,\delta_{k+1} &&= [\delta_1, \varphi_1, \ldots, \delta_k] + [\delta_1, \varphi_1, \ldots, \delta_k, \varphi_k]\cdot\delta_{k+1} \\ & &&= [\delta_1, \varphi_1, \ldots, \varphi_k, \delta_{k+1}]\,. \end{aligned}$$

Damit haben wir induktiv die gesuchte Darstellung der Lichtröhrentransformation mit Hilfe der Systemparameter gefunden, Gln. (16.1):

$$\begin{aligned}
A_{k+1} &= [\varphi_1, \delta_2, \ldots, \varphi_k, \delta_{k+1}]A_0 + [\delta_1, \varphi_1, \delta_2, \ldots, \varphi_k, \delta_{k+1}]n_0 U_0 ,\\
n_{k+1}U_{k+1} &= [\varphi_1, \delta_2, \ldots, \delta_k, \varphi_k]A_0 + [\delta_1, \varphi_1, \delta_2, \ldots, \delta_k, \varphi_k]n_0 U_0 ,\\
B_{k+1} &= [\varphi_1, \delta_2, \ldots, \varphi_k, \delta_{k+1}]B_0 + [\delta_1, \varphi_1, \delta_2, \ldots, \varphi_k, \delta_{k+1}]n_0 W_0 ,\\
n_{k+1}W_{k+1} &= [\varphi_1, \delta_2, \ldots, \delta_k, \varphi_k]B_0 + [\delta_1, \varphi_1, \delta_2, \ldots, \delta_k, \varphi_k]n_0 W_0 .
\end{aligned}$$

Die Lote und Aperturen mit dem Index 0 sind bezogen auf den Aufpunkt Nr. 0, den Ausgangspunkt des ersten Übergangs δ_1, die Werte mit dem Index $k+1$ auf den Aufpunkt Nr. $k+1$, den Endpunkt des letzten Übergangs δ_{k+1}.

Die durch eckige Klammern markierten Ausdrücke nennt man „Gaußsche Klammern". C. F. GAUSS hat bei seinen zahlentheoretischen Untersuchungen auf diesen Kalkül aufmerksam gemacht. Ich kenne aber keinen Hinweis, daß er ihn bei seinen rechnerischen Untersuchungen optischer Abbildungen benutzt hat. Für die Gaußschen Klammern gelten folgende Rechenregeln:

$[\ ] = 1$, eine Klammer, die keinen Parameter enthält, hat den Wert eins. Das ist eine formale, im Hinblick auf die Reduktionsregel (16.4) zweckmäßige Festsetzung. (16.2)

$$[x] = x . \tag{16.3}$$

$$[x_1, x_2, \ldots, x_n] = [x_1, x_2, \ldots, x_{n-2}] + [x_1, x_2, \ldots, x_{n-1}] \cdot x_n . \tag{16.4}$$

Das ist die oben bewiesene Reduktionsregel, hier für allgemeine Parameter x_1 bis x_n aufgeschrieben. Eine Verallgemeinerung der Reduktionsregel ist die folgende Spaltregel:

$$\begin{aligned}
[x_1, x_2, \ldots, x_n] = [x_1, x_2, \ldots, x_{i-1}] \cdot [x_{i+2}, \ldots, x_n] +\\
+ [x_1, x_2, \ldots, x_i] \cdot [x_{i+1}, \ldots, x_n] .
\end{aligned} \tag{16.5}$$

Man kann sie durch vollständige Induktion nach der Anzahl der abgespaltenen Parameter x_{i+1} bis x_n beweisen. Ich lasse den Beweis aus, weil er keine physikalischen Erkenntnisse vermittelt.

Eine für die Optik interessante Anwendung findet die Spaltregel beim Differenzieren der Gaußschen Klammern. Es sei

$$K = [x_1, x_2, \ldots, x_{i-1}, x_i + \Delta x_i, x_{i+1}, \ldots, x_n] .$$

Dann liefert die Aufspaltung

$$K = [x_1, \ldots, x_{i-1}] \cdot [x_{i+2}, \ldots, x_n] + [x_1, \ldots, x_i + \Delta x_i] \cdot [x_{i+1}, \ldots, x_n] .$$

Die dritte Klammer formen wir mit der Reduktionsregel um:

$$\begin{aligned}
[x_1, \ldots, x_i + \Delta x_i] &= [x_1, \ldots, x_{i-2}] + [x_1, \ldots, x_{i-1}] \cdot (x_i + \Delta x_i)\\
&= [x_1, \ldots, x_i] \quad + [x_1, \ldots, x_{i-1}] \cdot \Delta x_i ,
\end{aligned}$$

denn nach dem Auflösen der runden Klammern kann man zwei Summanden nach der Umkehrung der Reduktionsregel zu einer Klammer zusammenfassen. Setzt man dieses Ergebnis in K ein und faßt die Glieder nach der Umkehrung der Spaltregel zusammen, so folgt

$$K = [x_1, x_2, \ldots, x_n] + [x_1, \ldots, x_{i-1}] \cdot [x_{i+1}, \ldots, x_n] \cdot \Delta x_i .$$

Ein Vergleich mit dem ersten Ausdruck für K liefert die einfache Differentiationsregel:

$$\frac{\partial}{\partial x_i} [x_1, x_2, \ldots, x_n] = [x_1, \ldots, x_{i-1}] \cdot [x_{i+1}, \ldots, x_n] . \qquad (16.6)$$

Beim Differenzieren einer Gaußschen Klammer nach einem Parameter zerfällt sie in ein Produkt von zwei Klammern, die vor diesem Parameter enden bzw. nach ihm beginnen. Der Parameter selbst kommt in der Ableitung nicht mehr vor, die Gaußsche Klammer ist also eine lineare Funktion des Parameters.

Als Beispiel für das Rechnen mit Gaußschen Klammern wollen wir die Parameter eines zweilinsigen Photo-Objektivs mit der Brennweite $f = 100$ mm und der relativen Öffnung $\frac{2h}{f} = \frac{1}{5{,}6}$ ermitteln. Es soll ein Tele-Objektiv sein, das heißt, die Baulänge, der Abstand von der ersten Linse bis zur Filmebene, soll kürzer sein als die Brennweite, hier 70 mm statt 100 mm. Den ersten Aufpunkt legen wir in die erste Linse, den letzten in die Filmebene. Dann ist $\delta_1 = 0$, $n_1 U_1 = 0$, $A_1 = 100/11{,}2 = 8{,}95$, $n_3 U_3 = 1/11{,}2 = 0{,}0895$. Die Baulängenforderung lautet $\delta_2 + \delta_3 = -70$. Die Filmebene soll Bildebene sein, also muß der Randstrahl dort die Achse schneiden:

$$A_3 = 0 = [\varphi_1, \delta_2, \varphi_2, \delta_3] A_1 + [\delta_1, \varphi_1, \ldots, \delta_3] n_1 U_1 .$$

Die Forderung über die relative Öffnung besagt

$$n_3 U_3 = 0{,}0895 = [\varphi_1, \delta_2, \varphi_2] A_1 + [\delta_1, \varphi_1, \delta_2, \varphi_2] n_1 U_1 .$$

Das ergibt beim Einsetzen der gegebenen Lichtröhrenkoordinaten A_1 und $n_1 U_1$ drei Bedingungsgleichungen

$$\begin{aligned} -70 &= \delta_2 + \delta_2 , \\ 0 &= [\varphi_1, \delta_2, \varphi_2, \delta_3] , \\ 0{,}01 &= [\varphi_1, \delta_2, \varphi_2] \end{aligned} \qquad (16.7)$$

für die vier unbekannten Parameter δ_2, δ_3, φ_1 und φ_2. Für eine eindeutige Lösung müßte man eine weitere Bedingung stellen, zum Beispiel über die Pupillenabbildung. Oder man fordert, daß die Brechkräfte in einem bestimmten Verhältnis zueinander stehen, damit man einige Bildfehler leichter beseitigen kann. Wir wollen vorerst die Abstände als Parameter frei lassen und aus (16.7) die Brechkräfte eliminieren. Dazu entwickeln wir nach der Reduktionsregel

$$0{,}01 = [\varphi_1, \delta_2, \varphi_2] = \varphi_1 + [\varphi_1, \delta_2]\cdot\varphi_2 \quad \text{und}$$
$$0 = [\varphi_1, \delta_2, \varphi_2, \delta_3] = [\varphi_1, \delta_2] + [\varphi_1, \delta_2, \varphi_2]\cdot\delta_3\,. \tag{16.8}$$

Die erste Klammer der zweiten Entwicklung wird wieder mit der Reduktionsregel aufgelöst, für die zweite der Wert 0,01 eingesetzt. Das liefert

$$0 = 1 + \varphi_1\,\delta_2 + 0{,}01\,\delta_3\,,$$
$$\varphi_1\delta_2 = -\,(1 + 0{,}01\,\delta_3) = 0{,}01\,\delta_2 - 0{,}3 \text{ wegen } \delta_2 + \delta_3 = -\,70\,. \tag{16.9}$$

Den Wert für $1 + \varphi_1\,\delta_2 = [\varphi_1, \delta_2]$ setzen wir in die erste Zeile von (16.8) ein und bekommen nach Multiplikation mit δ_2

$$0{,}01\,\delta_2 = \varphi_1\,\delta_2 - 0{,}01\,\delta_3\,\delta_2\,\varphi_2$$

und mit (16.9)

$$\varphi_2(0{,}01\,\delta_2\,\delta_3) = -\,(1 + 0{,}01\,\delta_2 + 0{,}01\,\delta_3)$$

und wegen $\delta_2 + \delta_3 = -\,70$

$$\varphi_2\,\delta_2\,\delta_3 = -\,30\,. \tag{16.10}$$

In der Praxis wird man, wenn keine weiteren Forderungen erfüllt werden müssen, die Abhängigkeit der Brechkräfte φ_1 und φ_2 von δ_2 graphisch oder tabellarisch darstellen und sich danach für eine geeignete Lösung entscheiden. Wir wollen hier nur einen Fall numerisch auswerten und setzen $\delta_2 = -\,30$. Dann ist $\delta_3 = -\,40$, die zugehörigen Abstände sind $d_2 = 30$ und $d_3 = 40$. Damit ergibt sich

$$\varphi_1 = -\,0{,}6/-30 \;=\; 1/50 = \;0{,}02\,,$$
$$\varphi_2 = -\,30/1200 \;=\; -\,1/40 = -\,0{,}025\,.$$

Die erste Linse ist eine Sammellinse mit einer Brennweite von 50 mm, die zweite eine Zerstreuungslinse mit einer Brennweite von − 40 mm.

Ein zweites Beispiel für das formale Rechnen mit Gaußschen Klammern liefert die Differentiation der Lichtröhrenkoordinaten nach den Systemparametern. Dazu nehmen wir an, daß die Koordinaten A_0, $n_0\,U_0$ usw. im Objektraum fest vorgegeben sind. Wie ändern sich die Koordinaten im Bildraum, wenn sich ein Parameter ändert, beispielsweise die Brechkraft φ_i? Die Anwendung der Formel (16.6) auf die erste Gleichung von (16.1) liefert

$$\frac{\partial A_{k+1}}{\partial\varphi_i} = [\varphi_1, \delta_2, \ldots, \delta_i]\cdot[\delta_{i+1}, \ldots, \delta_{k+1}]A_0 +$$
$$+\,[\delta_1, \varphi_1, \ldots, \delta_i]\cdot[\delta_{i+1}, \ldots, \delta_{k+1}]n_0 U_0\,.$$

Klammern wir $[\delta_{i+1}, \ldots, \delta_{k+1}]$ aus, dann läßt sich der Rest nach (16.1) zusammenfassen und ergibt A_i. Außerdem zeigt (16.1), daß $[\delta_{i+1}, \ldots, \delta_{k+1}]$ der Koeffizient b der Lichtröhrentransformation vom

Aufpunkt E_ι am Ort der Brechkraft φ_ι zum Aufpunkt E_{k+1} hinter dem System ist. Also ist nach Formel (9.1)

$$[\delta_{\iota+1},\ldots,\delta_{k+1}] = \frac{B_{k+1}A_\iota - A_{k+1}B_\iota}{\mathrm{LLW}}.$$

Damit ergibt sich

$$\frac{\partial A_{k+1}}{\partial\varphi_\iota} = A_\iota \frac{B_{k+1}A_\iota - A_{k+1}B_\iota}{\mathrm{LLW}}.$$

Entsprechend findet man

$$\begin{aligned}\frac{\partial A_{k+1}}{\partial\delta_\iota} &= [\varphi_1,\delta_2,\ldots,\varphi_{\iota-1}]\cdot[\varphi_\iota,\ldots,\delta_{k+1}]A_0 + \\ &\quad + [\delta_1,\varphi_1,\ldots,\varphi_{\iota-1}]\cdot[\varphi_\iota,\ldots,\delta_{k+1}]n_0U_0 \\ &= n_\iota U_\iota\,[\varphi_\iota,\ldots,\delta_{k+1}] = n_\iota U_\iota \frac{A_{k+1}\,n_\iota W_\iota - B_{k+1}\,n_\iota U_\iota}{\mathrm{LLW}}.\end{aligned}$$

Die Formeln werden besonders einfach, wenn man den letzten Aufpunkt in die Bildebene legt. Dort ist $A_{k+1} = 0$ und daraus folgt

$$\frac{\partial A_{k+1}}{\partial\varphi_\iota} = \frac{A_\iota^2\,B_{k+1}}{\mathrm{LLW}} = \frac{-A_\iota^2}{n_{k+1}U_{k+1}},$$

$$\frac{\partial A_{k+1}}{\partial\delta_\iota} = \frac{-(n_\iota U_\iota)^2\,B_{k+1}}{\mathrm{LLW}} = \frac{(n_\iota U_\iota)^2}{n_{k+1}U_{k+1}}.$$

Diese Formeln geben an, wie groß die geometrischen Zerstreuungskreise in der ursprünglichen Bildebene werden, wenn man einen Parameter um eine Einheit ändert. Dabei ist natürlich angenommen, daß die Bildebene im Endlichen liegt. Andernfalls muß man die Änderungen der Apertur $n_{k+1}U_{k+1}$ untersuchen.

Der vollständige Formelsatz für die Ableitungen der Lichtröhrenkoordinaten im Bildraum nach den Systemparametern φ_ι und δ_ι bei vorgegebenen Koordinaten im Objektraum lautet:

$$\begin{aligned}\frac{\partial A_{k+1}}{\partial\varphi_\iota} &= A_\iota \frac{B_{k+1}\,A_\iota - A_{k+1}\,B_\iota}{\mathrm{LLW}},\\ \frac{\partial B_{k+1}}{\partial\varphi_\iota} &= B_\iota \frac{B_{k+1}\,A_\iota - A_{k+1}\,B_\iota}{\mathrm{LLW}},\\ \frac{\partial n_{k+1}U_{k+1}}{\partial\varphi_\iota} &= A_\iota \frac{n_{k+1}W_{k+1}\,A_\iota - n_{k+1}U_{k+1}\,B_\iota}{\mathrm{LLW}},\\ \frac{\partial n_{k+1}W_{k+1}}{\partial\varphi_\iota} &= B_\iota \frac{n_{k+1}W_{k+1}A_\iota - n_{k+1}U_{k+1}\,B_\iota}{\mathrm{LLW}},\\ \frac{\partial A_{k+1}}{\partial\delta_\iota} &= n_\iota U_\iota \frac{A_{k+1}\,n_\iota W_\iota - B_{k+1}\,n_\iota U_\iota}{\mathrm{LLW}},\\ \frac{\partial B_{k+1}}{\partial\delta_\iota} &= n_\iota W_\iota \frac{A_{k+1}\,n_\iota W_\iota - B_{k+1}\,n_\iota U_\iota}{\mathrm{LLW}},\\ \frac{\partial n_{k+1}U_{k+1}}{\partial\delta_\iota} &= n_\iota U_\iota \frac{n_{k+1}U_{k+1}\,n_\iota W_\iota - n_{k+1}W_{k+1}\,n_\iota U_\iota}{\mathrm{LLW}},\\ \frac{\partial n_{k+1}W_{k+1}}{\partial\delta_\iota} &= n_\iota W_\iota \frac{n_{k+1}U_{k+1}\,n_\iota W_\iota - n_{k+1}W_{k+1}\,n_\iota U_\iota}{\mathrm{LLW}}.\end{aligned} \tag{16.11}$$

Diese Formeln sind sehr nützlich, wenn man ein vorhandenes System oder einen über den Daumen gepeilten Ansatz so abändern will, daß damit bestimmte Forderungen erfüllt werden. Eine Durchrechnung mit den richtigen Anfangskoordinaten A_0, B_0, n_0U_0 und n_0W_0 nach dem in § 15 beschriebenen Verfahren liefert alle Zwischenwerte A_i, B_i usw. Setzt man sie in die angegebenen Formeln ein, so kann man damit die erforderlichen Parameteränderungen ausrechnen.

Weil die Gaußschen Klammern von jedem Parameter linear abhängen, stimmt der Differentialquotient mit dem Differenzenquotienten überein. Steht für die Änderung nur ein Parameter zur Verfügung, so wird seine Änderung durch die Formeln (16.11) nicht nur näherungsweise, sondern streng und im Großen richtig bestimmt. Man kommt also ohne Iteration zum richtigen Ergebnis, wenn man beispielsweise im Ansatz eine Brechkraft grob falsch oder mit falschem Vorzeichen eingesetzt hat. Anders ist es, wenn man mehrere Parameter gleichzeitig um endliche Beträge ändert. Dann werden die Veränderungen in den Koordinaten der Lichtröhre durch (16.11) nur näherungsweise beschrieben, weil die gemischten Ableitungen der zweiten Ordnung nicht verschwinden. In der Praxis stört diese Nichtlinearität wenig, in der Regel führt eine zweimalige Anwendung der Formeln auf eine ausreichend genaue Lösung. Aber man darf sich nicht blind auf die Konvergenz des Verfahrens verlassen, es gibt Fälle, wo es divergiert.

Wir haben bisher angenommen, daß die Eingangsdaten A_0, B_0 usw. feste, von den Systemparametern unabhängige Größen sind. Für A_0 und n_0U_0 trifft das fast immer zu, weil das Objekt mit seinen Daten vorgegeben ist. Dagegen ist statt einer festen Eintrittspupille oft eine reelle Blende in dem System vorgesehen. Ändert man die Systemparameter vor der Blende, dann ändert sich auch die Lage der Eintrittspupille. Das muß bei den Differentiationsformeln berücksichtigt werden.

Wir legen die Blende in die Linse oder brechende Fläche Nr. j. Das ist keine Einschränkung, denn man kann an jedem beliebigen Aufpunkt eine Linse mit der Brechkraft Null einfügen. Dann ist nach (16.1)

$$B_{k+1} = [\varphi_{j+1}, \ldots, \delta_{k+1}] \cdot B_j + [\delta_{j+1}, \ldots, \delta_{k+1}] n_j W_j ,$$

$$n_{k+1} W_{k+1} = [\varphi_{j+1}, \ldots, \varphi_k] \cdot B_j + [\delta_{j+1}, \ldots, \varphi_k] n_j W_j .$$

Wegen $B_j = 0$ ist $\mathrm{LLW} = A_j n_j W_j$ und deshalb $n_j W_j = \mathrm{LLW}/A_j$. Also ist

$$B_{k+1} = \frac{\mathrm{LLW}\,[\delta_{j+1}, \ldots, \delta_{k+1}]}{A_j} , \qquad A_j \neq 0 \text{ wegen } B_j = 0$$

$$n_{k+1} W_{k+1} = \frac{\mathrm{LLW}\,[\delta_{j+1}, \ldots, \varphi_k]}{A_j} .$$

Bilden wir nun die Ableitungen nach Systemparametern vor der Blende, so folgt

$$\frac{\partial B_{k+1}}{\partial \varphi_i} = -\frac{\text{LLW}\,[\delta_{j+1}, \ldots, \delta_{k+1}]}{A_j^2} \cdot \frac{\partial A_j}{\partial \varphi_i} \qquad i \leq j\,.$$

Die letzte Ableitung entnehmen wir dem Formelsatz (16.11) und bekommen wegen $B_j = 0$

$$\frac{\partial B_{k+1}}{\partial \varphi_i} = -\frac{\text{LLW}\,[\delta_{j+1}, \ldots, \delta_{k+1}]}{A_j^2}\, A_i \cdot \frac{-A_j B_i}{\text{LLW}} = B_i \frac{B_{k+1} A_i}{\text{LLW}}\,.$$

Ganz entsprechend berechnet man

$$\frac{\partial B_{k+1}}{\partial \delta_i} = n_i W_i \frac{-B_{k+1}\, n_i U_i}{\text{LLW}}\,, \qquad \frac{\partial n_{k+1} W_{k+1}}{\partial \varphi_i} = B_i \cdot \frac{n_{k+1} W_{k+1} \cdot A_i}{\text{LLW}}\,,$$

$$\frac{\partial n_{k+1} W_{k+1}}{\partial \delta_i} = n_i W_i \frac{-n_{k+1} W_{k+1}\, n_i U_i}{\text{LLW}}\,.$$

Mit diesen Formeln kann man die Änderungen der Austrittspupille berechnen, die zu einer festen Blendenlage gehören. Man sieht, daß sie formal Spezialfälle der Formeln (16.11) sind. Ändert man Parameter hinter der Blende, so beeinflussen sie die Eintrittspupille nicht, für sie sind also die Formeln (16.11) anzuwenden. Für die Koordinaten des Randstrahls ist die Blendenlage belanglos, für ihre Ableitungen braucht man deshalb keine Sonderformeln.

§ 17. Graphische Darstellung der idealen Abbildung Querschnitt der Lichtröhre und Leitwert-Diagramm

Man kann die Verhältnisse bei der idealen Abbildung graphisch darstellen mit einem Längsschnitt durch die Lichtröhre, der die Achse enthält. Diese Art der Darstellung haben wir bisher wiederholt benutzt, beispielsweise in den Abb. 2, 8, 11 und 13. Dabei wird die Lichtröhre beschrieben durch den Verlauf des Haupt- und des Randstrahls. Ein wesentlicher Vorteil dieser Darstellung ist, daß sie unserer geometrischen Vorstellung genau entspricht. Man kann darin alle Winkel, alle Lote, Durchmesser und Abstände unmittelbar eintragen oder ablesen. Ein Übergang zu einem anderen Aufpunkt läßt sich darin besonders leicht verfolgen, weil sich die Figur dabei überhaupt nicht ändert. Anders ist es bei der Brechung an einer Fläche oder einer dünnen Linse. Wir haben in unserer Vorstellung kein korrektes Maß für eine Brechkraft, deshalb müssen wir ihre Wirkung berechnen oder konstruieren. Das Rechenverfahren habe ich im § 15 beschrieben. Es führt schneller zum Ziel und gibt viel genauere Resultate als die ihm entsprechende geometrische Konstruktion, die ich hier eigentlich nur der Vollständigkeit halber angebe.

Wir legen den Aufpunkt E auf der Achse an den Ort der dünnen Linse bzw. den Scheitel der brechenden Fläche. Dann ist $A' = A$ und $B' = B$, Randstrahl und Hauptstrahl sind also vor und nach der Brechung Tangenten an die Kreise mit den Radien A bzw. B um den Aufpunkt E. Dieses Teilergebnis ist der besseren Übersicht wegen in Abb. 15 für sich dargestellt.

Die Linse oder brechende Fläche ist nicht gezeichnet. Der Randstrahl, die Lote A und A' und der Kreisbogen um E mit dem Radius A sind ausgezogen, der Hauptstrahl und die zugehörigen Größen sind zur besseren Unterscheidung gestrichelt gezeichnet.

Wenn Rand- und Hauptstrahl vor der Brechung gegeben sind, dann reicht die obige Konstruktion nicht aus, die gebrochenen Strahlen zu zeichnen, weil noch offen ist, in welchen Punkten sie die gegebenen Kreise

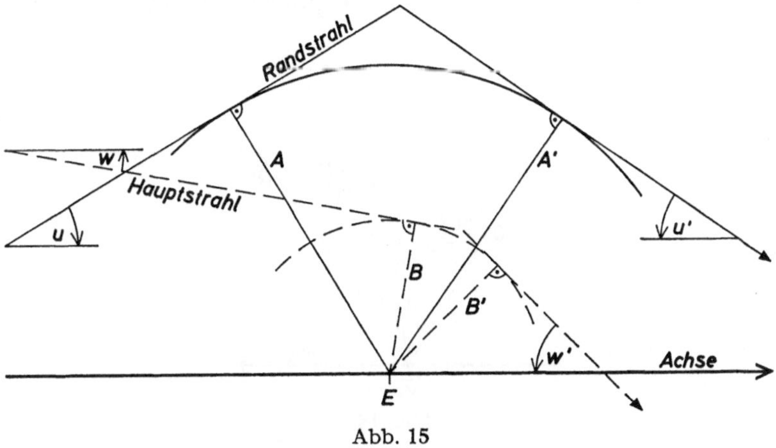

Abb. 15

berühren müssen. Wir finden sie mit Hilfe der Aperturbeziehungen des Brechungsgesetzes

$$n'U' = nU + \varphi A, \qquad n'W' = nW + \varphi B .$$

Multipliziert man die erste Gleichung mit B, die zweite mit A, so folgt $(n'U' - nU)B = (n'W' - nW)A = \varphi AB$. Auf dieser Relation beruht die folgende Konstruktion:

In E errichten wir die Senkrechte S auf der Achse. Sie ist gemeinsamer Schenkel für die vier Winkel u, u', w und w'. Den zweiten Schenkel bilden jeweils die Lote A, A', B und B'. Diese Winkelbeziehungen zeigt Abb. 16 für die Verhältnisse von Abb. 15. Darin kann man den zu einem Winkel gehörigen Sinus darstellen als Strecke, die auf S senkrecht steht, also zur Achse parallel ist. Wollen wir nUB konstruieren, dann tragen wir von E aus auf dem Lot A die Strecke nB ab und fällen von dem zweiten Endpunkt Q das Lot auf S. Den Fußpunkt nennen wir Q^*. Die Strecke QQ^* hat die Länge nUB.

In Abb. 16 ist nUB punktiert eingezeichnet für $n = 1$, außerdem die $n'U'B'$ entsprechende Strecke $Q'Q^{*\prime}$ für $n' = 1{,}5$. Nach der Vorzeichendefinition für Winkel sind die Strecken positiv zu nehmen, wenn sie vom Fußpunkt auf S aus in Lichtrichtung zeigen (wie $n'U'B$), sonst negativ. $(n'U' - nU)B$ ist also der in Lichtrichtung, d. h. in Richtung der Achse gemessene Abstand von Q bis Q'. Er muß bei einer Brechung gleich $(n'W' - nW)A$ sein, also dem in Achsenrichtung gemessenen Abstand der Punkte P und P', die man durch eine entsprechende Konstruktion findet, indem man die Strecken nA und $n'A$ auf den Loten B und B' abträgt.

Besonders einfach wird die Konstruktion für eine dünne Linse in Luft, also $n = n' = 1$, und nur dafür hat sie praktische Bedeutung. Dann

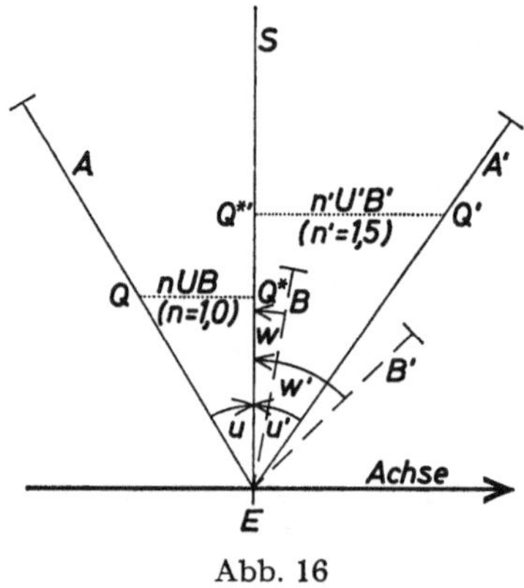

Abb. 16

nämlich sind Q und Q' die Schnittpunkte der Lote A und A' oder ihrer Verlängerung mit dem Kreis vom Radius B und entsprechend P und P' die Schnittpunkte der Lote B und B' oder ihrer Verlängerung mit dem Kreis vom Radius A um den Aufpunkt E. Für diesen Spezialfall ist die Konstruktion in Abb. 17 vollständig dargestellt. Die Achse mit dem Aufpunkt E und Haupt- und Randstrahl vor der Brechung seien vorgegeben. Dann kann man die Lote A und B konstruieren und mit diesen Radien Kreise um E schlagen. Für die Fortsetzung der Konstruktion wollen wir annehmen, daß auch der gebrochene Randstrahl gegeben sei. Beispielsweise durch seinen Winkel u' für eine geforderte Bestrahlungsstärke im Bild oder einen vorgegebenen Abbildungsmaßstab. Oder durch seinen für eine bestimmte Bildlage vorgeschriebenen Schnittpunkt mit der Achse. Jedenfalls wollen wir noch nicht annehmen, daß uns nur die Brechkraft explizit bekannt sei. Wir können nun das Lot A' konstruieren und finden Q und Q' als Schnittpunkte der Lote A und A' mit dem Kreis vom Radius B und weiter P als Schnitt der Verlängerung des Lotes B mit dem Kreis vom Radius A. Der gesuchte Punkt P' liegt auf demselben Kreis und hat in Richtung der Achse von P denselben Abstand wie Q' von Q. Die Verbindung von P' mit E gibt das Lot B' und dieses den gebrochenen Hauptstrahl.

Ist der gebrochene Hauptstrahl gegeben, dann läßt sich die Konstruktion mit vertauschten Rollen für A und B bzw. P und Q entsprechend durchführen. Ist die Brechkraft φ der Linse oder Fläche gegeben, dann trägt man von E aus auf der Achse die Strecke n'/φ ab und bekommt als zweiten Endpunkt den hinteren Brennpunkt F'. Von ihm aus zieht man eine Tangente an einen der beiden Kreise, also beispielsweise an

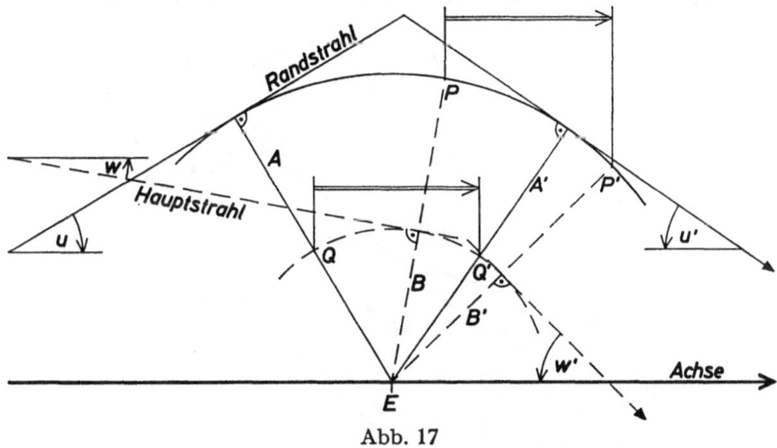

Abb. 17

den Kreis mit dem Radius B. Das Lot vom Aufpunkt E auf diese Tangente schneidet den Kreis mit dem Radius A in R. Die Projektion von ER auf die Achse ist die für die oben geschilderte Konstruktion benötigte Strecke $(n'W' - nW)A = (n'U' - nU)B = \varphi AB$. Man sieht das leicht ein, wenn man bedenkt, daß die in der Hilfskonstruktion benutzte Tangente ein Hauptstrahl ist, der vor der Brechung parallel zur Achse verlief, für den deshalb $n'W' = \varphi B$ ist.

Mit Hilfe der Abb. 17 kann man sich anschaulich klarmachen, daß es keine dünne Linse geben kann, die die ideale Abbildung realisiert. Behält man nämlich die Orte für Objekt, Pupillen und Bild bei und führt die angegebene Konstruktion für immer kleinere Winkel u und w durch, dann nähern sich die „Knickpunkte" der Randstrahlen bzw. der Hauptstrahlen dem Aufpunkt E, aber auf zwei verschiedenen Kurven, die sich nur im Aufpunkt berühren. Die günstigste Form der Linse ist also für die Objektabbildung anders als für die Pupillenabbildung, man kann deshalb mit einer Linse nicht beides ordentlich abbilden.

Ist A oder B gleich Null, dann muß man einen Hilfskreis mit von Null verschiedenem Radius einführen.

Die angegebene Konstruktion der Lichtröhre ist zwar anschaulich und mit elementaren Hilfsmitteln durchführbar, wird aber bei optischen Systemen, die aus mehreren Linsen mit geringen Abständen bestehen, bald unübersichtlich und lästig. Dafür ist das *Leitwert-Diagramm* zweckmäßig, das E. DELANO 1963 im 2. Band der Zeitschrift „Applied Optics" angegeben hat. Es ist viel leichter zu konstruieren, nicht so unmittelbar anschaulich wie ein Längsschnitt durch die Lichtröhre, entspricht aber auch einer geometrischen Vorstellung.

DELANO deutet Randstrahl und Hauptstrahl als zwei Projektionen einer zur Achse windschiefen Verbindungslinie vom Rand des Senders

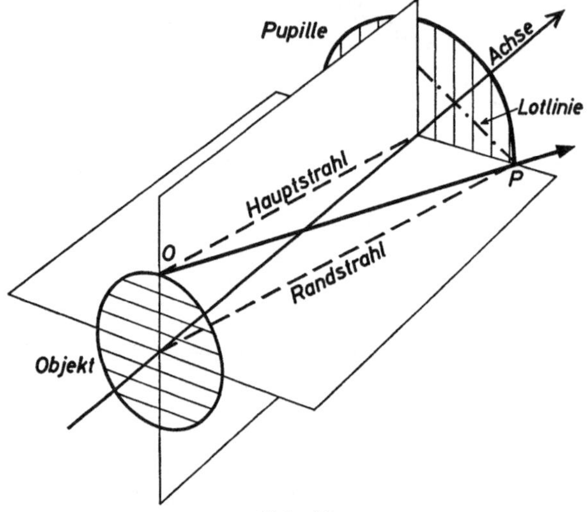

Abb. 18

zum Rand des Empfängers auf zwei zueinander senkrechte Ebenen durch die Achse. Zur Fixierung der räumlichen Vorstellung nehmen wir eine Ebene als vertikal, die andere als horizontal an und verbinden den „oberen" Objektrand O in der vertikalen Ebene mit dem „vorderen" Pupillenrand P in der horizontalen Ebene. Die Verbindungslinie OP ist windschief zur Achse. Ihre senkrechte Projektion auf die vertikale Ebene verläuft wie der Hauptstrahl vom Objektrand zur Pupillenmitte, die senkrechte Projektion auf die horizontale Ebene läuft wie der Randstrahl von der Objektmitte zum Pupillenrand. In Abb. 18 sind die räumlichen Verhältnisse perspektivisch skizziert.

Projiziert man die windschiefe Linie OP auf eine zur optischen Achse senkrechte Ebene, dann bekommt man die „Lotlinie" des Leitwert-Diagramms. Sie ist in Abb. 18 strichpunktiert gezeichnet. Diese Erklärung der Lotlinie ist allerdings nicht ganz korrekt, denn im Leitwert-Diagramm werden die Werte für die Lote A und B eingetragen, die strichpunktierte

Linie in Abb. 18 zeigt aber die Abstände senkrecht zur Achse, also speziell die Radien von Objekt und Pupille. Mit dieser praktisch belanglosen Einschränkung zeigt die Lotlinie, wie sich der ausgezeichnete windschiefe Strahl in dem optischen System verhält. Dabei hat man sich vorzustellen, daß der Beobachter in Richtung der Achse blickt. Diese Zusammenfassung des Hauptstrahls und Randstrahls zu einer Linie hat scheinbar den Nachteil, daß darin die Abstände, Brechkräfte und Winkel nicht mehr ablesbar sind. Aber der Schein trügt.

Im Leitwert-Diagramm trägt man auf zwei zueinander senkrechten Koordinatenachsen die Lote und Aperturen an. In der Regel waagerecht (entsprechend der horizontalen Ebene) A und nU, senkrecht B und nW. Die Maßstäbe für A und B einerseits und nU und nW andrerseits müssen gleich sein, aber es ist fast immer zweckmäßig, für Lote und Aperturen andere Maßstäbe zu wählen.

Zu jedem Übergang von einem Aufpunkt zu einem anderen gehört im Lotdiagramm eine Strecke mit der Steigung

$$\frac{B' - B}{A' - A} = \frac{nW}{nU} \tag{17.1}$$

und im Aperturdiagramm ein Punkt, weil $n'U' = nU$ und $n'W' = nW$ ist. Zu jeder Brechung gehört im Lotdiagramm ein Punkt mit den Koordi-

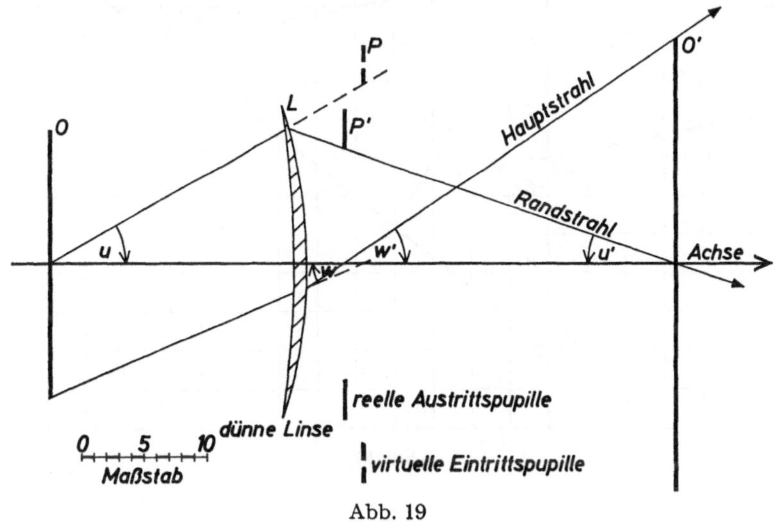

Abb. 19

naten $A' = A$ und $B' = B$ und im Aperturdiagramm eine Strecke mit der Steigung

$$\frac{n'W' - nW}{n'U' - nU} = \frac{B}{A}\,. \tag{17.2}$$

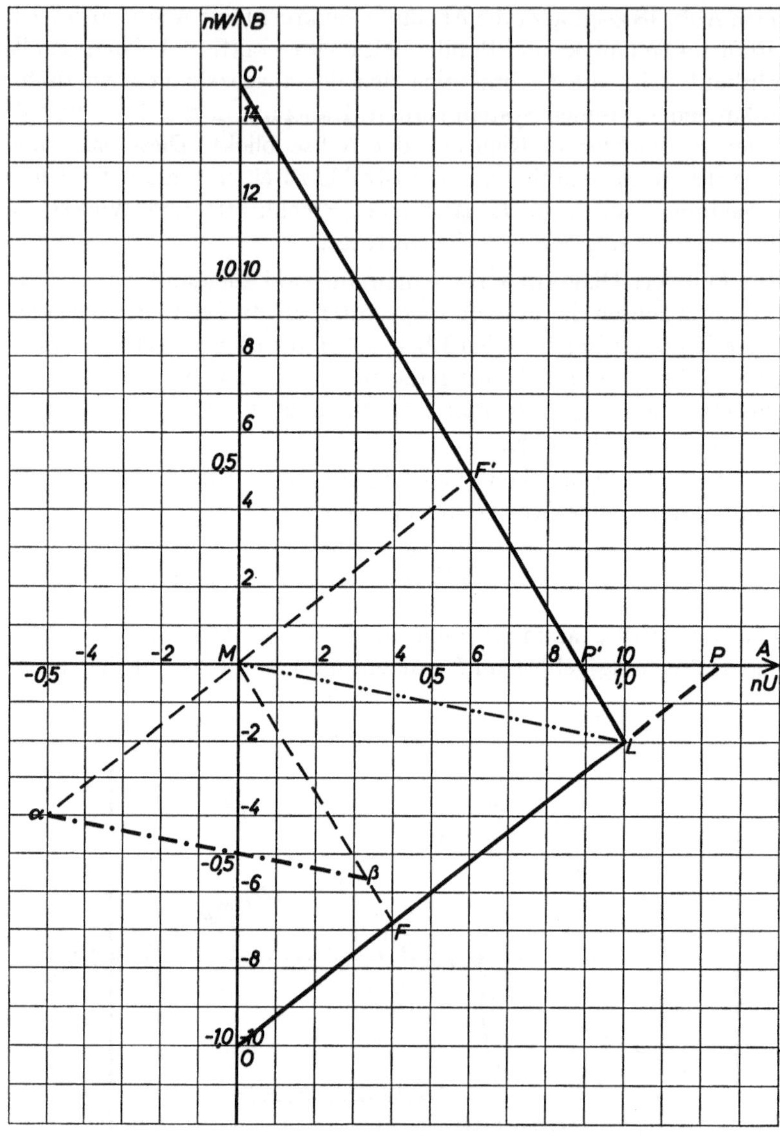

Abb. 20

In Abb. 20 ist das Leitwert-Diagramm gezeichnet für eine Abbildung an einer dünnen Linse L. Das Lotdiagramm OLO' ist stark ausgezogen, das Aperturdiagramm α β strichpunktiert. In Abb. 19 ist zum Vergleich für dasselbe System der Längsschnitt durch die Lichtröhre gezeichnet.

Die Aperturen und Lote sind absichtlich sehr groß gewählt worden, damit die Diagramme übersichtlich gezeichnet werden konnten. Tatsächlich läßt sich diese Abbildung nicht mit einer Linse realisieren.

Zwischen dem Leitwert-Diagramm mit M als Ursprung des Koordinatensystems und den Systemparametern bestehen folgende Zusammenhänge:

Sind C und D Endpunkte einer Strecke des Lotdiagramms, so ist der Inhalt des von MC und MD aufgespannten Parallelogramms gleich $\delta \cdot$LLW, wobei $\delta = -d/n$ der reduzierte Abstand der zu C und D gehörenden Aufpunkte auf der Achse ist. (17.3)

Sind α und β Endpunkte einer Strecke des Aperturdiagramms, so ist der Inhalt des von $M\alpha$ und $M\beta$ aufgespannten Parallelogramms gleich φLLW, wobei φ die Brechkraft der betreffenden Linse oder brechenden Fläche ist. (17.4)

Markiert der Eckpunkt L im Lotdiagramm den Aufpunkt einer Linse, dann ist die Strecke ML parallel zu der Strecke des Aperturdiagramms, die die Aperturänderung durch die Brechung an der Linse beschreibt. (17.5)

Markiert der Eckpunkt α im Aperturdiagramm die zu einem Übergang gehörenden Aperturen, dann ist die Strecke $M\alpha$ parallel zu der Strecke des Lotdiagramms, die den Übergang darstellt. (17.6)

Beispiele hierfür liefert Abb. 20. Zur Berechnung des linearen Leitwertes legen wir den Aufpunkt in die Mitte des Objekts. Dort ist $A = 0$, $B = -10$ und $nU = -0{,}5$, also LLW $= -5$. Im Lotdiagramm markieren die Punkte O, L und O' die Orte für Objekt, Linse und Bild, im Aperturdiagramm gibt α die Aperturen vor der Brechung und β die Aperturen nach der Brechung an. Nach (17.6) ist $M\alpha$ parallel zu OL und $M\beta$ parallel zu LO', nach (17.5) ist ML parallel zu $\alpha\beta$. Den Inhalt des von $M\alpha$ und $M\beta$ aufgespannten Parallelogramms berechnen wir als Produkt aus Grundfläche und Höhe des Dreiecks $M\alpha\beta$ und finden $\diamond \alpha M\beta = 0{,}4167$. Nach (17.4) ist $\varphi = 0{,}4167/5 = 0{,}0833 = 1/12$. Das Vorzeichen bekommt man aus dieser geometrischen Konstruktion nur, wenn man dem Flächeninhalt des Parallelogramms ein Vorzeichen nach dem Umlaufsinn um M zuordnet. Das von MO und ML aufgespannte Parallelogramm hat den Inhalt $\diamond OML = 100$. Da wir annehmen, daß die Linse in Luft steht, beträgt nach (17.3) der Abstand vom Objekt bis zur Linse 20 Einheiten. Aus $\diamond LMO' = 150$ ergeben sich 30 Einheiten Abstand von der Linse bis zum Bild. Die Pupillenorte sind bestimmt durch $B = 0$, also die Schnittpunkte der Strecken des Lotdiagramms oder ihrer Verlängerung mit der A-Achse. Der Ort der Eintrittspupille ist durch den Punkt P markiert. Aus $\sphericalangle LMP = 25$ folgt, daß er 5 Einheiten hinter der Linse liegt. Die Austrittspupille ist durch P' markiert und liegt 3,5 Einheiten hinter der Linse, was aus $\sphericalangle LMP' = 17{,}6$ folgt.

Der Abbildungsmaßstab der Objektabbildung ist $MO'/MO = -1{,}5$, der Abbildungsmaßstab der Pupillenabbildung $MP'/MP = 0{,}7$. Zu den objektseitigen Aperturen $nU = -0{,}5$ und $nW = -0{,}4$ gehören die bildseitigen Aperturen $n'U' = 0{,}33 = -0{,}5/-1{,}5$ und $n'W' = -0{,}57 = -0{,}4/0{,}7$.

Der Beweis für (17.5) und (17.6) ergibt sich unmittelbar aus den Formeln (17.1) und (17.2) für die Konstruktion des Leitwert-Diagramms. Die Aussage (17.3) folgt durch Elimination von δ aus der Übergangsformel:

$$\begin{aligned} A' - A &= \delta n U \\ B' - B &= \delta n W \end{aligned} \qquad B'A - A'B = \delta(AnW - BnU)\,.$$

A und B sind die rechtwinkligen Koordinaten von C, A' und B' die von D. Daß $B'A - A'B$ den Inhalt des von MC und MD aufgespannten

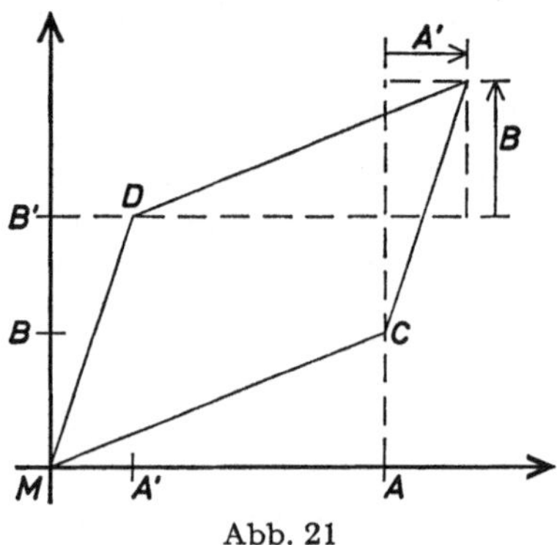

Abb. 21

Parallelogramms gibt, macht man sich leicht an Hand der Abb. 21 klar. Trägt man nämlich die außerhalb des Parallelogramms liegenden Teildreiecke $MB'D$ und MCA des Rechtecks mit dem Inhalt $B'A$ in C bzw. D an, so erhält man den Inhalt des Parallelogramms, wenn man das obere Rechteck mit dem Inhalt $A'B$ wieder abzieht. Der Beweis für (17.4) ergibt sich ganz analog durch Elimination von φ aus der Formel (7.7) für die Brechung Φ.

Noch ein paar Anmerkungen zum Leitwert-Diagramm: Keine Strecke des Lot- oder Aperturdiagramms oder ihre Verlängerung geht durch den Koordinatenursprung M, weil LLW $\neq 0$ ist. Man darf jeden Polygonzug, dessen Strecken oder deren Verlängerungen nicht durch M gehen, als Lotdiagramm auffassen und kann dazu nach (17.5) und (17.6) von einem gegebenen Anfangspunkt aus das Aperturdiagramm konstruieren und umgekehrt. Zu jedem solchen Leitwert-Diagramm gehört eine ideale

Abbildung, deren Parameter δ und φ nach (17.3) und (17.4) eindeutig bestimmt sind. Das Leitwert-Diagramm ist also ein vollständiges geometrisches Äquivalent des Prinzips von der Invarianz des linearen Leitwertes.

Eine Objektverschiebung Ω wird beschrieben durch die Formel (7.5)

$$A^* = A + \omega B \qquad B^* = B$$
$$n^* U^* = nU + \omega n W \qquad n^* W^* = nW\,.$$

Da nach Satz 3 der Parameter ω vor und nach jeder idealen Abbildung derselbe ist, läßt sich die Objektverschiebung Ω im Leitwert-Diagramm durch eine einfache Koordinatentransformation darstellen, nämlich eine „Scherung" der B-Achse. Wie Abb. 22 zeigt, wird dazu die B-Achse um M gedreht und dabei ihr Maßstab so gedehnt, daß auf den Parallelen zur A-Achse $B^* = B$ und $n^* W^* = nW$ ist. Die neuen Koordinaten A^* und $n^* U^*$ werden parallel zur B^*-Achse abgelesen und haben deshalb die Werte $A^* = A + \omega B$ und $n^* U^* = nU + \omega n W$.

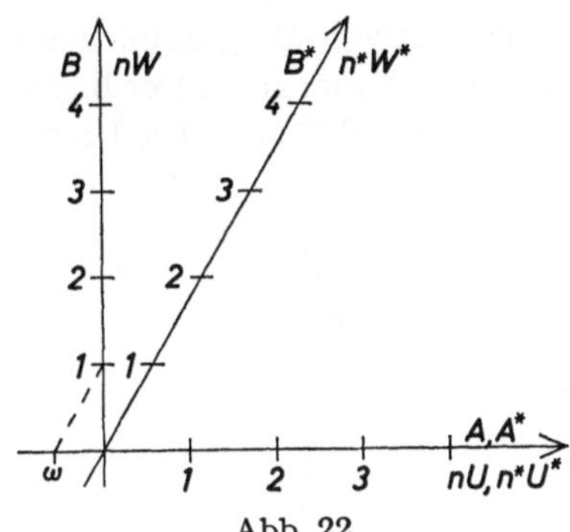

Abb. 22

Zieht man durch den Punkt mit den Koordinaten $A = 0$ und $B = 1$ eine Parallele zur neuen B^*-Achse, so schneidet sie die A-Achse im Abstand ω vom Ursprung M. In der Abb. 22 ist ω negativ. Hat man ein Leitwert-Diagramm gezeichnet und möchte die Wirkung einer Objektverschiebung untersuchen, dann läßt man die Figur ungeändert und nimmt eine Scherung der B-Achse vor. In dem neuen Koordinatensystem kann man sofort die geänderten Lote und Aperturen, die neuen Orte und Größen für Objekt und Bild ablesen.

Als Beispiel für eine Objektverschiebung durch Scherung der B-Achse soll hier gezeigt werden, daß in Abb. 20 die Punkte F und F' im Lotdiagramm den vorderen bzw. hinteren Brennpunkt der Linse L markieren. Scheren wir die B-Achse, bis sie zu OL parallel verläuft und damit durch den Punkt α geht, dann ist $n_1^* U_1^* = 0$. Das Objekt liegt unendlich weit weg und erscheint unter dem Winkel $n_1^* W_1^* = -0{,}4$. Der Punkt F' hat die neue Koordinate $A^* = 0$, ist also Bildpunkt des fernen Objekts, d. h.

hinterer Brennpunkt. Für die Bildgröße bekommen wir $B^* = 4{,}8$ und als bildseitige Apertur $n^*U^* = 1{,}03$. Solche Aperturen in Luft sind natürlich sinnlos und nur brauchbar als Hinweis, daß es sich bei der Abb. 20 um eine theoretische Demonstration des Leitwert-Diagramms handelt, nicht um eine realisierbare Abbildung. Wie oben sieht man ein, daß F der vordere Brennpunkt der Linse L ist. Den Abstand der Brennpunkte von der Linse kann man nach (17.3) aus LLW und dem Inhalt des von ML und MF oder von ML und MF' ausgespannten Parallelogramms berechnen.

Jede Pupillenverschiebung Π läßt sich im Leitwert-Diagramm durch eine Scherung der A-Achse darstellen. Der Beweis hierfür verläuft ganz analog.

§ 18. Leitwert-Diagramme optischer Instrumente

Beispiele

Die Abb. 23 zeigt das Leitwert-Diagramm einer 5fachen Lupe, ihr Ort ist durch den Buchstaben L markiert. Der lineare Leitwert ist durch das Auge bestimmt, also LLW = 0,75 mm. Die Brennweite ist $f = 50$ mm,

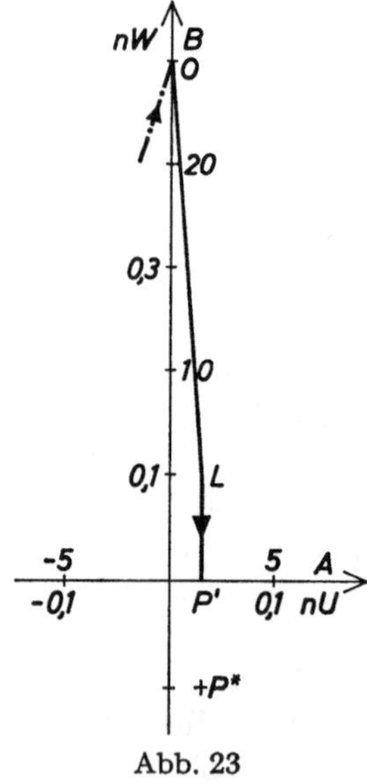

Abb. 23

nach Definition der Lupenvergrößerung nämlich der fünfte Teil von 250 mm. Die Brechkraft ist $\varphi = 1/50$ mm $= 0{,}02$ mm^{-1}. Diesen Wert kann man auch der Abb. 23 entnehmen. Das von den Endpunkten des strichpunktierten Aperturdiagramms aufgespannte Parallelogramm hat den Inhalt $0{,}5 \cdot 0{,}03 = 0{,}015$, und das geteilt durch 0,75 mm ergibt $\varphi = 0{,}02\ \mathrm{mm}^{-1}$.

Die Augenpupille ist durch den Schnittpunkt P' des Lotdiagramms mit der A-Achse markiert. Lage und Größe der Eintrittspupille bekommt man durch Verlängerung der Lotlinie OL bis zum Schnitt mit der A-Achse. In Abb. 23 liegt die Augenpupille 9,6 mm hinter L. Für eine Pupillenverschiebung um weitere 10 mm von der Lupe weg muß man die A-Achse scheren, bis sie durch den Punkt P^* mit den Koordinaten $A = 1{,}5$ und $B = -5$ geht. Diese Pupillenlage erfordert fast den doppelten Linsendurchmesser. Dagegen wirkt sich die Objektverschiebung durch Akkommodation des Auges auf 250 mm kaum aus. Ihr entspricht im Diagramm eine geringfügige Schwenkung der B-Achse um etwa 3/4° im Uhrzeigersinn.

Die Abb. 24 zeigt das Leitwert-Diagramm eines Feldstechers 8 × 30. Der lineare Leitwert ist mit Rücksicht auf das Dämmerungssehen LLW = − 0,975 mm. Die 8-fache Fernrohrvergrößerung ergibt sich sowohl aus dem Verhältnis 15 zu − 1,875 der Lote A und A' am Ort der Eintrittspupille P bzw. der Austrittspupille P' als auch aus dem Verhältnis 0,52 zu − 0,065 der Sehwinkel W' und W hinter bzw. vor dem Instrument.

Die Verbindungslinie von P mit O' (Ort des reellen Zwischenbildes) verläuft oberhalb der tatsächlichen Lotlinie des Feldstechers und schließt deshalb zusammen mit den Koordinatenachsen einen größeren Flächeninhalt ein als die Lotlinie. Das bedeutet, daß der geometrische Abstand von P bis O' kürzer ist als die Brennweite des Objektivs, das Objektiv hat eine schwache „Telewirkung", wie man die Verkürzung der Baulänge gegenüber der Brennweite insbesondere bei Photo-Objektiven nennt.

Auffällig ist das Leitwert-Diagramm für das Okular. Für die ideale Abbildung hätte eine Feldlinse hinter dem Zwischenbild O' und eine Augenlinse genügt. Ihre Wirkung aufs Lotdiagramm ist in Abb. 24 punktiert angedeutet. Der in dem Instrument realisierte „Umweg" dient nur zur Beseitigung von Bildfehlern. Er verbraucht die durch die Telewirkung des Objektivs gewonnene Baulängenverkürzung und wäre sinnlos, wenn man mit Linsen wirklich eine ideale Abbildung realisieren könnte.

Die Abb. 25 zeigt das Leitwert-Diagramm für ein einfaches Opernglas mit 2,5facher Vergrößerung. Die Maßstäbe sind dieselben wie in Abb. 24, der lineare Leitwert LLW = − 0,39, das Blickfeld des Auges wird nur ausgenutzt bis $W' = 0{,}264$. Dieses Fernglas hat kein reelles Zwischenbild (Schnitt des Lotdiagramms mit der B-Achse), von den Pupillen ist nur die Austrittspupille P' reell, tatsächlich wird sie bei der Benutzung des Instrumentes durch die Lage der Augenpupille bestimmt. Die Eintrittspupille (P) ist virtuell und scheint im gezeichneten Fall 128 mm hinter dem Objektiv zu liegen, das sind 87 mm hinter dem Okular. Da die Lage der Austrittspupille davon abhängt, wie der Benutzer das Opernglas hält, können die wirklichen Werte von den errechneten stark abweichen. Die Schwankungen der Pupillenlage lassen sich im Diagramm durch Scherungen der A-Achse darstellen und haben starken Einfluß auf den nutzbaren Sehwinkel. Einer Vergrößerung des Abstandes zwischen Okular und Austrittspupille entspricht eine Scherung dem Uhrzeigersinne entgegen. Dann muß das Objektiv aber einen größeren Durchmesser bekommen, wenn sein Rand nicht Teile der Lichtröhre abschneiden soll,

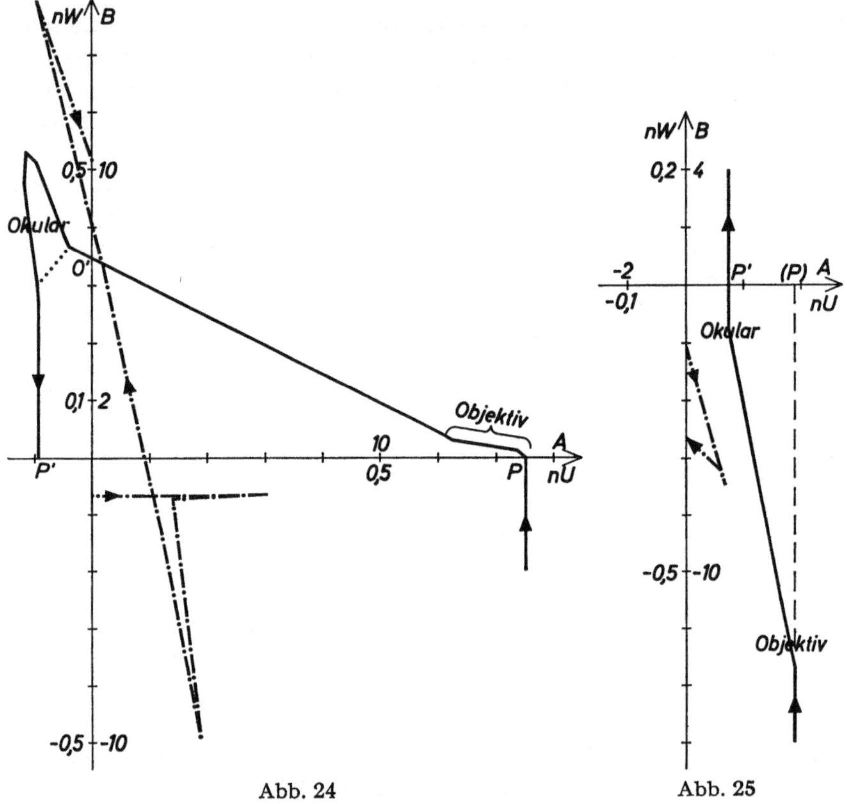

Abb. 24 Abb. 25

obwohl der Durchmesser der Eintrittspupille nach wie vor nur 7,5 mm beträgt.

Die Abb. 26 zeigt das Leitwert-Diagramm eines Mikroskops, das aus einem Objektiv mit 40facher Vergrößerung β und einem 10-fachen Okular besteht. Die numerische Apertur am Objekt ist $nU = -0{,}65$, die Objektgröße $B_0 = -0{,}2$ mm, der lineare Leitwert LLW $= -0{,}13$ mm. Das Okular besteht aus zwei Linsen, eine steht kurz vor dem reellen Zwischenbild O' und wirkt als Feldlinse, die andere wirkt als Lupe zur Betrachtung des Zwischenbildes O'', das die Feldlinse als

Bild von O' entwirft. Beim Mikroskop kommt man mit einfacheren Okularen aus als beim Feldstecher, weil die Austrittspupille und der Bildwinkel beide deutlich kleiner sind. Das zeigt ein Vergleich der Abb. 24 und 26.

Die auffälligen Zickzackwege im Aperturdiagramm sind für die ideale Abbildung belanglos. Sie ergeben sich bei der Konstruktion des Linsensystems aus der Forderung, daß die bei den Brechungen entstehenden Bildfehler so klein bleiben müssen, daß sie die Abbildung nicht stören.

Die Abb. 27 zeigt das Leitwert-Diagramm eines Tessars 2,8/50. Das ist ein Objektiv mit einer Brennweite $f = 50$ mm und einer relativen Öffnung $2h/f = 1/2{,}8$ für die Kleinbildphotographie. Es besteht aus einer

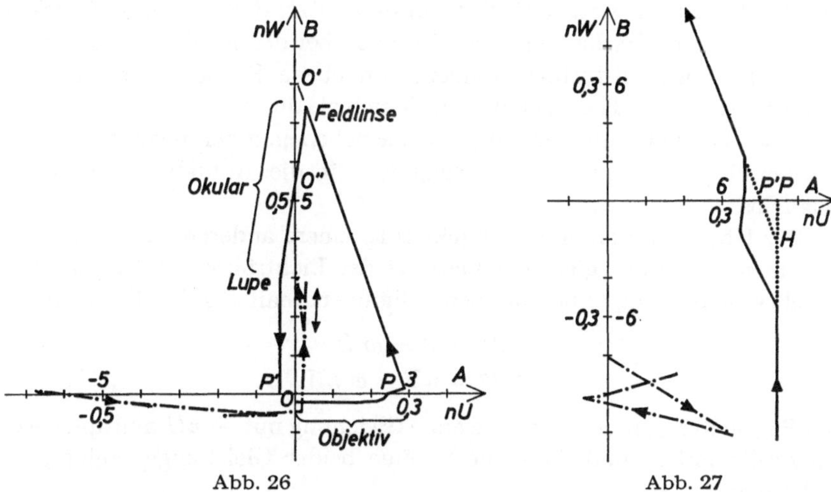

Abb. 26 Abb. 27

Sammellinse und einer Zerstreuungslinse vor einer Irisblende zur Regelung der Bestrahlungsstärke in der Filmebene und einem sammelnden Kittglied hinter der Irisblende, das aus einer Zerstreuungslinse und einer Sammellinse besteht. Es ist LLW = – 3,63 mm.

Der Streckenzug des Lotdiagramms schneidet die B-Achse bei $B = 20{,}3$ mm. Die punktiert gezeichneten Verlängerungen der ersten und letzten Strecke treffen sich im Hauptpunkt H. Er markiert den Ort einer idealen dünnen Linse, die dieselbe ideale Abbildung leisten würde wie das ganze Objektiv. Es gibt genau einen solchen Punkt, man unterscheidet nur zwischen dem vorderen und hinteren Hauptpunkt, wenn man seine geometrische Lage angibt, und zwar bezogen auf die erste oder letzte Fläche des Objektivs. Die Punkte P und P' markieren Lage und Größe der Eintritts- und Austrittspupille. Lage und Größe der Irisblende ist durch den Schnittpunkt des Lotdiagramms mit der A-Achse angezeigt.

Auch beim Tessar dient die tatsächliche Abweichung von dem punktierten Diagramm nur zur Beseitigung störender Bildfehler.

§ 19. Abbildung der Tiefe
Abbildungstiefe, Schärfentiefe und Akkommodationstiefe

Bisher hatten wir immer angenommen, daß die Lichtröhre durch einen flächenhaften Sender und einen ebenfalls flächenhaften Empfänger gegeben ist. Tatsächlich liegen die Objekte nur selten in einer Ebene, in der Regel sind sie räumlich ausgedehnt. In der Theorie der idealen Abbildung kann man das dadurch berücksichtigen, daß man die Abbildung von Objekten in unterschiedlicher Entfernung zum Empfänger untersucht. Dabei wird weiterhin vorausgesetzt, daß alle diese Objekte flächenhaft sind. Es handelt sich also auch bei der Abbildung der Tiefe nicht um Volumenstrahler, sondern um ebene Sender in räumlicher Anordnung. In der Theorie hat man sie sich als durchsichtig vorzustellen, praktisch handelt es sich um Objekte, die nebeneinander in verschiedenen Ebenen liegen. Diese Dezentrierung ist für die Abbildung der Tiefe belanglos.

Der Übergang von einem Objekt O zu einem anderen Objekt O^* auf derselben Achse mit gleichem Leitwert der Lichtröhre wird durch eine Objektverschiebung Ω beschrieben. Eliminiert man aus den Formeln

$$A^* = A + \omega\, B$$
$$n^*U^* = nU + \omega\, nW$$

den Parameter ω, indem man die erste Gleichung mit $-nU$ multipliziert, die zweite mit A und dann die Summe beider Gleichungen bildet, so findet man

$$\omega(AnW - BnU) = An^*U^* - A^*nU\,. \tag{19.1}$$

Bei jeder idealen Abbildung ist $AnW - BnU$ und nach Satz 3 auch der Verschiebeparameter ω invariant. Also hängt der Ausdruck auf der rechten Seite der Formel (19.1) nicht von der Wahl des Aufpunktes ab und hat im Objekt- und im Bildraum denselben Wert. Da er außerdem nicht von der Größe der Objekte oder Bilder abhängt, ist er zur Beschreibung der Objekttiefe bzw. Bildtiefe geeignet. Damit zur Akkommodation des Auges eine positive Objekttiefe gehört, kehrt man das Vorzeichen um und definiert als *Tiefe*

$$T = A^*nU - An^*U^*\,. \tag{19.2}$$

Die Dimension der Tiefe ist eine Länge, sie wird in mm oder Rayleigh-Einheiten angegeben.

Von besonderer Bedeutung für die optische Abbildung ist die *Abbildungstiefe* $T = \pm\, 0{,}25$ R.E. Sie hat für die Tiefenausdehnung der

Sender dieselbe Bedeutung wie das Auflösungsvermögen für die zur Achse senkrechte Ausdehnung der Sender und hängt eng damit zusammen. In Abb. 28 sei das Objekt O^* aus O durch eine Objektverschiebung hervorgegangen. Die Darstellung ist so gewählt, daß T positiv ist. Zu der von O^* ausgehenden Strahlung gehört in der Ebene von O kein scharf begrenzter Bereich. Vielmehr entspricht jedem Punkt von O^* in O ein „Zerstreuungskreis". Alle diese Zerstreuungskreise haben ungefähr dieselbe Größe. Der dem Mittelpunkt von O^* entsprechende hat als optisch wirksame Größe die Länge des Lotes A^* vom Mittelpunkt von O auf den Randstrahl des Objektes O^* und gibt mit der fest vorgegebenen Pupille P den linearen Leitwert $-A^*nU$, denn an dieser Stelle ist $A = 0$, A^* übernimmt für den Zerstreuungskreis die Rolle von B. Legen wir den Aufpunkt in die Mitte von O^*, dann ist $A^* = 0$. Der Zerstreuungskreis für den Mittelpunkt von O in der Ebene von O^* wird gemessen durch das

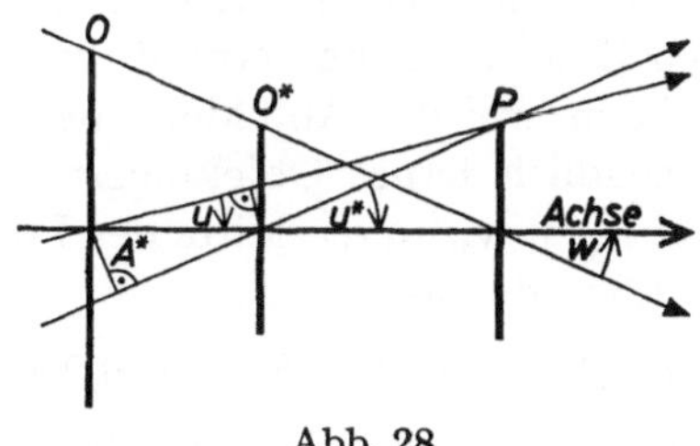

Abb. 28

Lot A auf den Randstrahl des Objektes O und gibt den linearen Leitwert $-An^*U^*$. Gehen wir von diesen speziellen Aufpunkten zu beliebigen über, dann behält der Leitwert natürlich seinen numerischen Wert und bekommt formal die Gestalt von (19.2). Demnach kann man den Ausdruck für die Tiefe T deuten als den linearen Leitwert, mit dem die Zerstreuungskreise von O in der Ebene von O^* abgebildet werden oder bis aufs Vorzeichen als den Leitwert, mit dem die Zerstreuungsfiguren von O^* in der Ebene von O abgebildet werden. Ist also T dem Betrage nach kleiner als eine viertel Rayleigh-Einheit, dann liegt die Unschärfe des einen Objekts bei der Abbildung des anderen an der Auflösungsgrenze, also jedenfalls unter der Grenze für die Gültigkeit der Regeln der idealen Abbildung. Der geometrische Unterschied in der Stellung der Objekte wird deshalb bei der optischen Abbildung nicht geometrisch sichtbar.

Bei der praktischen Interpretation der Abbildungstiefe muß man vorsichtig sein. In speziellen Fällen können Objekte, deren Abstand kleiner ist als die Abbildungstiefe, noch optisch getrennt werden mit Hilfe von Interferenzfiguren. Aber man kann nicht mehr messen, wieviel Energie von dem einen Sender kommt und wieviel vom anderen. Das bedeutet, daß man beide gleichzeitig als ein Objekt sieht. Liegen zwei

Objekte von einer mittleren Einstellebene um mehr als $\pm$ 0,25 R.E., voneinander also um mehr als eine halbe Rayleigh-Einheit entfernt, dann sind sie in vielen Fällen unterscheidbar. Das ist für die Theorie der Bildfehler wichtig. Gibt ein Linsensystem von einem weißen Objekt ein rotes Bild und an anderer Stelle ein blaues Bild, dann kann man den „Farbfehler" dieser Abbildung erkennen, wenn die Tiefe zwischen dem roten und dem blauen Bild größer ist als 0,5 R.E. Störend wird er erst bei größeren Werten. Unser Auge ist hier glücklicherweise toleranter als ein physikalisches Meßgerät. Die Besonderheiten des Auges und des Sehens machen es unmöglich zu sagen, von welcher Tiefe ab wir zwei Gegenstände als getrennt erkennen. Es sei hier nur an die unterschiedliche Auflösung von Punkten und Linien erinnert. Den Angaben, die E. Abbe und M. Berek für die Berechnung von Schärfentiefen beim Mikroskop machen, kann man entnehmen, daß sie für eine Trennung eine Tiefe von 2 R.E. für richtig halten. Dies dürfte für mikroskopische Objekte mit schwachen Kontrasten ein vernünftiger Richtwert sein.

Als Beispiel berechnen wir die Abbildungstiefe des menschlichen Auges, das auf ein unendlich fernes Objekt gerichtet ist. Es sei also $nU = 0$. Den Aufpunkt legen wir in die Mitte der Pupille. Dort ist beim Tagessehen $A = A^* = 1{,}5$ mm. Aus

$$T = -An^*U^* = \pm\, 0{,}25 \text{ R.E.} = \pm\, 0{,}00014 \text{ mm}$$

und $n^* = 1$ ergibt sich $U^* = \pm\, 0{,}0000923$. Die Grenze der Abbildungstiefe liegt bei $A^*/U^* = \pm\, 16250$ mm $= \pm\, 16{,}25$ m. Von dem positiven Wert haben wir nichts, denn ihm entspräche ein Objekt, das hinter unserem Kopfe liegt. Damit kommen wir hier zu dem Ergebnis, daß wir beim Blicken in die Ferne auch ohne Akkommodation Gegenstände scharf sehen, die reichlich 16 m vom Auge entfernt sind. Blicken wir auf ein 16,25 m entferntes Objekt, dann können wir beide Vorzeichen der Abbildungstiefe ausnutzen und damit ohne Akkommodation den Bereich von unendlich bis 8,12 m scharf sehen. Blicken wir auf einen Gegenstand in 250 mm Entfernung, dann ist $nU = -\, 1{,}5/250 = -\, 0{,}006$ und $n^*U^* = -\, 0{,}006 \pm 0{,}0000923$. Auf Grund der Abbildungstiefe sehen wir also scharf im Bereich von 246 mm bis 254 mm. Der Versuch, diese Werte experimentell zu bestätigen, stößt auf Schwierigkeiten, weil wir normalerweise die Akkommodation des Auges nicht ausschalten können. Daß unser Auge eine endliche Abbildungstiefe hat, bemerkt man beim Peilen, dem gleichzeitigen Anvisieren zweier Marken in unterschiedlicher Entfernung vom Auge, oder beim Blicken durch das lockere Gewebe eines Vorhangs. Dicht vor dem Auge behindert er das Blicken in die Ferne wenig, in großem Abstand kann er es unmöglich machen.

Gegen die angegebenen Werte für die Abbildungstiefe scheint zu sprechen, daß wir in der Lage sind abzuschätzen, ob ein Objekt 10 m,

100 m oder 1000 m entfernt ist. Doch beruht das auf den Besonderheiten des beidäugigen Sehens, dem Größenvergleich bekannter Gegenstände und der Berücksichtigung des atmosphärischen Dunstes. Diese Effekte gehören in die Physiologie und Psychologie, aber nicht in die Physik der optischen Abbildung.

Verkleinert man die Pupille, dann reicht die Abbildungstiefe über einen größeren Bereich, und zwar wächst er umgekehrt proportional zum Quadrat des Pupillenlotes. Nehmen wir nur ein Drittel der normalen Tagespupille, also $A = 0{,}5$ mm, dann reicht die Abbildungstiefe bei vermittelnder Akkommodation auf die Entfernung von 1,80 m von unendlich bis heran auf 0,90 m; bei einem Pupillenlot $A = 0{,}25$ mm und Einstellung auf 0,44 m von unendlich bis zu 0,22 m. Es ist leicht, diesen Effekt wenigstens qualitativ vorzuführen. Man steche in ein lichtundurchlässiges Kartonblatt mit einer Nadel ein Loch und halte es so dicht wie möglich vors Auge. Es ist zweckmäßig, von einem nicht zu hellen Raum ins Freie zu blicken. Dann hat man ausreichend helle Objekte, und die Augenpupille ist so groß, daß sie den Versuch nicht behindert.

Blickt man bei Tageslicht durch einen Feldstecher 8×30, dann ist das wirksame Pupillenlot A vor dem Gerät um den Faktor 8 größer als am Auge. Die Abbildungstiefe ist vor und hinter dem Instrument dieselbe, aber der durch sie überbrückte geometrische Abstand beträgt vor dem Gerät nur den 64. Teil. Bei vermittelnder Einstellung des Feldstechers auf die Entfernung von 1040 m ist (rechnerisch!) der Bereich von unendlich bis 520 m scharf zu sehen, bei Einstellung auf 10 m von 9,9 m bis 10,1 m.

Tabelle 5

Brechzahl n	num. Apertur nU	U	Abbildungstiefe $\pm A^*/U^*$ [mm]	Gesamtvergrößerung βN $=500\,nU$	Akkommodationstiefe A^*/U^* [mm]	Gesamtvergrößerung βN $=1000\,nU$	Akkommodationstiefe A^*/U^* [mm]
1	0,16	0,16	0,00541	80	0,03906	160	0,00976
1	0,32	0,32	0,00135	160	0,00976	320	0,00244
1	0,64	0,64	0,00034	320	0,00244	640	0,00061
1	0,90	0,90	0,00017	450	0,00123	900	0,00031
1,5	0,96	0,64	0,00023	480	0,00163	960	0,00041
1,5	1,35	0,90	0,00011	675	0,00082	1350	0,00021

Für die Berechnung der Abbildungstiefe beim Mikroskop legen wir den Aufpunkt in die Objektebene. Dort ist $A = 0$. Die Eintrittspupille ist vom Objekt weit entfernt, deshalb dürfen wir annehmen, daß $nU = n^*U^*$ ist. Damit folgt aus der Formel $A^*nU = \pm\, 0{,}25$ R.E. für die Abbildungstiefe als Lot auf den Rand der Zerstreuungsfigur $A^* = -\,0{,}00014$ mm$/nU$ und für die geometrische Ausdehnung der Abbildungstiefe $A^*/U^* = \pm\, 0{,}00014$ mm$/nU^2$. Zahlenwerte dafür findet man in der vierten Spalte der Tabelle 5 in Abhängigkeit von der Brechzahl und der numerischen Apertur nU. Die vier letzten Spalten gelten für die Akkommodationstiefe beim Mikroskop und werden erst später erläutert werden.

Die Größe der Augenpupille ist für die Abbildungstiefe beim Mikroskop belanglos, sofern sie größer ist als die Austrittspupille des Instruments. Das ist normalerweise der Fall. Die angegebenen Zahlen sind als theoretische Mindestwerte der Abbildungstiefe anzusehen. In der Praxis sollte man je nach Objektstruktur vom doppelten oder vierfachen Wert ausgehen.

In der Photographie ist die Abbildungstiefe formal wie beim Mikroskop zu berechnen. Aber da das Lot $A^* = \pm$ 0,00014 mm$/nU$ nur für sehr kleine Aperturen die Größenordnung des Filmkorns erreicht, ist die Abbildungstiefe für die Photographie belanglos. Ihre Rolle übernimmt die *Schärfentiefe*. Sie wird dadurch festgelegt, daß man an der Stelle des Bildes ($A' = 0$) eine Zerstreuungsfigur bis zu $A'^* = \pm z$ zuläßt. Der Wert für z hängt ab vom verwendeten Filmmaterial, vom Verwendungszweck der Photographie und natürlich auch davon, was man subjektiv als „unscharf" empfindet. Jedenfalls ist z nicht kleiner als der Radius des Filmkorns anzusetzen. Damit bekommen wir im Bildraum die Schärfentiefe $ST = -A'^* n'U' = \pm z n'U'$, wobei $n'U'$ die bildseitige Apertur ist. Die Schärfentiefe im Objektraum hat wegen der Invarianz dieses Ausdrucks natürlich denselben Wert. Welche Abstände dazu gehören, muß man mit Hilfe der Formel $ST = A^* nU - A n^* U^*$ aus den gegebenen Werten von A und U ausrechnen. Beim Photoapparat wird diese Aufgabe mit Hilfe von „Schärfentiefen-Tabellen" oder „Schärfentiefen-Anzeigern" gelöst. Als einfaches Beispiel für eine solche Rechnung wollen wir annehmen, der Apparat sei auf unendlich eingestellt. Dafür ist $nU = 0$, $n'U' = A/f$, wobei $f = 1/\varphi$ die Brennweite des Objektivs ist. Dann ist $ST = -A\, n^* U^* = \pm zA/f$. Für die Grenzen des Schärfenbereichs ergibt sich $A^*/U^* = \pm A^* f/z$. Am Ort der Eintrittspupille ist $A^* = A$ und $2A/f = 1/b$ die relative Öffnung des Objektivs, b die zugehörige Blendenzahl. Also ist $\frac{A^*}{U^*} = \pm \frac{f^2}{2zb}$. Für ein Kleinbildobjektiv mit $f = 50$ mm, der Blendenzahl 5,6 und $z = 0{,}01$ mm ergibt sich $A^*/U^* = \pm$ 22,3 m. Der positive Wert ist nutzlos, weil er „jenseits von unendlich" liegt. Wir bekommen also bei dieser Einstellung auf dem Film „scharfe" Bilder aus dem Bereich von unendlich bis heran auf 22,3 m. Finden Sie bei Ihrem Apparat stattdessen 7 m, also ein Drittel der Entfernung angegeben, dann liegt dieser Angabe der dreifache Zerstreuungskreis, also $z = 0{,}03$ mm zugrunde.

Bei Geräten für visuelle Benutzung muß neben der Abbildungstiefe auch die *Akkomodationstiefe* des Auges berücksichtigt werden. Das ist die Tiefe, die das Normalauge durch eine Objektverschiebung von unendlich bis zu 250 mm vor dem Auge überbrückt. Legen wir den Aufpunkt in die Mitte der Augenpupille, dann ist $A^* = A$, $nU = 0$ und $n^*U^* = -A^*/250$ mm. Die Akkommodationstiefe hat deshalb den Wert

$$AT = A^2/250\text{ mm}.$$

Sie ist proportional zum Quadrat der Pupillenöffnung und hat beim Tagessehen mit $A = 1{,}5$ mm den Wert 0,009 mm = 16 R.E. Beim Tagessehen beträgt sie also das 32fache der Abbildungstiefe, für $A = 0{,}5$ mm das 3,5fache und für $A = 0{,}25$ mm nur noch das 0,9fache der Abbildungstiefe. Mit einem Feldstecher 8×30 kann man wegen der Akkommodationstiefe den Bereich von unendlich bis 16 m scharf sehen, und zwar unabhängig von der Größe der Augenpupille. Bezeichnen wir nämlich das Lot in der Augenpupille mit A' und legen den Aufpunkt für die Berechnung in die Eintrittspupille, dann ist dort $A^* = A = \Gamma A'$, wobei Γ die Fernrohrvergrößerung ist. Mit $nU = 0$ folgt

$$AT = -An^*U^* = A'^2/250\text{ mm} \qquad \text{und daraus}$$

$$A^*/U^* = -AA^*\cdot 250\text{ mm}/A'^2 = -\Gamma^2\cdot 250\text{ mm} = -16\text{ m für } \Gamma = 8.$$

Beim Mikroskop überdeckt die Akkomodationstiefe am Objekt den Bereich $A^*/U^* = n\cdot 250\text{ mm}/(\beta\cdot N)^2$. n ist die Brechzahl am Ort des Objektes, $\beta\cdot N$ ist die Gesamtvergrößerung des Mikroskops. Numerische Beispiele hierfür findet man in der Tabelle 5 auf S. 69. Zur Herleitung der Formel legen wir den Aufpunkt ins Objekt. Dort ist $A = 0$, $nU = n^*U^*$, also

$$AT = A^*nU = A'^2/250\text{ mm}.$$

Zwischen dem Lot A' in der Austrittspupille, der Apertur nU und der Gesamtvergrößerung besteht die Beziehung (12.3)

$$A' = -\frac{nU\cdot 250\text{ mm}}{\beta\cdot N}.$$

Deshalb ist $A^* = nU\cdot 250\text{ mm}/(\beta\cdot N)^2$, woraus nach Division durch $U^* = U$ die oben angegebene Formel folgt.

Die Abbildungstiefe, Schärfentiefe und Akkommodationstiefe spielen eine wichtige Rolle bei der Benutzung optischer Instrumente für Beobachtung und ganz besonders für Messungen. Aber es ist falsch, sich sklavisch an die angegebenen Werte zu halten, weil sie starken Schwankungen in der individuellen Leistungsfähigkeit des Auges unterliegen oder abhängen von dem Begriff der Schärfe, der auch nur auf einer subjektiven Empfindung beruht.

§ 20. Zusammenfassung des 1. Teils

In den vorangegangenen Paragraphen habe ich die Grundzüge für eine Theorie der idealen Abbildung gegeben und ein paar Beispiele, die mir zur Erläuterung erforderlich schienen. Einen Eindruck von der Vielfältigkeit der Theorie und ihrer Anwendungsmöglichkeiten kann man nur vermitteln, wenn man viele Beispiele bringt. Sie sind ein wichtiges Hilfsmittel bei der praktischen Arbeit, und auch die Theorie wird letztlich nur durch die Vielzahl guter Anwendungen gerechtfertigt. Aber es war nicht meine Absicht, ein Kompendium für Techniker zu schreiben. Ich wollte vor allem eine der Praxis angemessene Theorie der optischen Abbildung beschreiben.

Da der Aufbau dieser Theorie zwar nicht grundsätzlich neu ist, aber doch von den allgemein üblichen Darstellungen abweicht, erscheint es mir zweckmäßig, die wesentlichen Punkte hier kurz zu wiederholen.

Strahlung hat die Eigenschaft, Energie durch den Raum zu übertragen. Dabei kommt es im allgemeinen zu Wechselwirkungen zwischen der Strahlung und der den Raum erfüllenden Materie. Beispielsweise kann ein Teil der Strahlungsenergie von der Materie aufgenommen werden und als Wärme erscheinen. Hat die Materie keinen Einfluß auf die Energiebilanz der Strahlung, verändert sie nur die geometrische Form des von Strahlung durchsetzten Raumstücks, dann bekommt man für die Ausbreitung der Strahlung besonders einfache Gesetze, die zusammengefaßt die geometrische Optik ergeben.

Ganz allgemein ist es der Zweck der geometrischen Optik, die Form der Raumstücke zu bestimmen, in denen sich die Strahlung (unter Erhaltung der Energie) ausbreitet. Diese Aufgabe wird mit elementaren Hilfsmitteln lösbar, wenn Sender und Empfänger eben sind und die von beiden gebildete Lichtröhre zentriert ist. Dann ist die Invarianz des aus der Brechzahl n des Stoffes und den Koordinaten A, B, U, W der Lichtröhre gebildeten linearen Leitwertes LLW $= AnW - BnU$ ein Kriterium dafür, daß bei der Ausbreitung der Strahlung die Energie erhalten bleibt.

Die Invarianz von LLW kann experimentell demonstriert werden; die besten Beweise sind die optischen Instrumente, Fernrohre und Mikroskope von solcher Vollkommenheit, daß sie uns alle Informationen liefern, die wir theoretisch erwarten können. Einen formalen Beweis kann man nicht geben, denn ebenso wie die Konstanz der Masse in der Mechanik ist die Invarianz des linearen Leitwertes nur eine gute Näherung für den Bereich, auf den sich unsere Experimente normalerweise beschränken. Sie versagt, wenn der Betrag des Leitwertes sehr klein wird. Unterhalb einer Rayleigh-Einheit werden Abweichungen von einer geometrisch idealen Abbildung als Beugungseffekte sichtbar, bei einer viertel Rayleigh-Einheit, dem Auflösungsvermögen optischer Instrumente, zerstören sie die Ähnlichkeit mit dem geometrischen Bild.

Die folgenden Untersuchungen im Rahmen der Bildfehlertheorie werden zeigen, daß auch bei großen Leitwerten Abweichungen von der

Invarianz des linearen Leitwertes auftreten müssen, wenn nämlich Sender und Empfänger beide groß sind und dicht beieinander stehen.

Die technische Anwendung der optischen Abbildung beruht auf der Voraussetzung LLW = const. Hierfür gibt es eine einfache Theorie, die in den Paragraphen 7 bis 9 behandelt ist. Ihre wesentlichen Punkte sind, daß aus der Invarianz von LLW die Brechungsformel (7.7) folgt und daß sich jede energieerhaltende Transformation der Lichtröhre aus Brechungen und Übergängen zusammensetzen läßt. Damit gibt die abstrakte Theorie Hinweise auf Möglichkeiten technischer Realisierungen.

In den Paragraphen 10 bis 14 werden optische Instrumente behandelt als Beispiele zur Theorie der idealen Abbildung. Auf die in Schulbüchern behandelte Methode, Lage und Größe des Bildes mit Hilfe der Brennpunkte und Hauptebenen zu finden, bin ich nicht eingegangen, weil dabei die Funktion der Pupille für die Abbildung unklar bleibt. Ich habe die energetischen Verhältnisse in den Vordergrund gestellt und zu zeigen versucht, wie sie den grundsätzlichen Aufbau eines optischen Systems bestimmen. Auf diese Weise sieht man, daß Lage und Größe der Pupillen genauso wichtig sind wie die entsprechenden Werte des Objektes oder des Bildes. Nur wenn man Bild und Pupille zusammen betrachtet, also den ganzen Verlauf der Lichtröhre untersucht, kann man die energetischen Verhältnisse korrekt beschreiben und läuft nicht Gefahr, Forderungen zu stellen, deren Erfüllung jedes mechanische perpetuum mobile in den Schatten stellen würde. Jedes optische System hat letztlich die Aufgabe, eine im Objektraum vorgegebene Lichtröhre den Eigenschaften eines Empfängers anzupassen. Deshalb wurden zusammen mit den Beispielen für optische Instrumente zwei oft benutzte Strahlungsempfänger behandelt, nämlich unser Auge und die photographische Schicht.

In den Paragraphen 15 bis 18 werden Methoden zur Konstruktion idealer optischer Systeme beschrieben. Die Bildfehler, die bei jeder Realisierung von Brechungen durch Linsen entstehen, bleiben dabei außer acht. Am wichtigsten für die Praxis ist das in § 15 angegebene iterative Rechenverfahren oder ein, den vorhandenen Rechenhilfsmitteln besser angepaßtes, äquivalentes Verfahren. Die explizite Berechnung mit den Gaußschen Klammern liefert für Systeme aus zwei oder drei Linsen Formeln zur Bestimmung von Brechkräften und Abständen, die aber schon bei drei Linsen unhandlich werden. Ich habe sie deshalb nicht angegeben. Ihre Herleitung ist nicht schwierig. Die Differentialformeln (16.11) sind nützlich, wenn man zur numerischen Berechnung der Konstruktionsdaten Rechenautomaten benutzt.

Die Ausführlichkeit in der Darstellung der graphischen Methoden entspricht nicht deren Bedeutung für die Lösung praktischer Probleme. Aber im Rahmen der geometrischen Optik hat man nur hier die

Möglichkeit, Geometrie zu treiben. Und warum sollte ich meine Vorliebe dafür verleugnen? Mir sind einige Beziehungen der Bildfehlertheorie erst im Delanoschen Leitwert-Diagramm anschaulich klar geworden. Die Tatsache, daß sich jede ideale Abbildung durch ein ebenes Diagramm vollständig beschreiben läßt, zeigt die einfache Struktur dieser Theorie. Algebraisch wird das durch den im § 9 bewiesenen Hauptsatz zum Ausdruck gebracht, wonach sich jede ideale Abbildung durch zwei Grundprozesse darstellen läßt.

Eine Voraussetzung der idealen Abbildung, daß nämlich das Objekt eben sei, ist tatsächlich nur selten erfüllt. Deshalb ist es wichtig zu wissen, welche Regeln für die Abbildung der Tiefe gelten. Ein optisches Maß der Tiefe wird im § 19 mit Hilfe der Objektverschiebung definiert. Es ist abbildungsinvariant und hat deshalb im Objektraum und Bildraum denselben Wert. Die geometrische Ausdehnung des Tiefenbereichs läßt sich leicht daraus berechnen. Bei Anwendungen muß man unterscheiden zwischen der durch die Natur der Strahlung bedingten Abbildungstiefe von $\pm$ 0,25 Rayleigh-Einheiten und der durch Eigenschaften des Empfängers gegebenen Tiefe. Dazu gehört speziell die Schärfentiefe bei photographischer Registrierung und die Akkommodationstiefe bei visuellem Gebrauch der Geräte. Die Tiefe zwischen zwei Bildern desselben Objekts spielt eine wichtige Rolle in der Theorie der Bildfehler. Zusammen mit einem Maß für den Verstoß gegen die Invarianz des Leitwertes stellt sie die Verbindung her zwischen den Eigenschaften der Abbildung durch ein Linsensystem und der Theorie der idealen Abbildung.

Teil 2

Theorie der Bildfehler

Bildfehler beschreiben den Unterschied zwischen den Wirkungen von Linsen und Aussagen der Theorie der idealen Abbildung. Sie geben Hinweise auf die Mängel einer mit Hilfe von Linsen realisierten Abbildung; ihre Abhängigkeit von den Systemdaten ist die Grundlage für die Konstruktion optischer Instrumente. Die folgenden Paragraphen bringen eine induktive Einführung in diese Theorie.

§ 21. Bildfehler und geometrische Optik Bedeutung und Grenzen der Theorie

Im Grunde ist der Name „Bildfehlertheorie" irreführend, denn normalerweise dient die geometrische Optik nicht dazu, die Entstehung des physikalischen Bildes zu beschreiben. Wollte man das erreichen, so müßte man spezielle Aussagen über die Art der Strahlung machen, bei elektromagnetischen Wellen müßte man außer der Form der Wellen ihre Amplituden und die Polarisation kennen und deren Änderung bei jeder Brechung und in jeder Linse verfolgen. Solche Rechnungen werden in Sonderfällen gemacht. Aber in der Regel hat das Wort „Bildfehler" eine ganze simple theoretische Bedeutung. Man meint damit die Abweichung von der idealen Abbildung, die sich auf Grund einer speziellen Annahme über die Art der Realisierung dieser Abbildung ergibt. Deshalb gibt es viele verschiedene Bildfehler, und die Theorie der Farbfehler sieht ganz anders aus als die Theorie der monochromatischen Fehler, und dieser wieder ist für das Lichtmikroskop anders als fürs Elektronenmikroskop.

Nach dem heute üblichen Sprachgebrauch ist also ein Bildfehler keine Eigenschaft des physikalischen Bildes, sondern ein theoretischer Hilfsbegriff zur Beschreibung des Bildes. Erst das Zusammenwirken aller denkbarer Bildfehler gäbe das physikalische Bild. Aus diesem Grunde ist es schwierig zu sagen, wie einzelne Bildfehler „aussehen", welche physikalische Bedeutung sie haben. Ihre Erscheinungsform im physikalischen Experiment oder in einem optischen Instrument hängt wesentlich ab von ganz speziellen Eigenschaften des Objekts, der Beleuchtung und Beobachtung und kann von der geometrischen Optik nicht erfaßt werden, weil dieser Theorie die entsprechenden Begriffe fehlen.

In der Praxis beschränkt man sich auf die Berechnung einiger weniger Bildfehler. Die „Kunst" guter Optik-Konstrukteure besteht geradezu darin, mit einer minimalen Anzahl auszukommen. Der Grund ist nicht, wie oft von Laien vermutet wird, der Aufwand für die Berechnung der Bildfehler. Er ist heute bei der Benutzung von Rechenautomaten fast belanglos geworden. Der entscheidende Punkt ist, daß man nur durch die Beschränkung auf wenige Bildfehler zu einer Theorie kommt, die so übersichtlich ist, daß man damit nicht nur experimentell gefundene Sachverhalte theoretisch beschreiben, sondern auch unbekannte Zusammenhänge finden kann. Darauf beruht die technische Bedeutung der geometrisch-optischen Bildfehlertheorie. Bisher war es nur mit dieser gegenüber dem physikalischen Geschehen bewußt vereinfachten Theorie möglich, ohne Vorbilder hochwertige optische Systeme konsequent zu entwickeln.

So wie ein Maschinenbauer bei einer Neuentwicklung von der Statik und Dynamik starrer Körper ausgeht und nicht von den letzten Erkenntnissen über den Aufbau der Materie und schließlich abschätzt oder rechnerisch prüft, ob die verwendeten Teile oder Materialien den Belastungen gewachsen sein werden, so geht der Optik-Konstrukteur von den Grundbeziehungen der idealen Abbildung aus. Er versucht, sie durch Linsen zu realisieren, deren zweckmäßigste Form, Stellung, Brechzahl und Dispersion er nach den Prinzipien der Bildfehlertheorie bestimmt. Wegen der erforderlichen Genauigkeit wird diese Arbeit nicht am Reißbrett, sondern mit Hilfe numerischer Rechnungen erledigt, aber ein Rechenautomat kann den Optik-Konstrukteur ebenso schlecht ersetzen wie eine programmgesteuerte Zeichenmaschine einen Maschinenbauer. Für das Linsensystem werden die Bildfehler berechnet. Mit diesen Werten schätzt der Optik-Konstrukteur ab, ob das System für den geplanten Verwendungszweck geeignet ist. Tatsächlich hängt die Entwicklung eines optimalen Systems nicht sehr davon ab, wie viel man rechnet, sondern in erster Linie von den Kenntnissen des erfahrenen Fachmanns, vom Wissen um die Zusammenhänge zwischen Bildfehler und Bildqualität.

Dieses Wissen beruht auf genauen Messungen, sorgfältigen Tests und umfangreichen Berechnungen auf der Grundlage physikalischer Theorien für spezielle Fälle. In den letzten hundert Jahren wurde hierfür viel Material zusammengetragen. Das Risiko einer falschen Einschätzung der Bildfehler ist heute gering. Aber gerade bei neuen, ungewöhnlichen Aufgaben kommt man nicht umhin, die Zusammenhänge neu zu untersuchen oder experimentell zu ermitteln. (Als Trost will ich hinter vorgehaltener Hand verraten, daß alle neuen Systeme gut sind; sichtbar oder störend werden die Bildfehler erst, wenn die Konkurrenz ein besseres Gerät herausbringt.)

Wie bei jeder technischen Disziplin besteht auch in der technischen Optik eine Lücke zwischen dem mathematischen Formalismus der Bildfehlertheorie und den beobachteten Erscheinungen. Sie wird durch Empirie überbrückt. Natürlich hat es nicht an Versuchen gefehlt, sie durch theoretische Untersuchungen zu schließen. Man entwickelte Bildgütekriterien, wie zum Beispiel das Auflösungsvermögen, die Definitionshelligkeit, die Wellendeformation und die Kontrastübertragung. Jedes dieser Kriterien erlaubt in bestimmten Fällen eine Formalisierung der Erfahrung, aber alle haben den Mangel, nicht universell anwendbar zu sein. Ich werde mich im folgenden auf die Behandlung der elementaren Bildfehlertheorie beschränken.

§ 22. Optik-Gläser
Kennzeichnungen durch Brechzahlen, Dispersionszahlen und σ-Werte

Bei der Herstellung von Glas wird Kieselsäure in Form von reinem Quarzsand in einem Gemisch mit Alkali- und Metalloxyden auf etwa 1400 °C erhitzt. Dabei bilden sich Silikate, die mit der Kieselsäure eine komplizierte Struktur bilden, deren Einzelheiten noch nicht geklärt sind. Beim vorsichtigen Abkühlen der Masse entsteht als fester, amorpher Stoff das Glas. Für die Verwendung in Linsen und Prismen müssen die Gläser besonders rein und homogen sein. Deshalb werden Optik-Gläser in besonderen Werkstätten hergestellt, in Westdeutschland vor allem vom Jenaer Glaswerk Schott & Gen. in Mainz.

Vor der Behandlung der optischen Eigenschaften der Gläser sei hier kurz hingewiesen auf Dinge, die der Hersteller und der Optik-Konstrukteur außerdem zu beachten haben. Das sind erstens *Blasen* in dem Glasblock. Sie sind unvermeidbar, weil die Ausscheidung von Gasen aus dem Schmelzgut ein wesentlicher Teil des Fabrikationsprozesses ist. Man kann nur ihre Menge und Größe verringern. In optischen Instrumenten sind sie oft nur ein Schönheitsfehler, denn in der Regel „soll man Linsen nicht angucken, sondern durch sie hindurchblicken" (FRAUNHOFER). Störender für die Abbildung sind *Schlieren*, fadenförmige oder flächenhafte Inhomogenitäten. Die *Färbung* durch Absorption des Lichtes einzelner Wellenlängenbereiche kann bei dicken Linsen und bei Prismen stören. Bei einigen Glassorten ist eine Gelbfärbung auf Grund der chemischen Zusammensetzung unvermeidbar. Eng damit zusammen hängt die *UV-Durchlässigkeit* der Gläser. Alle absorbieren ultraviolettes Licht, einige lassen in 5 mm dicker Schicht bei 300 nm noch mehr als die Hälfte der Strahlungsleistung durch, andere bei 360 nm weniger als 1%. Wichtig ist ferner die *Widerstandsfähigkeit* der polierten Oberfläche *gegen chemische Einflüsse*. Dazu gehören die Verwitterung unter dem Einfluß der Luftfeuchtigkeit und die Auflösung durch Säuren. Empfindliche Gläser werden sogar durch die im Schweiß enthaltene Säure angegriffen. Deshalb soll man nie die polierten Flächen einer Linse anfassen. Es gibt sogar Gläser, die Thorium enthalten und radioaktiv sind. In Deutschland machen strenge Schutzvorschriften die Verwendung dieser Gläser praktisch unmöglich. Zum Schluß noch einen Hinweis auf den Preis, selbst auf die Gefahr hin, daß diese Angaben beim Erscheinen des Buches überholt sind. Ein kg Optik-Glas, das ist je nach der Dichte von 2,28 g/cm³ bis 6,18 g/cm³ ein Würfel mit einer Kantenlänge von 76 mm bis 55 mm. Bei der genannten Firma Schott muß man dafür mindestens 18,– DM bezahlen. Bei dem teuersten Glas kommt man mit den Zuschlägen für enge Toleranzen in den Brechzahlen über 1000,– DM pro kg.

Die optischen Eigenschaften der Gläser werden durch die Angabe von Brechzahlen $n(\lambda)$ für ausgewählte Wellenlängen λ beschrieben. Definiert ist die Brechzahl durch das Verhältnis

$$n(\lambda) = \frac{\sin i}{\sin i'}$$

der Sinus der Inzidenzwinkel i und i', die die Wellennormale und die Flächennormale vor und nach der Brechung an einer ebenen, polierten Trennfläche zwischen Luft (bei 20 °C und 760 Torr) und dem Glas bilden. Die Messung der Brechzahl ist damit auf eine Winkelmessung zurückgeführt. Sie wird auf Luft im Normalzustand bezogen. Das ist zweckmäßig, weil es der normalen Verwendung der Linsen entspricht. In Sonderfällen und bei Präzisionsmessungen muß man diese Definition beachten oder die Brechzahlen auf ein anderes Bezugsmedium umrechnen. Für $\lambda = 546$ nm ist die Brechzahl von Luft unter dem Druck von 760 Torr gegen das Vakuum 1,00029 bei 0 °C und 1,00027 bei 20 °C. Im sichtbaren Bereich hängt sie von der Wellenlänge weniger ab als von den normalen Temperaturschwankungen.

Für genaue Messungen der Brechzahlen braucht man möglichst monochromatische Strahlung mit hoher Strahlungsdichte. Im sichtbaren Bereich erzeugt man sie mit technischen Spektrallampen. Früher wurde dafür gern die Natriumdampflampe oder gar die mit Kochsalz zum Leuchten gebrachte Bunsenflamme benutzt. Die intensiv gelbe Doppellinie des Natrium war Standard für die Wellenlänge $\lambda = 589$ nm, sie wurde mit D abgekürzt. Die damit gemessenen Brechzahlen nannte man n_D. Wegen ihrer Breite genügt diese Doppellinie nicht mehr den heutigen Ansprüchen an die Meßgenauigkeit. Bis vor einem Jahrzehnt benutzte man im sichtbaren Spektralbereich vor allem die gelbe Heliumlinie d mit $\lambda = 588$ nm, die rote Wasserstofflinie C mit $\lambda = 656$ nm und die blaue Wasserstofflinie F mit $\lambda = 486$ nm.

Inzwischen zeigte sich, daß die technischen Metalldampflampen bequemer zu handhaben sind als die Geißlerröhren. Deshalb bevorzugt man heute für die Messungen von Brechzahlen folgende Spektrallinien:

Tabelle 6

Wellenlänge [nm]	Bezeichnung der Linie	Chemisches Element	Farbe
365	*i*	Hg	(ultraviolett)
405	*h*	Hg	violett
436	*g*	Hg	blauviolett
480	*F'*	Cd	blau
546	*e*	Hg	grün
644	*C'*	Cd	rot
1014	*t*	Hg	(infrarot)

Die Auswahl dieser Linien bringt den Vorteil, daß sie alle mit einer Cadmium-Quecksilber-Spektrallampe realisiert werden können.

In der Regel werden die Brechzahlen im Glaswerk gemessen und dem Käufer des Glases mitgeteilt. Die heutige Meßtechnik erlaubt Genauigkeiten bis hinunter zu $\pm 10^{-6}$, doch kann sie nur in Spezialfällen ausgenutzt werden, denn trotz der Bemühungen der Glashersteller um die optische Homogenität läßt es sich nicht vermeiden, daß die Brechzahlen von Schmelze zu Schmelze und sogar für verschiedene Stücke aus derselben Schmelze um $\pm 10^{-4}$ schwanken. Deshalb werden im Normalfall die Brechzahlen mit einer Genauigkeit von $\pm 10^{-5}$ gemessen und angegeben. Will man dem Hersteller keinen Zuschlag für das Aussuchen besonders gut liegender Stücke zahlen, dann muß man von Lieferung zu Lieferung mit Schwankungen von $\pm 1 \cdot 10^{-3}$ rechnen. Diese Beispiele zeigen, was sich heute unter Ausnutzung aller technischen Fortschritte erreichen läßt, daß es aber andererseits sinnlos ist, die rechnerische Genauigkeit auf die Spitze zu treiben, solange man sich nicht klar gemacht hat, was von den errechneten Vorteilen übrig bleibt, wenn man die normalen Schwankungen in den Brechzahlen und die unvermeidlichen Ungenauigkeiten bei der Herstellung der Linsen berücksichtigt.

In Abb. 29 sind Brechzahlen der Schottgläser F2, SK16 und K50 über der Wellenlänge aufgetragen. Man sieht, daß sich diese „Dispersionskurven" in ihrer Lage und Neigung gegen die Achse deutlich unterscheiden können. Für ihre analytischen Beschreibungen gibt es verschiedene Formeln. Am bekanntesten ist wohl die Formel von DRUDE. Dafür werden Resonanzstellen der Elektronen im Ultravioletten und der Ionen im Infraroten angenommen. Das führt auf die Formel

$$n^2 = A + \frac{B}{\lambda_{IR}^2 - \lambda^2} + \frac{C}{\lambda_{UV}^2 - \lambda^2},$$

worin die Koeffizienten A, B, C, λ_{IR} und λ_{UV} so bestimmt werden müssen, daß die gemessenen Werte der Brechzahlen optimal angenähert werden. In der Praxis ist es schwierig, die Koeffizienten korrekt zu bestimmen. Der Aufwand lohnt sich nur, wenn dafür sehr genaue Meßwerte vorliegen.

Man darf diese Formel auch nicht zur Extrapolation über die Grenzen der Meßwerte hinaus benutzen, denn für eine Beschreibung der wirklichen Dispersionseigenschaften von Gläsern ist dieser Ansatz zu sehr vereinfacht.

Besonders einfach und praktisch ist die Dispersionsformel von HARTMANN:

$$n(\lambda) = n_0 + \frac{c}{\lambda - \lambda_0}.$$

Für sie sprechen keine physikalischen Gesetze, sondern vor allem die experimentelle Feststellung, daß diese Formel ausreicht, die Dispersionskurven der Optik-Gläser im sichtbaren Bereich von $\lambda = 405$ nm bis

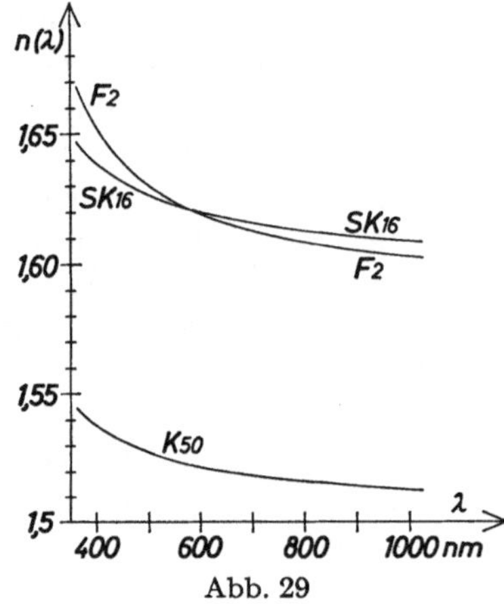

Abb. 29

$\lambda = 644$ nm mit einem maximalen Fehler von $\pm\, 1 \cdot 10^{-4}$ zu beschreiben. Am besten stimmt die Formel für die Krongläser. Dort ist der maximale Fehler $\pm\, 2 \cdot 10^{-5}$. Bei den Flintgläsern wächst er auf $\pm\, 5 \cdot 10^{-5}$. Am schlechtesten stimmt die Formel für die stark zerstreuenden Schwerflintgläser. Eine Extrapolation über die angegebenen Grenzen hinaus führt schnell zu groben Fehlern. Die Koeffizienten n_0, c und λ_0 lassen sich aus den Brechzahlen für drei Wellenlängen leicht berechnen. Darauf beruht der Nutzen dieser Interpolationsformel. Als Beispiel seien hier die Koeffizienten für die in Abb. 29 dargestellten Dispersionskurven angegeben:

Tabelle 7

Glas	n_0	c [nm]	λ_0 [nm]
K 50	1,503755	7,872	169,4
SK 16	1,598111	9,328	169,4
F 2	1,587059	12,543	207,7

Für die Theorie der Farbfehler braucht man keine Dispersionsformeln. Es reicht völlig aus, die Farbfehler für einige feste Wellenlängen zu berechnen und anzugeben. Die nicht erfaßten Zwischenwerte lassen sich durch Interpolation mit ausreichender Genauigkeit bestimmen.

Durch die Angabe einer Reihe von Brechzahlen sind die optischen Eigenschaften eines Glases festgelegt. Diese Kennzeichnung ist unumgänglich, aber nicht übersichtlich. Deshalb bildet man aus den Brechzahlen Hilfsgrößen, die einige Eigenschaften des Glases besser zum Ausdruck bringen. Die erste ist die *mittlere Brechzahl*, oft der Kürze halber *die* Brechzahl genannt. Dafür nimmt man jetzt n_e, früher n_d, davor n_D. Die Wahl von n_e ist nicht frei von Willkür, aber die Tatsachen, daß $\lambda = 546$ nm in der Nähe der maximalen Empfindlichkeit unseres Auges liegt und daß diese Linie mit einer Quecksilberdampflampe leicht und hell hergestellt werden kann, sprechen für diese Wahl.

Die mittlere Brechzahl legt einen Punkt der Dispersionskurve fest. Die Neigung der Kurve kennzeichnet man durch die Differenz der Brechzahlen für zwei festgelegte Wellenlängen. Heute nimmt man dafür die Linien F' und C', früher F und C. Damit bekommt man als zweite Hilfsgröße die *Hauptdispersion* $n_{F'} - n_{C'}$. In den später folgenden Formeln für die Farbfehler tritt dieser Wert als Faktor auf. Deshalb ist er nützlich für die Berechnung der Farbfehler. Die eigentliche Aufgabe des Optik-Konstrukteurs besteht aber nicht darin, festzustellen, wie groß die Farbfehler bei einem optischen System sind, sondern umgekehrt gerade darin, Gläser zu bestimmen, die die Farbfehler beseitigen oder verringern. Dabei ist er auf handelsübliche Glastypen angewiesen und kann nicht zu vorgeschriebener mittlerer Brechzahl jeden gewünschten Wert der Hauptdispersion bekommen. Bei einer Änderung der mittleren Brechzahl ändern sich auch die zugehörigen Parameter φ und δ, die man vorher so bestimmt hatte, daß das optische System jedenfalls für die Wellenlänge $\lambda = 546$ nm, die „Hauptfarbe", die gestellten Forderungen erfüllte. Man braucht deshalb für die Praxis eine Kennzeichnung der Dispersionseigenschaft, die von der mittleren Brechzahl unabhängig ist. Ganz allgemein ist das nicht möglich. Aber für eine dünne Linse in Luft oder eine brechende Fläche zwischen Glas und Luft erfüllt der Ausdruck

$$\frac{n_{F'} - n_{C'}}{n_e - 1}$$

diesen Wunsch. Der Beweis ergibt sich aus den später folgenden Formeln für die Farbfehler. Da man in sehr vielen Fällen den Einfluß der Linsendicken auf die Farbfehler vernachlässigen kann, bevorzugen die Praktiker diesen Ausdruck zur Kennzeichnung der Dispersion.

Unbequem ist, daß die numerischen Werte von $(n_{F'} - n_{C'})/(n_e - 1)$ so klein sind. Das zeigt die folgende Tabelle.

Tabelle 8

Glas	mittlere Brechzahl n_e	Haupt-dispersion $n_{F'} - n_{C'}$	$\frac{n_{F'} - n_{C'}}{n_e - 1}$	Abbesche Zahl $\frac{n_e - 1}{n_{F'} - n_{C'}}$	Dispersions-zahl $1831\frac{n_{F'} - n_{C'}}{n_e - 1}$
K 50	1,52465	0,00875	0,01668	60,13	30,53
SK 16	1,62287	0,01037	0,01665	60,06	30,48
F 2	1,62410	0,01729	0,02770	36,10	50,73

Aus diesem Grunde bildet man den Kehrwert

$$\nu_e = \frac{n_e - 1}{n_{F'} - n_{C'}},$$

den man die *Abbesche Zahl* nennt. Die Abbesche Zahl der Optik-Gläser liegt zwischen 80 und 20 und wird wegen dieser bequemen Größenordnung allgemein als zweite Koordinate der Optik-Gläser benutzt. Zu beachten ist, daß eine kleine Abbesche Zahl eine große Dispersion bedeutet und umgekehrt. Überhaupt ist die Größenordnung wohl das einzige, was an der Abbeschen Zahl praktisch ist. Jedenfalls ist es lästig, daß man zum Vergleich der Wirkungen zweier Gläser auf die Farbfehler nicht die Differenz ihrer ν_e-Werte nehmen kann, sondern die Differenz der Kehrwerte berechnen muß. Solche Abschätzungen und Vergleiche aber muß der Optik-Konstrukteur häufig vornehmen; dafür ist es zweckmäßiger, mit dem Ausdruck $(n_{F'} - n_{C'})/(n_e - 1)$ zu rechnen und die störende Größenordnung durch einen geeigneten Faktor zu beseitigen. Hierfür schlage ich die Zahl $1831 = 1/0{,}000546$ vor, denn genau diesen Faktor braucht man für die Umrechnung der Farbfehler in Rayleigh-Einheiten. Diese Umrechnung muß man immer vornehmen, wenn man wissen will, ob die Farbfehler stören oder nicht. Man schlägt also zwei Fliegen mit einer Klappe, wenn man diesen Faktor in die Dispersionsgröße aufnimmt. Ich definiere also als *Dispersionszahl* eines Optik-Glases den Wert

$$m_e = 1831 \frac{n_{F'} - n_{C'}}{n_e - 1}. \tag{22.1}$$

Die Dispersionszahlen liegen ähnlich wie die Abbeschen Zahlen im Bereich zwischen 20 und 90, aber Gläser mit geringer Dispersion haben eine kleine Zahl, Gläser mit hoher Dispersion eine große Zahl. Optik-Gläser mit Dispersionszahlen kleiner als 36,6 heißen „Krongläser", die mit höherer Dispersion nennt man „Flintgläser". Einen Überblick über die mittleren Brechzahlen n_e und Dispersionszahlen m_e der von Schott angebotenen Optik-Gläser gibt Abb. 30. In der linken unteren Ecke des Diagramms sind außerdem die Werte für Flußspat eingetragen. Die an einigen Gläsern angebrachten Pfeile werden später erklärt werden.

Die Dispersionszahl kann aus den Brechzahlen eines Glases leicht berechnet werden. Umgekehrt aber legen die mittlere Brechzahl und die Dispersionszahl die Brechzahlen $n_{F'}$ und $n_{C'}$ nicht fest, sondern nur deren Differenz. Zur Berechnung der Brechzahlen müßten wir also einen weiteren Wert kennen, beispielsweise die Differenz $n_{F'} - n_e$. Daß man tatsächlich auf diese dritte Koordinate (und weitere für die übrigen Brechzahlen) verzichten kann, hat folgenden Grund: Bildet man für zwei Linien x und y, also zum Beispiel F' und e, den zu m_e analogen Ausdruck

$$m_{xy} = 1831 \frac{n_x - n_y}{n_e - 1},$$

dann kann man Koeffizienten α_{xy} und β_{xy} so bestimmen, daß die Beziehung

$$m_{xy} = \alpha_{xy} \cdot m_e + \beta_{xy} \tag{22.2}$$

für alle Gläser wenigstens ungefähr richtig ist.

Die Gl. (22.2) ist kein Naturgesetz. Es gibt durchsichtige Stoffe, z. B. Flußspat, und auch Gläser, die davon deutlich abweichen. Aber für die Mehrzahl der Optik-Gläser ist diese Beziehung erfüllt bis auf Abweichungen, die an den Grenzen der Meßgenauigkeit liegen. Solche Gläser nennt man „Normalgläser". In der folgenden Tabelle sind für einige Linienpaare die Koeffizienten der Normalgläser angegeben.

Tabelle 9

Linie x	Linie y	α_{xy}	β_{xy}
h	F'	1,1567	−7,052
g	F'	0,5698	−2,691
F'	e	0,5417	−0,989
e	C'	0,4583	0,989
t	C'	−0,5749	−8,966

Es muß betont werden, daß diese Koeffizienten mehr oder weniger willkürlich festgelegt wurden, nämlich weniger nach den Resultaten eines mathematischen Ausgleichsverfahrens, sondern mehr nach dem praktischen Gesichtspunkt, daß vor allem die häufig verwendeten Gläser normal sein sollen.

Wäre die Formel (22.2) streng richtig, dann ließen sich alle Brechzahlen der Gläser aus n_e und m_e berechnen und Abb. 30 gäbe einen vollständigen Überblick über die optischen Eigenschaften der Gläser. Tatsächlich aber gilt statt (22.2)

$$m_{xy} = \alpha_{xy} \cdot m_e + \beta_{xy} + \sigma_{xy}, \tag{22.3}$$

wobei σ_{xy} keine universelle Konstante ist, sondern eine individuelle Größe für jedes Glas. Da σ_{xy} für viele Gläser im sichtbaren Spektralbereich vernachlässigbar klein ist und außerhalb des Bereichs von C' bis F' von

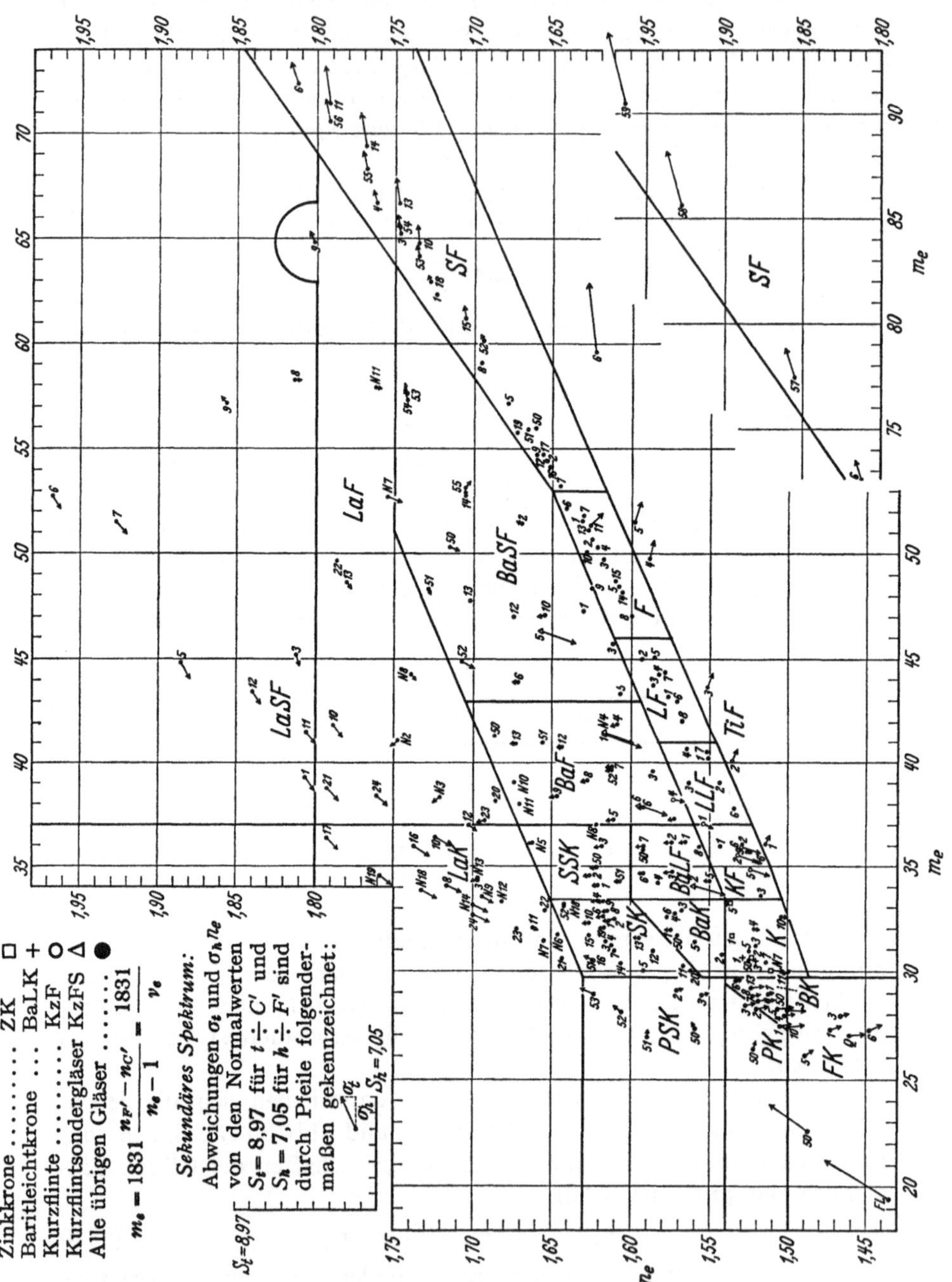

Abb. 30. Optik-Gläser (Stand: Januar 1967)

der Wellenlänge monoton abhängt, geben zwei ausgewählte σ-Werte eine übersichtliche Kennzeichnung der Besonderheiten eines Glases. In Abb. 30 sind die Werte $\sigma_{hF'}$ und $\sigma_{tC'}$ mit σ_h und σ_t bezeichnet und als waagerechte und senkrechte Komponenten eines Pfeils eingetragen. Länge und Richtung des Pfeils zeigen an, in welchem Maße und welcher Weise sich das damit markierte Glas aus der n_e-m_e-Ebene der Normalgläser heraushebt. Die Bedeutung der σ-Werte für die Farbfehler wird im § 25 erklärt werden.

§ 23. Die Farbfehler der idealen Abbildung
Die primäre Längsaberration und Vergrößerungsdifferenz

Für die Definition der primären Farbfehler der idealen Abbildung nimmt man an, daß das optische System die Abbildung realisiere mit Hilfe der in § 15 erklärten Parameter $\varphi = (n' - n)/r$ und $\delta = -d/n$. Daß die tatsächliche Wirkung einer brechenden Linsenfläche nicht durch einen von den Koordinaten der Lichtröhre unabhängigen Parameter φ beschrieben werden kann, wird hierbei außer acht gelassen. Deshalb stimmen die Aussagen dieser Theorie mit dem Experiment nur überein, wenn andere Fehler die Abbildung nicht stören. In Anwesenheit anderer Fehler hat es keinen Sinn, die Farbfehler besonders klein zu machen. Das kann sogar den Bildeindruck verschlechtern.

Die Parameter $\varphi = (n' - n)/r$ und $\delta = -d/n$ beschreiben stets eine ideale Abbildung, aber da sie von den Brechzahlen der Gläser abhängen, brauchen die Abbildungen für zwei Linien x und y nicht übereinzustimmen. Geht man für beide von einer festen Lichtröhre im Objektraum aus und berechnet einmal mit den Brechzahlen n_x und dann mit den Brechzahlen n_y die Lichtröhren im Bildraum, so bekommt man an einem für beide Linien gleich gewählten Aufpunkt die Koordinaten

$$A'_x,\ B'_x,\ n'_x U'_x,\ n'_x W'_x$$

und

$$A'_y,\ B'_y,\ n'_y U'_y,\ n'_y W'_y\,.$$

Damit bildet man die Farbfehler

$$\begin{aligned}
\mathrm{CHLO}_{xy} &= 1831\,(A'_x n'_y U'_y - A'_y n'_x U'_x)\ \mathrm{R.E.}\,,\\
\mathrm{CHVO}_{xy} &= 1000\left(\frac{A'_y n'_x W'_x - B'_x n'_y U'_y}{\mathrm{LLW}} - 1\right)\text{‰}\,,\\
\mathrm{CHLP}_{xy} &= 1831\,(B'_x n'_y W'_y - B'_y n'_x W'_x)\ \mathrm{R.E.}\,, \qquad (23.1)\\
\mathrm{CHVP}_{xy} &= 1000\left(\frac{A'_x n'_y W'_y - B'_y n'_x U'_x}{\mathrm{LLW}} - 1\right)\text{‰}\,.
\end{aligned}$$

Sie werden *chromatische Längsaberration* und *chromatische Vergrößerungsdifferenz* der (idealen) Objekt- bzw. Pupillenabbildung genannt. Die Doppelindizes xy werden weggelassen, wenn aus dem Zusammenhang hervorgeht, welches Linienpaar gemeint ist. Die Formeln (23.1) ergeben sich ganz zwanglos aus den Regeln der idealen Abbildung: Im Objektraum fällt das Objekt der „Farbe“ x mit dem der Farbe y zusammen. Im Bildraum braucht das nicht der Fall zu sein. CHLO_{xy} gibt die in § 19 erklärte Tiefe zwischen dem Bild der Farbe x mit dem der Farbe y, und zwar wegen des Faktors $1831 = 1/0{,}000546$ in Rayleigh-Einheiten der Wellenlänge $\lambda = 546$ nm. Für jede feste Linie ist der lineare Leitwert der Lichtröhre bei der Abbildung invariant. Die chromatischen Vergrößerungsdifferenzen geben die Änderung der „bunten“ Leitwerte aus den Objektkoordinaten der einen Farbe und den Pupillenkoordinaten der anderen Farbe in Promille von LLW an. Zur anschaulichen Deutung legen wir den Aufpunkt an den Ort des Bildes in der Farbe der Linie y. Dort ist $A'_y = 0$ und deshalb $\mathrm{CHVO}_{xy} = 1000\left(\frac{B'_x}{B'_y} - 1\right)$ ‰. Die chromatische Vergrößerungsdifferenz der Objektabbildung gibt also an, um wieviel Promille am Ort des Bildes in der Farbe y das Lot B'_x auf den Hauptstrahl der Farbe x größer oder kleiner ist als das Lot B'_y. Sehen wir von dem in der Regel geringfügigen Unterschied zwischen Lotgröße B' am Bildort und Bildgröße ab, dann können wir sagen, daß CHVO die Differenz der Bildgrößen in Promille angibt. Das erklärt den Namen dieses Farbfehlers. Ganz analog lassen sich CHLP und CHVP als farbige Tiefen- und Größenfehler der Pupillenabbildung deuten.

In jedem dispersionsfreien Medium (d. h. $n_x = n_y$) sind die Farbfehler unabhängig von der Wahl des Aufpunktes für die Lichtröhrenkoordinaten. Davon habe ich oben bei der anschaulichen Deutung der Vergrößerungsdifferenz bereits Gebrauch gemacht. Man kann das mit den Übergangsformeln $A^* = A' - dU'$ usw. leicht nachrechnen. Ich will hier auf einen Beweis verzichten, weil er sich später als Spezialfall der Formeln (24.2) ergeben wird.

Gibt die Formel (23.1) alle Farbfehler einer idealen Abbildung mit zwei Wellenlängen? Das ist in gewissem Sinn der Fall. Man kann zwar aus den Lichtröhrenkoordinaten auf mannigfache Weise andere Farbfehler bilden, aber das ist nutzlos, denn sie liefern keine weiteren Informationen. Durch die vier Farbfehler CHLO, CHVO, CHLP und CHVP und die Koordinaten einer Lichtröhre, beispielsweise für die Linie y, sind nämlich die Koordinaten der anderen festgelegt:

$$\begin{aligned}
A'_x - A'_y &= \frac{\mathrm{CHVP}}{1000}\cdot A'_y - \frac{\mathrm{CHLO}}{1831\,\mathrm{LLW}}\cdot B'_y\,,\\
B'_x - B'_y &= \frac{\mathrm{CHLP}}{1831\,\mathrm{LLW}}\cdot A'_y + \frac{\mathrm{CHVO}}{1000}\cdot B'_y\,,\\
n'_x U'_x - n'_y U'_y &= \frac{\mathrm{CHVP}}{1000}\cdot n'_y U'_y - \frac{\mathrm{CHLO}}{1831\,\mathrm{LLW}}\cdot n'_y W'_y\,,\\
n'_x W'_x - n'_y W'_y &= \frac{\mathrm{CHLP}}{1831\,\mathrm{LLW}}\cdot n'_y U'_y + \frac{\mathrm{CHVO}}{1000}\cdot n'_y W'_y\,.
\end{aligned} \tag{23.2}$$

Diese Beziehungen bekommt man, wenn die Formeln (23.1) nach A'_x, B'_x usw. auflöst.

Wenn wir davon ausgehen, daß das Objekt keine Farbfehler hat und dort die Leitwerte für beide Wellenlängen gleich sind, dann muß wegen der Invarianz des linearen Leitwertes bei jeder idealen Abbildung

$$A'_x n'_x W'_x - B'_x n'_x U'_x = A'_y n'_y W'_y - B'_y n'_y U'_y \tag{23.3}$$

sein. Daraus folgt, daß die vier Farbfehler der Formeln (23.1) voneinander abhängig sind. Setzt man in (23.3) für A'_x, B'_x usw. die durch die Formeln (23.2) gegebenen Werte ein, so ergibt sich für die Farbfehler die Beziehung

$$\left(\frac{\mathrm{CHVO}}{1000}+1\right)\cdot\left(\frac{\mathrm{CHVP}}{1000}+1\right)-\frac{\mathrm{CHLO}}{1831\ \mathrm{LLW}}\cdot\frac{\mathrm{CHLP}}{1831\ \mathrm{LLW}}=1\,. \tag{23.4}$$

Durch Ausmultiplizieren der Klammern folgt

$$\frac{\mathrm{CHVO}}{1000}+\frac{\mathrm{CHVP}}{1000}+\frac{\mathrm{CHVO}\cdot\mathrm{CHVP}}{(1000)^2}=\frac{\mathrm{CHLO}\cdot\mathrm{CHLP}}{(1831\ \mathrm{LLW})^2}\,. \tag{23.5}$$

Bei praktisch verwendbaren Systemen müssen die Farbfehler klein gehalten werden. Dann aber kann man die Produkte von zweien gegenüber den einzelnen Werten vernachlässigen und bekommt aus (23.5) die für die Praxis nützliche Faustregel

$$\mathrm{CHVO} \approx -\,\mathrm{CHVP}\,. \tag{23.6}$$

Bei einem System für visuelle Beobachtung wird man zwischen den Linien C' (rot) und F' (blau) CHLO kleiner als 1 R.E. und CHVO kleiner als 10‰ halten. In diesem Falle lohnt es sich nicht, CHVO und CHVP getrennt zu berechnen. In der Praxis kommt es häufig vor, daß CHLO $= 0$ ist oder jedenfalls sehr klein, denn das ist ja das Ziel beim Korrigieren der Farbfehler. Dann kann man auf die Durchrechnung der Hauptstrahlen und Bestimmung von B' und $n'W'$ ganz verzichten und die chromatische Vergrößerungsdifferenz aus den Koordinaten des Randstrahls berechnen. Für CHLO $= 0$ folgt nämlich aus der ersten Gl. von (23.2) zusammen mit (23.6) die Formel

$$1000\cdot\frac{A'_x-A'_y}{A'_y}=\mathrm{CHVP}\approx-\,\mathrm{CHVO}\ \text{für}\ A'_y\neq 0\ \text{und}\ \mathrm{CHLO}=0\,. \tag{23.7}$$

Die beiden Beispiele mögen genügen, zu zeigen, wie ein Optikkonstrukteur die Theorie benutzt, um damit Rechenarbeit zu sparen.

Es mag als inkonsequent erscheinen, daß in den Formeln (23.1), die ja für beliebige Paare von Wellenlängen gelten sollen, stets der zur Wellenlänge $\lambda = 546$ nm gehörende Umrechnungsfaktor 1831 steht. Im Bereich der sichtbaren Strahlung ist es aber zweckmäßig, für alle Farbfehler erst einmal dasselbe Bezugssystem zu haben und Detailfragen später an Hand der spektralen Empfindlichkeitskurve des Empfängers für die Besonderheiten des Anwendungsfalles genauer zu untersuchen.

Der Bereich um $\lambda = 546$ nm spielt wegen der maximalen Empfindlichkeit des Auges auch für die visuelle Prüfung der optischen Instrumente eine bevorzugte Rolle.

Als Beispiele wollen wir die Farbfehler für die am Ende von § 15 beschriebene Abbildung mit einer Einzellinse berechnen. Eine Wellenlänge werde durch die Quecksilberlinie g ($\lambda = 436$ nm) gegeben, die andere durch die Quecksilberlinie e ($\lambda = 546$ nm). Das Glas ist SK 16 und hat die Brechzahlen $n_g = 1{,}63314$, $n_e = 1{,}62287$. Die Berechnung der Lichtröhrenkoordinaten für die Linie e hatten wir in § 15 durchgeführt. Die Ergebnisse sind in der folgenden Tabelle wiederholt und ergänzt durch die Werte für die Linie g. Der Aufpunkt ist in beiden Fällen der Schnittpunkt der Planfläche mit der Achse.

Tabelle 10

Linie	A'	B'	$n'U'$	$n'W'$
g	14,586819	0,022962	0,044986	−0,0025
e	14,591324	0,023107	0,044215	−0,0025

Damit ergeben sich für die Farbfehler die Werte

$$\mathrm{CHLO} = -20{,}9\ \mathrm{R.E.}, \qquad \mathrm{CHVO} = -0{,}2^0/_{00},$$
$$\mathrm{CHLP} = 0{,}0\ \mathrm{R.E.}, \qquad \mathrm{CHVP} = 0{,}2^0/_{00}.$$

Störend für die Abbildung ist hiervon nur CHLO, die chromatische Längsaberration der Objektabbildung. Später wird sich ergeben, daß alle anderen Bildfehler die Qualität der Abbildung nicht beeinträchtigen. Wir können deshalb in einem Experiment feststellen, wie der Bildfehler CHLO „aussieht".

Die Realisierung der in § 15 beschriebenen Abbildung ist in Abb. 31 ohne Rücksicht auf die Maßverhältnisse skizziert.

Als Objekt O dient ein Diapositiv von 30 mm Durchmesser. Es zeigt auf durchsichtigem oder wenigstens durchscheinendem Grund ein Muster aus schwarzen (für Licht undurchlässigen) Balken. Sie und die Zwischenräume sind 5 mm breit. Die Einzelheiten dieses Musters werden mit dem linearen Leitwert LLW $= 2{,}5 \cdot 0{,}0025$ mm $= 0{,}00625$ mm ≈ 11 R.E., also nach den Regeln der geometrischen Optik abgebildet. Die Pupille P ist eine Lochblende von 30 mm Durchmesser unmittelbar vor der Linse L, deren Daten und Wirkung im § 15 beschrieben wurden. Damit die Abbildung zustande kommt, muß das Objekt O beleuchtet werden. Dazu dienen die Quecksilber-Spektrallampe P^* und der Kondensor K. Es genügt nicht, einfach die Lampe vors Diapositiv zu stellen. Ihre Leuchtfläche ist viel kleiner als das Diapositiv, sie wird es deshalb ohne Kondensor nicht gleichmäßig „ausleuchten". Außerdem strahlt die Lampe ziemlich gleichmäßig in den ganzen Raum, die 6 m entfernte Pupille P wird davon nur sehr wenig auffangen. Diese Mängel beseitigt der Kondensor K. Er besteht aus einer oder zwei Linsen, deren Durchmesser größer ist als 30 mm, und bildet die Leuchtfläche P^* der Lampe ab auf die Pupille P. Für eine korrekte Beleuchtung dient also P^* als Objekt, P als Bild und das Diapositiv O als Pupille, genau genommen als Austrittspupille. Im genannten Beispiel ist es zweckmäßig, dem Kondensor eine Brennweite $f = 200$ mm zu geben. Dann bildet er die Leuchtfläche P^* mit rund 30facher Vergrößerung auf P ab. Da bei P eine Blende von 30 mm Durchmesser steht, wird also in P^* ein Leuchtfleck von etwa 1 mm Durchmesser benötigt. Diese Forderung erfüllt die Quecksilber-Spektrallampe. Das Diapositiv O wird gleichmäßig ausgeleuchtet, weil es als Pupille der Beleuchtungseinrichtung dient und deshalb von der Lampe gleichmäßig bestrahlt wird.

Zur Justierung der Beleuchtung stellen wir bei P einen weißen Schirm auf, bringen O an den vorgeschriebenen Ort (6 m vor P), setzen K dicht

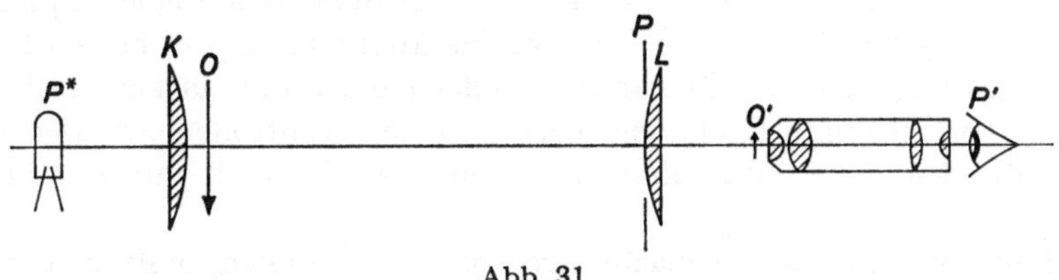

Abb. 31

davor und verschieben P^*, bis wir auf dem Schirm ein ordentliches Bild der Leuchtfläche sehen. Für die Helligkeit des Bildes ist es manchmal zweckmäßig, das Diapositiv beim Justieren zu entfernen. Bei einem Diapositiv auf mattiertem, nur durchscheinendem Grund ist das sogar notwendig. Dann dient eine Linsenfassung des Kondensors als Pupille. Diese Pupillenverschiebung ist für die Abbildung der Leuchtfläche belanglos, wenn der Kondensor keinen wesentlich größeren Durchmesser hat als das Diapositiv.

Nach dem Justieren entfernen wir den Schirm bei P, setzen das Diapositiv an der richtigen Stelle ein und können dann O als Sender, P als Empfänger der Strahlung ansehen und die Beleuchtungseinrichtung außer acht lassen. Ich habe hier die Beleuchtung mit Absicht so ausführlich beschrieben, weil man sich in den meisten Fällen zu wenig Gedanken darüber macht. Man setzt eine starke Lichtquelle irgendwohin und meint, das müsse reichen. Entscheidend ist aber die Anpassung an die Lichtröhre der eigentlichen Abbildung. Was dabei versäumt wurde, läßt sich mit dem größten Aufwand an Linsen nicht wieder gut machen, denn auch jede fehlerhafte Energieverteilung in der Lichtröhre wird bei der optischen Abbildung korrekt übertragen.

Vom Diapositiv O entsteht ein auf den 18. Teil verkleinertes Bild O' etwa 330 mm hinter der Linse L. Aber wir können ohne weitere Hilfsmittel nicht feststellen, wie es aussieht. Die Austrittspupille (das Bild von P) liegt nämlich in der Linse L, also erstens vor O' und nicht dahinter, wie es zum Betrachten erforderlich ist, zweitens ist sie viel größer als die Augenpupille. Deshalb brauchen wir ein Beobachtungsmikroskop, das in Abb. 31 hinter O' skizziert ist. Es muß mindestens eine 25fache Gesamtvergrößerung haben, und die numerische Apertur des Objektivs muß größer sein als 0,05. Wegen der hohen Leuchtdichte der Lampe ist es aber günstig, mit starker Übervergrößerung zu beobachten, beispielsweise mit einem Objektiv 10/0,22 und einem 10fachen Okular, also 100facher Gesamtvergrößerung. Dann wird auch die Akkommodationstiefe des Auges belanglos.

Das Beobachtungsmikroskop liefert an einem fürs Auge zugänglichen Ort hinter dem Okular ein stark verkleinertes Bild P' der zu P gehörenden Austrittspupille und außerdem in großem Abstand vor dem Auge ein vergrößertes Bild von O'. Es ermöglicht auf diese Weise eine bequeme Betrachtung von O'. Auf die Qualität der Abbildung hat es keinen Einfluß, falls Objektiv und Okular zueinander passen und Markenfabrikate sind. Dann ist durch Rechnung, Fertigung und Kontrolle gewährleistet, daß die Bildfehler des Mikroskops unseren Versuch nicht stören können.

Bevor wir mit den Beobachtungen beginnen können, muß die ganze Apparatur sehr sorgfältig zentriert und justiert werden. Bei Optikversuchen ist diese Arbeit entscheidend für den Erfolg. Ein geknoteter Bindfaden überträgt eine mechanische Kraft so gut wie ein neuer, verdrillte Leitungsenden genügen zur Leitung elektrischer Ströme, aber eine zwischen zwei Fingern gehaltene Linse taugt zu nichts. Wenn die Planfläche der Linse L nicht senkrecht auf der Achse steht, sondern um 3° davon abweicht, dann stört die Linse den Versuch erheblich. Aber eine bis auf 1° genaue Stellung der Linse kann man nicht nach Augenmaß schätzen. Empfindliche Systeme erfordern Justierungen bis auf tausendstel Millimeter und Bogensekunden. Das erfordert viel Zeit und Übung. Wer sie nicht hat, darf nicht erwarten, die theoretisch berechneten Feinheiten im Experiment bestätigt zu finden. In unserem Versuch geht es um die Demonstration eines recht groben Effekts, deshalb genügt eine Justierung auf Millimeter und Grad.

Wir bringen den vorderen Rand des Beobachtungsmikroskops in eine Entfernung von etwa 350 mm von der Planfläche der Linse L. Durchs Okular sehen wir eine Aufhellung des Gesichtsfeldes, aber keine scharf begrenzte Struktur. Nun schieben wir das Beobachtungsmikroskop in Richtung der Achse auf die Linse zu. Nach einiger Zeit wird das Balkenmuster sichtbar. Der Grund ist hell, leicht gelblich, die Balken haben einen blaßblauen Rand und eine dunkle Mitte. Schieben wir das Mikroskop um 1,1 mm weiter, so werden die Ränder der Balken für einen Moment unscharf, dann wieder scharf, aber nun sind die Ränder purpurn. Die Mitte bleibt dunkel. Schieben wir das Mikroskop weiter, so werden erst die Ränder unscharf, dann verschwindet die Figur ganz im hellen Grund. Schließlich nach einer Verschiebung um 5,6 mm wird sie wieder sichtbar, und zwar sind die Balken scharf begrenzt und gleichmäßig zitronengelb gefärbt ohne dunkle Mitte. Vom weißen, leicht bläulichen Grund heben sie sich kaum ab, deshalb kann man sie beim Durchschieben des Mikroskops leicht übersehen. Der Unterschied in der Farbe reicht aber zum Scharfstellen der Figur aus. Beim weiteren Durchschieben verschwindet die Figur und wird nicht wieder sichtbar. Die durch die Abbildungstiefe gegebene Ungenauigkeit der Einstellung liegt bei $\pm$ 0,07 mm.

Wie hängen diese Beobachtungen mit den berechneten Farbfehlern zusammen? Die Verschiebung um 5,6 mm vom purpurnen zum gelben Bild ist gleich dem berechneten Abstand vom Bild für die grüne Linie e bis zum Bild für die blauviolette Linie g. Warum aber erscheint das letzte Bild gelb? Betrachten wir es durch ein blaues Filterglas hinter dem Okular, dann sehen wir die Balken scharf begrenzt schwarz auf tiefblauem Grund. An den Stellen der Balken kommt also kein Licht der Linie g durch, wohl aber das anderer Linien, deshalb erscheinen sie in der Komplementärfarbe zu g, in Gelb. Ebenso sieht man ein, daß das Bild mit dem purpurnen Balkenrand durch die Linie e und das mit dem blaßblauen Balkenrand durch die gelben Quecksilberlinien bei $\lambda = 578$ nm entsteht. Hier erscheint nur der Balkenrand in der Komplementärfarbe, weil beide Bilder so dicht beieinander stehen, daß das Licht der Linie e nicht mehr in die Mitte des Balkens für die gelbe Quecksilberlinie kommen kann.

Die chromatische Längsaberration zwischen den beiden Wellenlängen $\lambda = 546$ nm und $\lambda = 578$ nm beträgt 4,0 R.E., wenn die Pupille P einen Durchmesser von 30 mm hat, und 0,5 R.E. bei einem Pupillendurchmesser von 10,6 mm. Mit einer verstellbaren Irisblende kann man leicht feststellen, welchen Betrag an chromatischer Längsaberration ein Beobachter als Bildfehler erkennt.

Ist zwischen zwei Wellenlängen keine chromatische Längsaberration, aber Vergrößerungsdifferenz vorhanden, dann sind die Bilder an derselben Stelle scharf, aber unterschiedlich groß. Dadurch bekommen die Konturen farbige Ränder, deren Breite zur Bildgröße proportional ist. Sie sind deshalb am Rande des Bildfeldes am breitesten und fehlen in der Bildmitte. An diesem Merkmal kann man die chromatische Vergrößerungsdifferenz von der Längsaberration unterscheiden. Im Normalfall ist ein sichtbarer Farbfehler eine Mischung aus beiden.

§ 24. Die Zerlegung der primären Farbfehler Flächenanteile, Dickenanteile und Näherungsformeln dafür

Mit den Formeln (23.1) kann man die Farbfehler einer idealen Abbildung berechnen. Aber sie geben keinen Hinweis, wie die Fehler entstehen und was man zu ihrer Beseitigung tun kann. Mit dem Problem wollen wir uns in diesem Paragraphen beschäftigen.

Die Koordinaten der Lichtröhren im Bildraum werden aus den Koordinaten im Objektraum durch wiederholte Anwendung der Formeln (7.6) und (7.7) für Übergänge Δ und Brechung Φ berechnet. Es liegt deshalb nahe, die Wirkung eines einzelnen Prozesses auf die Farbfehler zu untersuchen. Beginnen wir mit der Wirkung eines Übergangs mit dem Parameter $\delta = -d/n$ auf CHLO. Zur leichteren Unterscheidung geben wir den Koordinaten am neuen Aufpunkt als Kennzeichen einen Stern, den Koordinaten am alten Aufpunkt keinen. Dann ist

$$\begin{aligned} A_x^* n_y^* U_y^* - A_y^* n_x^* U_x^* &= \left(A_x - \frac{d}{n_x} n_x U_x\right) n_y U_y - \left(A_y - \frac{d}{n_y} n_y U_y\right) n_x U_x\,, \\ &= (A_x n_y U_y - A_y n_x U_x) + d\, U_x U_y (n_x - n_y)\,. \end{aligned}$$

Durch Multiplikation mit 1831 folgt daraus

$$\mathrm{CHLO}_{xy}^* = \mathrm{CHLO}_{xy} + 1831\, d U_x U_y (n_x - n_y)\,. \tag{24.1}$$

Die Wirkung des Übergangs auf die Farbfehler, hier also die Differenz CHLO* – CHLO, bezeichnen wir der Kürze halber durch ein auf den Kopf gestelltes Δ-Zeichen und bekommen aus (24.1) und ganz analogen Ableitungen für die anderen Farbfehler die Formeln:

$$\begin{aligned} \nabla\, \mathrm{CHLO} &= 1831 \cdot d U_x U_y\, (n_x - n_y)\ \mathrm{R.E.}\,, \\ \nabla\, \mathrm{CHVO} &= -\,1000 \cdot d W_x U_y\, (n_x - n_y)/\mathrm{LLW}\ {}^0/_{00}\,, \\ \nabla\, \mathrm{CHLP} &= 1831 \cdot d W_x W_y\, (n_x - n_y)\ \mathrm{R.E.}\,, \\ \nabla\, \mathrm{CHVP} &= 1000 \cdot d U_x W_y\, (n_x - n_y)/\mathrm{LLW}\ {}^0/_{00}\,. \end{aligned} \tag{24.2}$$

Die Indizes x und y kennzeichnen die benutzten Spektrallinien, d ist der geometrische Abstand der Aufpunkte. Er wird positiv genommen, wenn der Übergang in Lichtrichtung erfolgt.

Zur Berechnung der Wirkung einer Brechung mit dem Parameter $\varphi = (n' - n)\varrho$ auf die Farbfehler legen wir den Aufpunkt in den Scheitel der Fläche und geben den Lichtröhrenkoordinaten nach der Brechung einen Strich, vor der Brechung keinen. Damit ist

$$\begin{aligned} & A_x' n_y' U_y' - A_y' n_x' U_x' \\ &\quad = A_x \cdot [n_y U_y + (n_y' - n_y)\varrho \cdot A_y] - A_y [n_x U_x + (n_x' - n_x)\varrho \cdot A_x] \\ &\quad = A_x n_y U_y - A_y n_x U_x - A_x A_y \varrho \{(n_x' - n_y') - (n_x - n_y)\}\,. \end{aligned}$$

Daraus ergibt sich für die chromatische Längsaberration

$$\mathrm{CHLO}' = \mathrm{CHLO} - 1831 \cdot A_x A_y \varrho \{(n_x' - n_y') - (n_x - n_y)\}\,. \tag{24.3}$$

Den Einfluß der Brechung auf die Farbfehler bezeichnen wir durch ein Δ-Zeichen und meinen mit Δ CHLO die Differenz CHLO′ – CHLO. Aus (24.3) und analogen Ableitungen für die anderen Farbfehler folgen die Formeln:

$$\begin{aligned}\Delta\,\mathrm{CHLO} &= -\,1831\cdot A_xA_y\varrho\{(n'_x-n'_y)-(n_x-n_y)\}\ \mathrm{R.E.}\,,\\ \Delta\,\mathrm{CHVO} &= \,1000\cdot B_xA_y\varrho\{(n'_x-n'_y)-(n_x-n_y)\}/\mathrm{LLW}\ ^0\!/_{00}\,,\\ \Delta\,\mathrm{CHLP} &= -\,1831\cdot B_xB_y\varrho\{(n'_x-n'_y)-(n_x-n_y)\}\ \mathrm{R.E.}\,,\\ \Delta\,\mathrm{CHVP} &= -\,1000\cdot A_xB_y\varrho\{(n'_x-n'_y)-(n_x-n_y)\}/\mathrm{LLW}\ ^0\!/_{00}\,.\end{aligned}\qquad(24.4)$$

Hierbei ist $\varrho = 1/r$ die Krümmung der brechenden Fläche, x und y bezeichnen die benutzten Spektrallinien.

Wegen der Linearität der Formeln (24.1) und (24.3) ist die chromatische Längsaberration eines optischen Systems die Summe aus den Werten ∇ CHLO und Δ CHLO für alle Übergänge und alle Brechungen:

$$\mathrm{CHLO} = \sum \nabla\,\mathrm{CHLO} + \sum \Delta\,\mathrm{CHLO}\,. \qquad (24.5)$$

Auch die anderen Farbfehler lassen sich in dieser Form durch Summen darstellen. Deshalb nennt man die durch (24.2) gegebenen Werte *Dickenanteile* der Farbfehler und die durch (24.4) gegebenen Werte ihre *Flächenanteile*. Sie hängen ab von den Abständen („Dicken") d bzw. den Krümmungen ϱ, den Dispersionen $(n_x - n_y)$, aber auch von den Koordinaten der Lichtröhre. Die Flächen- und Dickenanteile gelten deshalb immer nur für eine bestimmte Abbildung. Für eine andere Abbildung hat dasselbe Linsensystem andere Flächen- und Dickenanteile.

Es läßt sich leicht angeben, welche Änderungen der Anteile eine Verschiebung des Objektes oder der Pupille bringt. Setzen wir die Formel (7.5) für eine Objektverschiebung Ω in die erste Gleichung von (24.2) ein, dann ergibt sich

$$\begin{aligned}\nabla\,\mathrm{CHLO}^* &= 1831\, d(U_x+\omega W_x)\,(U_y+\omega W_y)\,(n_x-n_y)\\ &= 1831\, dU_xU_y(n_x-n_y)\,+\\ &\quad+1831\, d\omega(U_xW_y+W_xU_y)\,(n_x-n_y)\,+\\ &\quad+1831\, d\omega^2W_xW_y(n_x-n_y)\\ &= \nabla\,\mathrm{CHLO} + 1{,}831\,\omega(\nabla\,\mathrm{CHVP}-\nabla\,\mathrm{CHVO})\cdot\mathrm{LLW}\,+\\ &\quad+\omega^2\,\nabla\,\mathrm{CHLP}\,.\end{aligned}$$

Durch eine entsprechende Umformung bekommt man aus der ersten Zeile der Formel (24.4)

$$\begin{aligned}\Delta\,\mathrm{CHLO}^* &= \Delta\,\mathrm{CHLO} + 1{,}831\,\omega\,(\Delta\,\mathrm{CHVP}-\Delta\,\mathrm{CHVO})\cdot\mathrm{LLW}\,+\\ &\quad+\omega^2\,\Delta\,\mathrm{CHLP}\,.\end{aligned}$$

Denken wir uns diese Formeln für alle Dicken- und Flächenanteile hingeschrieben und addiert, dann bekommen wir die Formel für den

Einfluß der Objektverschiebung Ω auf den Farbfehler CHLO des ganzen Systems. Sie lautet

$$\begin{aligned}
\mathrm{CHLO}^* &= \mathrm{CHLO} + 1{,}831\,\omega\,(\mathrm{CHVP} - \mathrm{CHVO})\cdot\mathrm{LLW} + \omega^2\,\mathrm{CHLP}\,,\\
\mathrm{CHVO}^* &= \mathrm{CHVO} - 0{,}546\,\omega\,\mathrm{CHLP}/\mathrm{LLW}\,,\\
\mathrm{CHLP}^* &= \mathrm{CHLP}\,,\\
\mathrm{CHVP}^* &= \mathrm{CHVP} + 0{,}546\,\omega\,\mathrm{CHLP}/\mathrm{LLW}\,.
\end{aligned} \tag{24.6}$$

Die letzten drei Gleichungen ergeben sich durch ganz analoge Rechnungen. Für die Wirkung einer Pupillenverschiebung Π auf die Farbfehler findet man

$$\begin{aligned}
\mathrm{CHLO}^* &= \mathrm{CHLO}\,,\\
\mathrm{CHVO}^* &= \mathrm{CHVO} - 0{,}546\,\pi\,\mathrm{CHLO}/\mathrm{LLW}\,,\\
\mathrm{CHLP}^* &= \mathrm{CHLP} + 1{,}831\,\pi\,(\mathrm{CHVP} - \mathrm{CHVO})\mathrm{LLW} + \pi^2\,\mathrm{CHLO}\,,\\
\mathrm{CHVP}^* &= \mathrm{CHVP} + 0{,}546\,\pi\,\mathrm{CHLO}/\mathrm{LLW}\,.
\end{aligned} \tag{24.7}$$

Die Formeln (24.6) und (24.7) sind auch für die Dicken- und Flächenanteile der Farbfehler anwendbar. Sie zeigen, daß die Farbfehler eines optischen Systems nicht stabil sind, sondern sich bei Verschiebungen von Objekt oder Pupille ändern. Nur wenn für eine Lichtröhre alle Farbfehler gleich Null sind, ist das System bei jeder Verwendung frei von Farbfehlern. Im nächsten Paragraphen wird sich ergeben, daß die Freiheit von Farbfehlern für einen endlichen Spektralbereich praktisch nicht erreichbar ist. Deshalb ist der genannte Sonderfall tatsächlich belanglos. Man korrigiert die Farbfehler eines Systems für eine vorgegebene Abbildung und kann es nicht für wesentlich andere Aufgaben verwenden. Praktische Bedeutung hat die Tatsache, daß die Vergrößerungsdifferenz zwischen zwei Spektrallinien von der Lage der Pupille (oder des Objekts) unabhängig ist, wenn die Längsaberration des Objekts (oder der Pupille) verschwindet. Das folgt unmittelbar aus den Formeln (24.6) und (24.7).

Die strengen Formeln (24.2) und (24.4) für die Dicken- und Flächenanteile geben zwar einen theoretischen Einblick in das Entstehen der Farbfehler, sind aber für die numerische Rechnung unhandlich. Deshalb benutzt man stattdessen oft daraus abgeleitete Näherungsformeln, und zwar in folgender Weise: Für x nimmt man die blaue Cadmiumlinie F' ($\lambda = 480$ nm), für y die rote Cadmiumlinie C' ($\lambda = 644$ nm) und korrigiert die Farbfehler für dieses Linienpaar. Das soll nicht heißen, daß dafür die Farbfehler zu Null gemacht werden, man bringt sie auf vorgeschriebene Werte. Die Lichtröhrenkoordinaten werden nicht für diese Linien berechnet, sondern für die dazwischenliegende „Hauptfarbe“ e (grüne Quecksilberlinie bei $\lambda = 546$ nm), und als Näherungswerte für A_x, A_y usw. in die Formeln (24.2) und (24.4) eingesetzt. Aus einem später zu erläuternden Grund erweitert man die Ausdrücke auf der rechten Seite mit $(n_e - 1)$ und faßt $1831 \cdot (n_{F'} - n_{C'})/(n_e - 1)$ zusammen zur Dispersionszahl m_e. Damit ergeben sich aus (24.2) für die Dickenanteile die Näherungsausdrücke

$$\begin{aligned}
\nabla \text{CHLO} &\approx \frac{n_e - 1}{n_e^2} \cdot d \cdot (nU)^2 m_e \text{ R.E.} \approx 0{,}23 \cdot d \cdot (nU)^2 m_e \text{ R.E.}, \\
\nabla \text{CHVO} &\approx -0{,}546 \cdot \frac{n_e - 1}{n_e^2} \cdot dnUnWm_e/\text{LLW}\ ^0/_{00} \approx \\
&\approx -0{,}13\, dnUnWm_e/\text{LLW}\ ^0/_{00}, \qquad (24.8) \\
\nabla \text{CHLP} &\approx \frac{n_e - 1}{n_e^2} \cdot d \cdot (nW)^2 \cdot m_e \text{ R.E.} \approx 0{,}23 \cdot d \cdot (nW)^2 \cdot m_e \text{ R.E.}, \\
\nabla \text{CHVP} &\approx -\nabla \text{CHVO}.
\end{aligned}$$

Der Faktor 0,23 in den ganz rechts stehenden Ausdrücken ist eine grobe Abschätzung für $(n_e - 1)/n_e^2$. Einen Überblick über die in der Praxis vorkommenden Werte gibt folgende Tabelle:

Tabelle 11

n	$(n-1)/n^2$	n	$(n-1)/n^2$
1,4	0,204	1,7	0,242
1,5	0,222	1,8	0,247
1,6	0,234	1,9	0,250

Bei den Näherungsformeln für die Flächenanteile beschränkt man sich auf den Spezialfall, daß entweder $n = 1$ oder $n' = 1$ ist, daß also die brechende Fläche an Luft grenzt. Dafür ergibt sich wegen $\varrho(n' - 1) = \varphi$ bzw. $\varrho(1 - n) = \varphi$ aus (24.4)

$$\begin{aligned}
\Delta\, \text{CHLO} &\approx -\varphi A^2 m_e \text{ R.E.}, \\
\Delta\, \text{CHVO} &\approx 0{,}546\, \varphi ABm_e/\text{LLW}\ ^0/_{00}, \qquad (24.9) \\
\Delta\, \text{CHLP} &\approx -\varphi B^2 m_e \text{ R.E.}, \\
\Delta\, \text{CHVP} &\approx -\Delta\, \text{CHVO}.
\end{aligned}$$

Diese Formeln sind nicht anwendbar für eine brechende Fläche zwischen zwei Gläsern, eine sogenannte „Kittfläche“ (in der Praxis werden nämlich beide Gläser durch eine dünne Schicht eines zähen Kittmaterials verbunden). In diesem Fall kann man sich rechnerisch dadurch helfen, daß man sich die Trennfläche ersetzt denkt durch zwei, die durch eine Luftschicht der Dicke Null getrennt werden. Dann kann man auf beide Ersatzflächen die Formeln (24.9) anwenden und kommt zum richtigen Resultat, weil die Luftschicht auf die Farbfehler keinen Einfluß hat.

Die Formeln (24.9) gelten nicht nur für eine an Luft grenzende Fläche, sondern auch für eine in Luft stehende dünne Linse. Der Ausdruck

„dünn" bedeutet, daß die Koordinaten A bzw. B an den beiden Begrenzungsflächen der Linse im Rahmen der für die Rechnung erforderlichen Genauigkeit übereinstimmen. Theoretisch ist das nur möglich, wenn die Mittendicke der Linse Null ist. Dann ist $A_1 = A_2$, $B_1 = B_2$ und die Gesamtbrechkraft der Linse $\varphi = \varphi_1 + \varphi_2$ die Summe der beiden Flächenbrechkräfte. Die Farbfehler einer dünnen Linse sind also unabhängig von der Form dieser Linse, von der Verteilung der Brechkraft φ auf die beiden Flächen. Die vereinfachten Formeln (24.9) für dünne Linsen in Luft sind ein wesentliches Hilfsmittel des Optik-Konstrukteurs beim Korrigieren der Farbfehler eines optischen Systems. Speziell dafür wurde in § 22 die Dispersionszahl m_e definiert, denn für die Dickenanteile wäre die Hauptdispersion $n_{F'} - n_{C'}$ bequemer.

In der Praxis geht man so vor: Man bestimmt die Brechkräfte φ der Linsen und ihre Abstände so, daß damit für die Hauptfarbe e die geforderte Transformation der Lichtröhre erreicht wird. Eine Durchrechnung nach dem in § **15** geschilderten Verfahren liefert für alle Linsen oder brechende Flächen die Koordinaten A, B, nU, nW für die Linie e. Mit Hilfe der Formeln (24.9) kann man dann abschätzen, welche Dispersionszahl m_e man einer Linse geben muß, damit sie den gewünschten Einfluß auf die Farbfehler hat. Den Einfluß der Dickenanteile wird man dabei nur in Sonderfällen berücksichtigen, denn vorerst geht es wesentlich um die Frage, ob es im Übersichtsplan (Abb. 30) überhaupt Gläser gibt, die ein Korrigieren der Farbfehler ermöglichen. Andernfalls muß der Aufbau des Systems geändert werden. In diesem Stadium darf man die Näherungswerte (24.9) unbedenklich verwenden, denn es kommt nur darauf an, einen Bereich realisierbarer Lösungen zu finden. Hat man schließlich geeignete Gläser ausgewählt, dann berechnet man mit deren Brechzahlen $n_{F'}$ und $n_{C'}$ für endliche Linsendicken die wirklichen Farbfehler des Systems mit Hilfe der Formeln (**23.1**). Sie werden von der Summe der Näherungswerte für die Linsen abweichen, aber die Differenz läßt sich leicht beseitigen, denn insbesondere bei der Abschätzung, welchen Einfluß eine Änderung der Dispersionszahl auf die Farbfehler haben wird, geben die Formeln (24.9) zuverlässige Auskünfte.

Ein erfahrener Optik-Konstrukteur wird allerdings nicht so umständlich verfahren, wie ich es hier beschrieben habe. Die primären Farbfehler sind nämlich von allen Bildfehlern am leichtesten zu überschauen und zu korrigieren. Deshalb steht das geschilderte Verfahren beim Aufbau eines komplizierten Systems nicht im Vordergrund, es wird nur nebenher beachtet. Aber im Grundsätzlichen ist es typisch für das Vorgehen beim Korrigieren irgendwelcher Bildfehler. Deshalb habe ich es hier angegeben für einen Fall, der besonders übersichtlich und geschlossen darstellbar ist.

Als Beispiel soll ein farbkorrigiertes Objektiv aus zwei miteinander verkitteten Linsen, ein sogenannter Achromat behandelt werden.

Er soll die Brennweite $f = 1/\varphi = 100$ mm haben und einen unendlich fernen Gegenstand abbilden. Die Pupille werde durch die Fassung der Linsen gegeben und habe einen Durchmesser von 25 mm. Das bedeutet eine relative Öffnung 1:4. Der Bildwinkel sei $n_1 W_1 = -0{,}1$. Nehmen wir die Linsen als dünn an, dann ist für sie $A = 12{,}5$ und $B = 0$. Wegen $B = 0$ verschwinden alle Farbfehler bis auf CHLO. Fordern wir, daß auch dieser Farbfehler für die Linien F' und C' den Wert Null bekommt, dann liefert (24.9) für die Linsen Nr. 1 und 2 die Bedingung

$$0 = -\varphi_1 A_1^2 m_1 - \varphi_2 A_2^2 m_2 = -(12{,}5)^2 \cdot (\varphi_1 m_1 + \varphi_2 m_2) .$$

Außerdem muß $\varphi_1 + \varphi_2 = 0{,}01$ sein, damit das System die richtige Brennweite bekommt. Daraus resultiert die Forderung

$$0 = 0{,}01\, m_1 + \varphi_2 (m_2 - m_1) .$$

Sie kann auf mannigfache Weise erfüllt werden, beispielsweise durch Vorgabe eines Glaspaares mit $m_1 \neq m_2$. Wir nehmen für die erste Linse

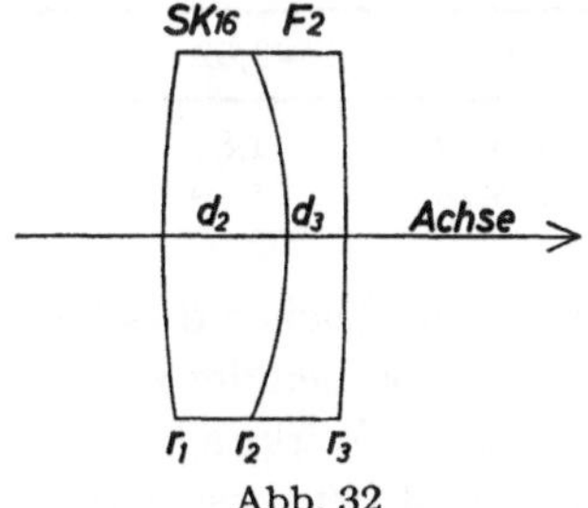

Abb. 32

das Glas SK 16 mit $m_e = 30{,}5$ und für die zweite Linse F 2 mit $m_e = 50{,}7$. Damit ergibt sich $\varphi_2 = -0{,}305/20{,}2 = -0{,}0151$, $\varphi_1 = 0{,}0251$. Die erste Linse ist eine Sammellinse mit der Brennweite $f_1 = 39{,}8$ mm, die zweite eine Zerstreuungslinse mit $f_2 = -66{,}2$ mm. Jede bringt eine chromatische Längsaberration von fast 120 Rayleigh-Einheiten. Der Anteil der Sammellinse ist negativ, der der Zerstreuungslinse positiv, dadurch heben sie sich auf. Wenn man sich klar macht, daß sich auch in der Praxis und nicht nur auf dem Papier solche Beträge kompensieren müssen bis auf einen Rest von vielleicht einer halben Rayleigh-Einheit, dann bekommt man einen Eindruck, wie sorgfältig die Hersteller des Glases und der Linsen arbeiten müssen.

Die Konstruktionsdaten eines aus obigem Ansatz ausgearbeiteten Systems sind

$$\begin{aligned} r_1 &= 90{,}00 \text{ mm} \\ r_2 &= -33{,}13 \text{ mm} \\ r_3 &= -190{,}00 \text{ mm} \end{aligned} \qquad \begin{aligned} d_2 &= 8{,}5 \text{ mm}, \quad \text{Glas SK16}, \quad f = 39{,}9 \text{ mm}, \\ d_3 &= 4{,}0 \text{ mm}, \quad \text{Glas F2}, \quad f = 64{,}9 \text{ mm}. \end{aligned}$$

Abb. 32 zeigt einen Längsschnitt. Die Zählung erfolgt hier natürlich nach Flächen, nicht nach Linsen. Die Linsendicken sind größer, als es fertigungstechnisch erforderlich wäre, damit ihr Einfluß deutlich wird. In der folgenden Tabelle sind die nach den Formeln (24.2) und (24.4) berechneten Dicken- und Flächenanteile der Farbfehler angegeben. Die Kittfläche ist in zwei an Luft grenzende Flächen zerlegt, damit man die Anteile für jede Linse getrennt ablesen kann.

Tabelle 12

Anteile für	CHLO [R.E.]	CHVO [‰]	CHLP [R.E.]	CHVP [‰]
1. Fläche	– 32,97	0	0	0
2. Dicke	0,46	−0,23	0,61	0,23
2. Fläche; SK 16 gegen Luft	– 83,18	−1,58	−0,16	1,58
2. Fläche; Luft gegen F 2	138,69	2,63	0,26	−2,64
3. Dicke	0,35	−0,18	0,48	0,18
3. Fläche	– 23,34	−0,66	−0,10	0,67
Summe für beide Linsen	0,01	−0,02	1,10	0,02
Summe für 1. Linse	−115,69	−1,81	0,45	1,81
Summe für 2. Linse	115,70	1,79	0,55	−1,79

Für CHLO ist der Einfluß der Dicken durch die Brechkräfte kompensiert worden, bei CHLP war das wegen der kleinen Lote B nicht möglich, hier kommen die Dicken voll zur Wirkung.

Es muß betont werden, daß bei diesem System nur die Farbfehler korrigiert sind, daß es wegen anderer Bildfehler unbrauchbar ist.

§ 25. Das sekundäre Spektrum

Die sekundären Fehler in der chromatischen Längsaberration

Wir berechnen die chromatische Längsaberration des im vorigen Paragraphen angegebenen Achromaten nach der Formel (23.1) für eine ganze Reihe von Spektrallinien. Als Bezugslinie y nehmen wir die grüne Quecksilberlinie e. Die anderen Linien, ihre Wellenlängen und die dafür berechneten Werte für CHLO gilt folgende Tabelle:

Tabelle 13

Linie	h	g	F'	C'	A'	t
Wellenlänge [nm]	405	436	480	644	768	1014
CHLO [R.E.]	11,9	5,6	1,4	1,4	5,4	14,9

Sie zeigt, daß die chromatische Längsaberration für ein beliebiges Linienpaar nicht zu verschwinden braucht, wenn sie für ein spezielles Linienpaar, hier F' und C', den Wert Null hat. Das gilt übrigens nicht nur für CHLO, sondern für alle Farbfehler der idealen Abbildung. Es genügt aber, hier nur das sekundäre Spektrum der chromatischen Längsaberration zu behandeln, weil der Effekt bei den anderen Farbfehlern formal derselbe ist.

Der Name dieses Fehlers hat folgenden Grund: Sind bei einer Abbildung die Farbfehler nicht korrigiert, dann sieht man bei geeigneten Objekten rote und blaue Farbsäume beiderseits des gelbgrünen Bereichs, den wir wegen seiner Helligkeit als „das Bild" empfinden. Korrigiert man die Farbfehler zwischen F' und C' auf Null und beseitigt so die „primären Farben" rot und blau, dann bleiben geringe Farbfehler übrig, man sieht grüne und violette Säume, die „sekundären Farben". Diese sekundären Effekte sind deutlich kleiner als die primären. Eine dünne Einzellinse aus SK 16 statt des oben angegebenen Achromaten gibt zwischen F' und C' eine chromatische Längsaberration von — 48 Rayleigh-Einheiten, der Achromat zwischen e und F' nur — 1,4 R.E. und zwischen g und F' 4,2 R.E. Dennoch mindern die sekundären Fehler die Bildqualität.

Zur analytischen Behandlung des sekundären Spektrums der chromatischen Längsaberration gehen wir aus von der Formel

$$\mathrm{CHLO}_{F'C'} \approx -\sum A^2\,\varphi\,m_e + \sum \frac{n-1}{n^2}\cdot d\cdot (nU)^2\,m_e\,. \qquad (25.1)$$

Sie folgt unmittelbar aus (24.5), (24.8) und (24.9). Dort kann man auch die Erklärung der Symbole und die Gültigkeitsgrenzen dieser Näherung nachlesen. Unter genau denselben Voraussetzungen können wir (25.1) für beliebige Linien x und y verallgemeinern und bekommen

$$\mathrm{CHLO}_{xy} \approx -\sum A^2\,\varphi\,m_{xy} + \sum \frac{n-1}{n^2}\,d\cdot (nU)^2\,m_{xy}\,. \qquad (25.2)$$

Dabei ist $m_{xy} = 1831\cdot(n_x - n_y)/(n_e - 1)$ eine Verallgemeinerung der Dispersionszahl m_e und hängt mit dieser zusammen durch die Gl. (22.3)

$$m_{xy} = \alpha_{xy}\,m_e + \beta_{xy} + \sigma_{xy}\,,$$

wobei die Koeffizienten α_{xy} und β_{xy} nur von den ausgewählten Spektrallinien x und y abhängen und für alle Gläser denselben Wert haben. Die Größe σ_{xy} hat für jedes Glas einen individuellen Wert, für viele Gläser, die sogenannten Normalgläser, den Wert Null.

Setzen wir (22.3) in (25.2) ein und benutzen bei der Umformung die Beziehung (25.1), so ergibt sich

$$\mathrm{CHLO}_{xy} \approx \alpha_{xy}\cdot\mathrm{CHLO}_{F'C'} + \beta_{xy}\left\{-\sum A^2\,\varphi + \sum \frac{n-1}{n^2}\,d\cdot(nU)^2\right\} + $$
$$+\left\{-\sum A^2\,\varphi\,\sigma_{xy} + \sum\frac{n-1}{n^2}\cdot d\cdot(nU)^2\cdot\sigma_{xy}\right\}. \qquad (25.3)$$

Wären $\beta_{xy} = 0$ und $\sigma_{xy} = 0$, also $m_{xy} = \alpha_{xy} m_e$, dann gäbe es kein sekundäres Spektrum, denn aus $\mathrm{CHLO}_{F'C'} = 0$ folgte $\mathrm{CHLO}_{xy} = 0$ für jedes Linienpaar bis auf die geringfügigen Ungenauigkeiten, die durch das Ersetzen von $A_x A_y$ durch A_e^2 bzw. $n_x U_x n_y U_y$ durch $(n_e U_e)^2$ entstanden sind. Der zweite Summand auf der rechten Seite der Formel (25.3) ist durch den Aufbau des Systems festgelegt und kann durch Änderung der Gläser praktisch nicht verändert werden, weil der Wert für $(n_e - 1)/n_e^2$ sich im Bereich der nutzbaren Brechzahlen nur wenig ändert. Das zeigte die Tabelle 11 auf S. 95. Der dritte Summand liefert nur einen Beitrag zu CHLO_{xy}, wenn man Gläser verwendet, für die $\sigma_{xy} \neq 0$ ist, die also nicht normal sind. Es gibt solche Gläser, im Übersichtsplan (Abb. 30) sind sie durch Pfeile mit den Komponenten $\sigma_t = \sigma_{tC'}$ und $\sigma_h = \sigma_{hF'}$ gekennzeichnet. In der Regel haben sie den Nachteil, daß sie teuer, schwer zu bearbeiten, gefärbt oder schlierig sind. Vor allem fehlen sie an den Stellen, wo man sie gerade brauchte. Aus diesen Gründen sind optische Systeme mit deutlich vermindertem oder beseitigtem sekundären Spektrum, sogenannte Apochromate, wesentlich kostspieliger als einfache Achromate.

Auf Grund der Beziehung (25.3) definiert man als sekundäres Spektrum der chromatischen Längsaberration zwischen den Linien x und y den Ausdruck

$$\mathrm{SSP(CHLO)}_{xy} = \mathrm{CHLO}_{xy} - \alpha_{xy}\mathrm{CHLO}_{F'C'}\,. \tag{25.4}$$

Statt $\mathrm{SSP\,(CHLO)}_{xy}$ wird man in der Regel SSP_{xy} schreiben, weil kaum die sekundären Spektren verschiedener Farbfehler gleichzeitig untersucht werden. Diese Definition ist zweckmäßig. Im Spezialfall $\mathrm{CHLO}_{F'C'} = 0$ liefert sie CHLO_{xy} als sekundären Farbfehler. Sie setzt aber nicht voraus, daß zwischen F' und C' kein primärer Fehler vorhanden ist. Im Hinblick auf die photographische Schicht und andere Empfänger wäre es schlecht, einer Definition die Besonderheiten der visuellen Beobachtung zu Grunde zu legen. Die Beziehung (25.3) zeigt, daß SSP im Rahmen der angegebenen Genauigkeit unabhängig davon ist, welche Normalgläser man verwendet und wie man damit die primären Farbfehler korrigiert. Der Wert für SSP enthält aber alle Effekte, die man durch Verwendung von Kristallen oder besonderen Gläsern erreicht hat. In der Praxis benutzt man vorzugsweise die Werte $\mathrm{SSP}_{eF'}$ und $\mathrm{SSP}_{gF'}$, entsprechend der maximalen Empfindlichkeit des Auges und der photographischen Schicht. Verwendet man nur Normalgläser, dann fällt in (25.3) der letzte Term in der geschweiften Klammer fort, und es verhält sich $\mathrm{SSP}_{gF'}:\mathrm{SSP}_{eF'} = \beta_{gF'}:\beta_{eF'}$. Setzt man rechts die Zahlenwerte der Tabelle 9 auf Seite 83 ein, so ergibt sich für die Normalwerte $\mathrm{SSP}_{gF'} = -2{,}72\,\mathrm{SSP}_{eF'}$.

Für die graphische Darstellung der primären und sekundären Farbfehler als Funktion der Wellenlänge gibt es ein sehr einfaches und übersichtliches Verfahren. Man bezieht die Farbfehler alle auf die Hauptfarbe e und trägt diese Werte in ein rechtwinkliges Koordinatensystem ein. Auf der waagerechten Achse werden die Werte der Farbfehler in Rayleigh-Einheiten (bzw. $^0/_{00}$) aufgetragen. Die senkrechte Achse trägt die Bezeichnungen der Wellenlängen oder der Linien, ihr Maßstab wird durch die Koeffizienten α_{xe} der Linie x gegen die Linie e gegeben. Für die Darstellung der primären Aberrationen allein könnte der Maßstab auch anders gewählt werden, man braucht ihn zum Ablesen des sekundären Spektrums. Zieht man nämlich durch einen Punkt (y, CHLO_{ye}) der Aberrationskurve eine Parallele p zur Verbindungslinie der Punkte (F'; $\text{CHLO}_{F'e}$) und (C'; $\text{CHLO}_{C'e}$), dann geben die waagerechten Abstände der Aberrationskurve von der Geraden p das sekundäre Spektrum bezüglich der Linie y. Das folgt unmittelbar aus der Definition des Maßstabs auf der senkrechten Achse, weil $\alpha_{F'C'} = 1$ ist.

In Abb. 33 ist die chromatische Längsaberration für Achromate $f = 100$ mm nach dem geschilderten Verfahren dargestellt. Die ausgezogene Kurve zeigt die CHLO-Werte des in § 24 angegebenen Systems, als Bezugsgerade p fürs sekundäre Spektrum wurde die Verbindungsgerade der Punkte (F'; $\text{CHLO}_{F'e}$) und (C'; $\text{CHLO}_{C'e}$) selbst genommen. Die gestrichelte Kurve gehört zu einem anderen Achromaten $f = 100$ mm, der dieselbe Abbildung leistet, für den aber die chromatische Längsaberration nicht zwischen F' und C', sondern zwischen F' und e beseitigt wurde. Seine Konstruktionsdaten sind

$$\begin{array}{ll} r_1 = 95{,}025 \text{ mm} & \\ r_2 = -\,34{,}100 \text{ mm} & d_2 = 8{,}5 \text{ mm} \quad \text{Glas SK16}, \quad f = 41{,}3 \text{ mm}, \\ r_3 = -\,170{,}300 \text{ mm} & d_3 = 4{,}0 \text{ mm} \quad \text{Glas F2}, \quad f = 69{,}1 \text{ mm}. \end{array}$$

Die zugehörige Bezugsgerade p ist auch gestrichelt gezeichnet. Die waagerechten Abstände zwischen ihr und der Aberrationskurve sind praktisch dieselben wie bei den ausgezogenen Kurven. Die Differenzen sind so geringfügig, daß es sich tatsächlich nicht lohnt, die aus der Veränderung der primären Farbfehler folgende Gestalt der Aberrationskurve neu zu berechnen. Konstruiert man für die am Ende des § 24 beschriebene Aufgabe einen Achromaten $f = 100$ mm aus den Gläsern K50 und F2 so, daß $\text{CHLO}_{F'C'} = 0$ ist, dann fällt seine Aberrationskurve mit der in Abb. 33 ausgezogenen Kurve innerhalb der Zeichengenauigkeit zusammen, nur für die Linie t ($\lambda = 1014$ mm) gibt es eine Abweichung von einer Rayleigh-Einheit. Sie hat ihren Grund in dem anormalen Dispersionsverlauf einiger tiefliegender Krongläser im infraroten Bereich. Deutlich wird dieser Effekt bei den zu K 50 benachbarten Bor-Kron-Gläsern (siehe Übersichtsplan, Abb. 30). Wegen dieser Stabilität des sekundären Spektrums ist es nur in Sonderfällen nötig, die Farbfehler für mehr als zwei Linien zu berechnen.

Die zusätzliche Wirkung nicht-normaler Gläser oder Kristalle auf das sekundäre Spektrum der chromatischen Längsaberration läßt sich mit Hilfe der σ_{xy} beschreiben durch die Ausdrücke

$$-A^2\,\varphi\,\sigma_{xy} \quad \text{und} \quad \frac{n-1}{n^2}\cdot d(nU)^2\,\sigma_{xy}\,.$$

Sie folgen aus (25.3), der erste gibt die zusätzliche Wirkung einer brechenden Glas-Luft-Fläche oder einer dünnen Linse in Luft, der zweite die zusätzliche Wirkung einer Glasplatte der Dicke d. Man kann nicht allgemein sagen, welche Vorzeichen der σ-Werte einen günstigen Effekt

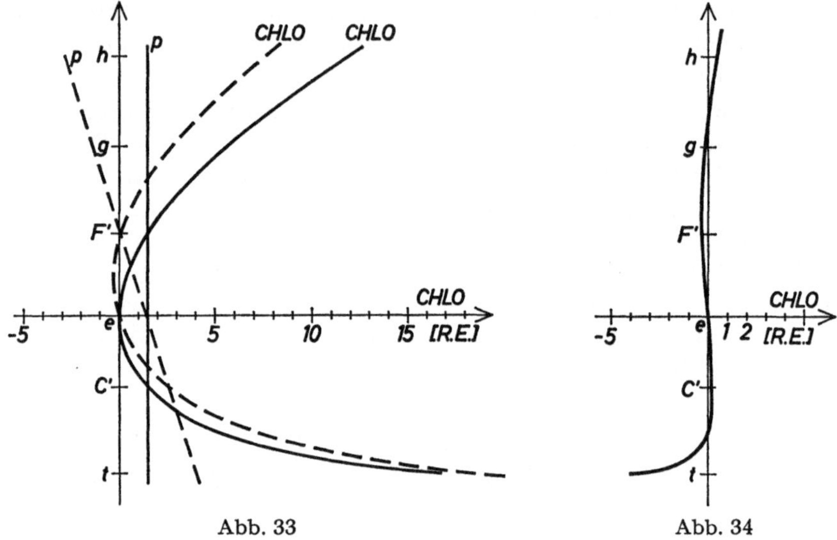

Abb. 33 Abb. 34

geben, das hängt davon ab, welche Werte des sekundären Spektrums kompensiert werden sollen. Bei einem Achromaten mit positiver Brechkraft φ aus zwei verkitteten dünnen Linsen ist das normale sekundäre Spektrum der Linien h und t bezüglich F' immer positiv. Wegen (25.3) ist

$$\mathrm{SSP}_{hF'} = 7{,}05\cdot A^2\,\varphi\ \mathrm{R.E.}, \qquad \mathrm{SSP}_{tF'} = 8{,}97\cdot A^2\,\varphi\ \mathrm{R.E.}\,,$$

speziell für $A = 12{,}5$ mm und $\varphi = 0{,}01\ \mathrm{mm}^{-1}$

$$\mathrm{SSP}_{hF'} = 11{,}0\ \mathrm{R.E.}, \qquad \mathrm{SSP}_{tF'} = 14{,}0\ \mathrm{R.E.}\,.$$

Für den im § 24 angegebenen Achromaten $f = 100$ mm aus dicken Linsen liest man stattdessen in Abb. 33 die Werte

$$\mathrm{SSP}_{hF'} = 10{,}5\ \mathrm{R.E.}, \qquad \mathrm{SSP}_{tF'} = 13{,}5\ \mathrm{R.E.}\ \text{ab.}$$

Verwenden wir in den dünnen Linsen nicht-normale Gläser, so ist deren zusätzliche Wirkung auf das sekundäre Spektrum

$$-A^2\,\varphi_1\,\sigma_1 - A^2\,\varphi_2\,\sigma_2\,.$$

Zur Kompensation des positiven sekundären Spektrums des ganzen Achromaten muß man also ein Glas mit positiven σ-Werten in die Sammellinse nehmen und eins mit negativen σ-Werten in die Zerstreuungslinse. Zwei in dieser Hinsicht besonders günstige Materialien sind Flußspat (CaF_2) für die Sammellinse und das Schottglas KzFS 2 für die Zerstreuungslinse.

Aus den 1953 von T. RADHAKRISHNAN und G. N. RAMACHANDRAN in der Revue d'Optique théorique et instrumentale, tome 32 angegebenen Brechzahlen für Flußspat errechnet man $\sigma_{hF'} = 2{,}4$ und $\sigma_{tF'} = 3{,}7$. Aus den von SCHOTT mitgeteilten Brechzahlen für KzFS 2 folgt $\sigma_{hF'} = -0{,}5$ und $\sigma_{tF'} = 2{,}4$. Bei Verwendung dieser Materialien ist zur Beseitigung der chromatischen Längsaberration zwischen F' und C' in der Sammellinse die Brechkraft $\varphi_1 = 0{,}0232\ \text{mm}^{-1}$ und in der Zerstreuungslinse die Brechkraft $\varphi_2 = -0{,}0132\ \text{mm}^{-1}$ erforderlich. Mit dem Wert $A = 12{,}5$ mm ergibt sich daraus als zusätzliche Wirkung der Sammellinse $-8{,}7$ R.E. für $SSP_{hF'}$ und $-13{,}4$ R.E. für $SSP_{tF'}$, als zusätzliche Wirkung der Zerstreuungslinse $-1{,}0$ R.E. für $SSP_{hF'}$ und $-4{,}9$ R.E. für $SSP_{tF'}$. Das sekundäre Spektrum des Achromaten wird damit zwischen h und F' nicht ganz, zwischen t und F' aber bereits überkompensiert. Ändert man die primäre Längsaberration und macht $CHLO_{F'C'}$ negativ, dann „dreht sich" in der Abb. 33 die Aberrationskurve dem Uhrzeigersinn entgegen. Damit bekommt man für den ganzen sichtbaren Spektralbereich kleine Werte der chromatischen Längsaberration. Die Daten eines nach diesem Prinzip konstruierten Achromaten $f = 100$ mm mit der relativen Öffnung 1:4 sind

$$\begin{array}{ll} r_1 = 56{,}4\ \text{mm} & \\ r_2 = -26{,}8\ \text{mm} & d_2 = 8{,}0\ \text{mm} \quad \text{Flußspat,} \quad f = 43{,}0\ \text{mm} \\ r_3 = -79{,}0\ \text{mm} & d_3 = 3{,}0\ \text{mm} \quad \text{Glas KzFS2,} f = -73{,}9\ \text{mm}\,. \end{array}$$

In Abb. 34 ist der Verlauf der chromatischen Längsaberration im Bereich von 405 nm bis 1014 nm dargestellt.

§ 26. Ebene Strahlen

Bezeichnungen, Brechungsgesetz und Durchrechnungsformeln

In der Theorie der Farbfehler hatten wir angenommen, daß jede Fläche und jede Linse des optischen Systems eine ideale Abbildung realisiere. Alle folgenden Untersuchungen basieren auf dem *Brechungsgesetz* für *Strahlen*.

Ein *Strahl* ist ein mathematischer Begriff, nämlich eine Gerade, auf der eine Richtung ausgezeichnet ist. Für seine Beschreibung benutzen wir ein räumliches, rechtwinkliges Koordinatensystem, wie es normalerweise in der analytischen Geometrie gebraucht wird. Zur leichteren

Beschreibung und Fixierung der Vorstellung machen wir die x-y-Ebene zur Zeichenebene, falls nicht ausdrücklich auf eine Abweichung von dieser Konvention hingewiesen wird. Die positive x-Richtung verläuft dann von links nach rechts, die positive y-Richtung weist nach oben. Die z-Achse steht auf der Zeichenebene senkrecht, ihre positive Richtung zeigt nach vorn. Wenn wir die räumlichen Verhältnisse in einer Ebene perspektivisch darstellen wollen, zeichnen wir die z-Achse nach links unten, womit angedeutet sei, daß sie aus der x-y-Ebene nach vorn herausragt.

Den Zusammenhang zwischen dem Koordinatensystem und der optischen Abbildung stellen wir durch folgende Vereinbarungen her:

1. Da wir uns auf zentrierte Systeme beschränken, gibt es immer eine Achse des Systems. Wir legen fest, daß sie mit der x-Achse zusammenfallen und daß die positive x-Richtung auch die Lichtrichtung sein soll.

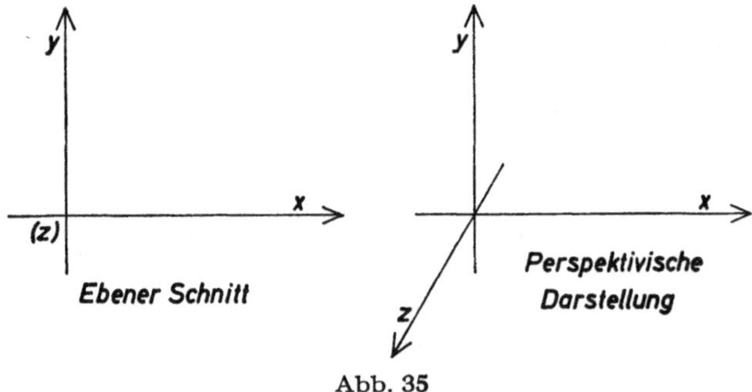

Abb. 35

2. Wegen der Rotationssymmetrie der Abbildung bezüglich der Achse sind die y-Richtung und die z-Richtung völlig gleichberechtigt. Wenn wir hier dennoch spezielle Vereinbarungen treffen, dann nur, damit wir uns stets ohne weitere Erläuterungen einen bestimmten Fall vorstellen können. Wir setzen also fest, daß wir einen von der Objektspitze zur Pupillenmitte laufenden „Hauptstrahl" grundsätzlich in die x-y-Ebene legen und einen von der Objektmitte zum Pupillenrand laufenden „Randstrahl" stets in die x-z-Ebene legen. Das sind genau die Verhältnisse, wie sie in der Abb. 18 zur Erklärung des Delanoschen Leitwert-Diagramms benutzt wurden.

Aus Gründen, die später bei der Behandlung des Astigmatismus erklärt werden, nennt man bei dieser speziellen Wahl des Koordinatensystems die x-y-Ebene den *Tangentialschnitt*, die y-Richtung die tangentiale Richtung, die x-z-Ebene den *Sagittalschnitt* des Systems und entsprechend die z-Richtung die sagittale Richtung.

Strahlen, die im Tangential- oder Sagittalschnitt liegen, nennen wir der Kürze halber *ebene Strahlen*. Sie lassen sich mit zwei Koordinaten beschreiben. Dazu wählen wir einen Aufpunkt E auf der Achse. Die eine

Koordinate ist die Länge des Lotes von E auf den Strahl, die andere Koordinate ist der Sinus des Winkels, den der Strahl mit der Achse bildet. Sie unterscheiden sich also formal nicht von den in § 2 definierten Koordinaten der Lichtröhre, auch die Konventionen bezüglich der Vorzeichen sind dieselben. Zur Unterscheidung von den Größen der idealen Abbildung bezeichnen wir die Koordinaten eines Strahls im Sagittalschnitt mit a und $\sin u$, die eines Strahls im Tangentialschnitt mit b und $\sin w$. Die durch die Koordinaten A und U gegebene Linie in der Lichtröhre der idealen Abbildung nennen wir zukünftig *idealen Randstrahl*, die durch B und W beschriebene *idealen Hauptstrahl*. Auf sie werden immer die Regeln der idealen Abbildung angewendet, nicht die im folgenden abzuleitenden Durchrechnungsformeln für ebene Strahlen.

Das *Brechungsgesetz* beschreibt die Änderung der Ausbreitungsrichtung von Wellen beim Durchgang durch die Trennfläche zweier Medien mit den Brechzahlen n und n'. Sind die Strahlen S und S' Wellennormalen vor und nach der Brechung und ist N die gerichtete Flächennormale, dann läßt sich das Brechungsgesetz geometrisch folgendermaßen formulieren:

Die drei Strahlen S, S' und N gehen durch einen Punkt. (26.1)

Die drei Strahlen liegen in einer Ebene, der sogenannten Brechungsebene. (26.2)

Bildet S mit N den Winkel i, S' mit N den Winkel i', dann gilt
$n \cdot \sin i = n' \cdot \sin i'$. (26.3)

Für die Vorzeichen der Inzidenzwinkel i und i' braucht man keine besondere Vorschrift, es genügt, daß beide Winkel kleiner sind als rechte und beide in derselben Weise zwischen den positiven Richtungen der Strahlen und der positiven Normalenrichtung gemessen werden.

In der Maxwellschen Theorie wird Strahlung durch elektromagnetische Wellen beschrieben. Diese Theorie, auf die ich hier nicht eingehen werde, bestätigt obige geometrische Fassung des Brechungsgesetzes für die Trennfläche von Isolatoren. Aber sie zeigt, daß es für eine vollständige Beschreibung der physikalischen Vorgänge bei der Brechung nicht ausreicht. Die Bestimmungsstücke elektromagnetischer Wellen sind Phase, Amplitude und Polarisationszustand. Nur die Phasenbeziehungen an der Trennfläche werden durch das Brechungsgesetz korrekt beschrieben. Über die Amplitude und die Polarisation sagt es nichts aus. Dafür braucht man die Fresnelschen Formeln, die man traditionsgemäß nicht mehr zur geometrischen Optik rechnet, weil sie nur für transversale Wellen gelten und nicht für jede Art der Strahlung.

Das Brechungsgesetz allein ist deshalb nicht gleichbedeutend mit dem Satz von der Erhaltung der Strahlungsenergie. Alle geometrisch-optischen Berechnungen, die nur auf dem Brechungsgesetz basieren, können also prinzipiell keine physikalischen Aussagen über die Bildqualität liefern, sie können nur über die Phasenbeziehungen die notwendigen Voraussetzungen für gute Bilder schaffen. Daß korrekte Phasenbeziehungen allein noch keine ordentliche Abbildung liefern, zeigt folgendes Experiment: Man benutzt ein gutes Mikroskop mit einem Objektiv hoher Apertur mit linear polarisierter Beleuchtung. Ein hinter dem Mikroskop angebrachter, senkrecht zum Polarisator orientierter Analysator gibt im Gesichtsfeld des Okulars nicht die geometrisch zu erwartende Auslöschung, weil bei den Brechungen in dem Objektiv nach den Fresnel-

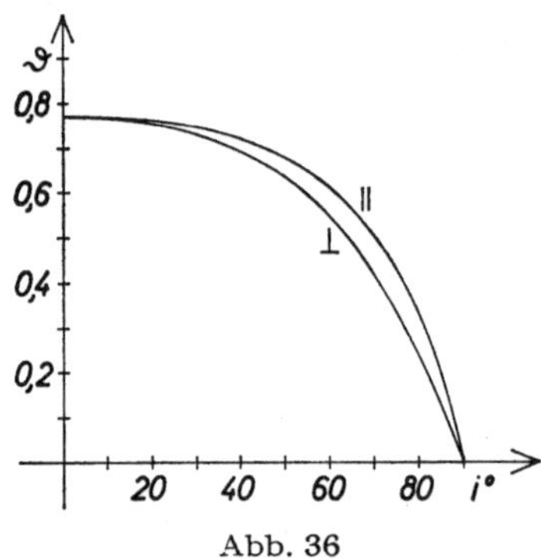

Abb. 36

schen Formeln Amplituden entstanden sind in Richtungen, die in der Beleuchtung nicht vorkamen.

Für die Praxis ist die Beschränkung auf die Phasenbeziehung nicht so einschneidend, wie es im ersten Augenblick erscheinen mag. In dem Bereich der bei Linsen realisierbaren Inzidenzwinkel ist nämlich die Abhängigkeit der Amplitude der gebrochenen Welle vom Inzidenzwinkel i nicht groß. Das zeigt Abb. 36. Als Ordinate ist der Durchlaßgrad ϑ, das Verhältnis der durchgelassenen Amplitude zur einfallenden aufgetragen für die Brechung an der reinen Oberfläche eine Glasplatte mit der Brechzahl $n = 1{,}6$. Die Zeichen $\|$ und $\perp$ sollen andeuten, daß die Kurve für den Fall gilt, wo die Wellen parallel bzw. senkrecht zur Brechungsebene polarisiert sind. Wegen der bei jeder Brechung entstehenden Bildfehler sind bei optischen Systemen die Inzidenzwinkel i an Glas-Luft-Flächen in der Regel kleiner als 45°. Daß man aber in speziellen Fällen nicht nur die Verminderung der Amplitude, sondern sogar den geringen Unterschied zwischen den Amplituden für verschiedene Polarisationsrichtungen bemerken kann, zeigt das oben erwähnte Polarisationsmikroskop.

Die an Luft grenzenden Linsenflächen werden heute meist „entspiegelt“ oder „vergütet“. Das geschieht durch Aufdampfen einer etwa 100 nm dicken Schicht aus Magnesiumfluorid ($n = 1{,}38$). Die Durchlaßgrade einer entspiegelten Fläche sind größer als die einer reinen Glasoberfläche, aber die Unterschiede sind so gering, daß sie fast in der Strichstärke der Kurven in Abb. 36 untergehen. Der Nutzen der Entspiegelung ist aber viel größer als er hiernach zu sein scheint, weil die meßbaren Intensitäten dem Quadrat der Amplituden proportional sind. Unterscheiden sich die Amplituden um 2%, dann unterscheiden sich die Intensitäten um 4,4%. Für eine einzelne Fläche mag es belanglos sein, ob sie 95% oder 99% der einfallenden Intensität durchläßt und deshalb 5% oder 1% reflektiert. Folgen zehn solche Flächen nacheinander, dann ist

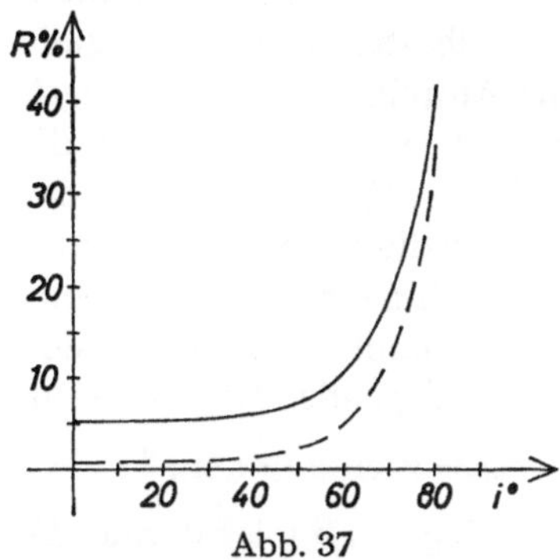

Abb. 37

es nicht mehr gleichgültig, ob 59,9% oder 90,4% der Intensität durchgelassen werden. Selbst wo dieser Unterschied durch eine bessere Beleuchtung kompensiert werden kann, wird das durch Doppelreflexionen mehr oder weniger unkontrolliert ins Bild kommende Reflexlicht stören. Aus diesem Grunde war das der industriellen Fertigung angemessene Verfahren von A. Smakula (1935) zur Reflexionsminderung an polierten Glasflächen ein großer Fortschritt für die Herstellung hochwertiger optischer Systeme. In Abb. 37 sind für unpolarisiertes Licht der Wellenlänge $\lambda = 550$ nm aus den Fresnelschen Formeln errechnete Werte für die reflektierten Intensitäten R in Prozenten der einfallenden Intensität angegeben in Abhängigkeit von Inzidenzwinkel i. Die ausgezogene Kurve gilt für die reine Oberfläche eines Glases mit $n = 1{,}6$, die gestrichelte für die mit 100 nm dicker Schicht aus Magnesiumfluorid entspiegelte.

Die Formeln für den Übergang von einem Aufpunkt E zu E^* haben für die Koordinaten der ebenen Strahlen dieselbe Gestalt wie für die Koordinaten der Lichtröhre:

$$a^* = a + \delta n \sin u, \qquad b^* = b + \delta n \sin w,$$
$$n^* \sin u^* = n \sin u, \qquad n^* \sin w^* = n \sin w. \tag{26.4}$$

Dabei ist $\delta = -d/n$, d der Abstand von E bis E^* und $n = n^*$ die Brechzahl des Mediums. Bei Strahlen ist es rechentechnisch einfacher, statt der Aperturen $n \cdot \sin u$ und $n \cdot \sin w$ nur $\sin u$ und $\sin w$ zu berechnen. Deshalb benutzt man statt (26.4) die dazu äquivalenten Formeln

$$a^* = a - d \sin u\,, \qquad b^* = b - d \sin w$$
$$\sin u^* = \sin u\,, \qquad \sin w^* = \sin w\,. \tag{26.5}$$

Der Beweis hierfür ergibt sich wie bei den Lichtröhrenkoordinaten elementar-geometrisch und kann in Abb. 5 unmittelbar abgelesen werden.

Die Herleitung der Formeln für die Brechung eines ebenen Strahls an einer zentrierten Kugelfläche ist in Abb. 38 erläutert für einen Strahl im Sagittalschnitt (x-z-Ebene). Der gebrochene Strahl ist der Übersichtlichkeit halber nicht gezeichnet. Der Kugelmittelpunkt M liegt auf der Achse. Die brechende Kugelhälfte mit dem Radius r schneidet die Achse im Punkt E, den wir als Aufpunkt der Brechungsformeln nehmen, und den Strahl im Punkte P. Die Gerade PM ist die Brechungsnormale. Sie schließt mit dem Strahl den Winkel i und mit der Achse den Winkel φ ein. Auf den Strahl fällen wir die Lote $\overline{EP_1} = a$ und $\overline{MP_2} = r \cdot \sin i$. Verlängert man MP_2 über M hinaus bis zum Schnittpunkt P_3 mit der Parallelen EP_3 zum Strahl, dann ist $\overline{MP_3} = r \cdot \sin u$. In dem Rechteck $EP_1P_2P_3$ sind die gegenüberliegenden Seiten gleich:

$$a = r \sin u + r \sin i\,.$$

Durch Multiplikation mit $\varrho = 1/r$ folgt daraus die auch für den Grenzfall $r = \infty$ gültige Gleichung

$$a\,\varrho = \sin u + \sin i\,. \tag{26.6}$$

Die Vorzeichen von a, $\sin u$ und ϱ hatten wir in § 2 und § 15 festgelegt, das Vorzeichen von $\sin i$ ist durch (26.6) definiert. Da die Flächennormale PM für den gebrochenen Strahl dieselbe ist, muß für die Größen nach der Brechung eine entsprechende Gleichung gelten:

$$a'\,\varrho = \sin u' + \sin i'\,. \tag{26.7}$$

Außerdem zeigt Abb. 38, daß für die Winkel die Beziehung

$$\varphi = u + i \tag{26.8}$$

gilt. Das Vorzeichen von φ ist durch (26.8) festgelegt. Entsprechend ist für den gebrochenen Strahl

$$\varphi' = u' + i'\,, \tag{26.9}$$

und natürlich

$$\varphi = \varphi'\,.$$

Bei numerischen Rechnungen geht man folgendermaßen vor: Aus a, $\sin u$ und $\varrho = 1/r$ berechnet man $\sin i$ nach Formel (26.6) und daraus $\sin i'$ nach dem Brechungsgesetz (26.3) $n \sin i = n' \sin i'$. Hat man eine

Rechenmaschine, die Quadratwurzeln automatisch zieht, berechnet man $\cos i = \sqrt{1 - \sin^2 i}$ und $\cos i' = \sqrt{1 - \sin^2 i'}$. Hier sind die positiven Vorzeichen der Wurzeln zu nehmen, da die Inzidenzwinkel kleiner als 90° sind. Damit berechnet man entsprechend der Formeln (26.8) und (26.9) der Reihe nach

$$\sin \varphi = \sin\ (u + i) = \sin u \cdot \cos i\ + \cos u \cdot \sin i\ ,$$
$$\cos \varphi = \cos\ (u + i) = \cos u \cdot \cos i\ - \sin u \cdot \sin i\ ,$$
$$\sin u' = \sin (\varphi - i') = \sin \varphi \cdot \cos i' - \cos \varphi \cdot \sin i'\ ,$$
$$\cos u' = \cos (\varphi - i') = \cos \varphi \cdot \cos i' + \sin \varphi \cdot \sin i'\ .$$

Die kürzere Formel $\cos \varphi = \sqrt{1 - \sin^2 \varphi}$ ist nicht allgemein richtig, der Winkel φ kann größer werden als 90°. Bei Mikroskop-Objektiven

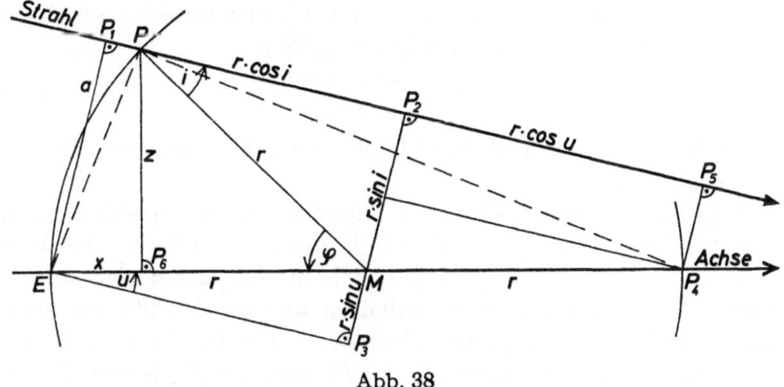

Abb. 38

kommt das tatsächlich vor. Verfügt man nur über einfache Rechenhilfsmittel, dann schlägt man in einem trigonometrischen Tafelwerk zu $\sin u$, $\sin i$ und $\sin i'$ die Winkel u, i und i' auf, rechnet $\varphi = u + i$ und $u' = \varphi - i'$ aus und schlägt dafür $\sin u'$ auf. Zum Schluß berechnet man

$$a' = r\,(\sin u' + \sin i')\ .$$

Diese Formel ist allerdings nur anwendbar für endliche Radien und gibt schon für Radien über 1000 mm bisweilen störende Rundungsfehler. Den Radius kann man eliminieren, wenn man den Quotienten von (26.6) und (26.7) bildet:

$$a' = a \cdot \frac{\sin u' + \sin i'}{\sin u\ + \sin i}\ .$$

Damit ist noch nichts gewonnen, weil in dem Faktor $\frac{\sin u' + \sin i'}{\sin u\ + \sin i}$ für $r \Rightarrow \infty$ Zähler und Nenner verschwinden. Aber trigonometrische Umformungen für die Summe zweier Sinus ergeben wegen $u' + i' = u + i$ die Beziehung

$$\frac{\sin u' + \sin i'}{\sin u\ + \sin i} = \frac{\cos u' + \cos i'}{\cos u\ + \cos i}\ .$$

Statt der formalen Ausrechnung will ich hier eine geometrische Herleitung mit Hilfe der Abb. 38 geben. Es sei P_4 der zweite Schnittpunkt der Kugel mit dem Radius r um M mit der Achse, P_5 der Fußpunkt des Lotes von P_4 auf den Strahl. Dann ist $\overline{PP_2} = r \cdot \cos i$ und $\overline{P_2P_5} = r \cdot \cos u$. Letzteres sieht man ein, wenn man durch P_4 eine Parallele zum Strahl zieht und berücksichtigt, das $\overline{MP_4} = r$ ist. Die gestrichelten Linien EP und PP_5 stehen aufeinander senkrecht (Satz von THALES). Damit stehen alle einander entsprechenden Seiten der Dreiecke EPP_1 und PP_4P_5 aufeinander senkrecht, diese Dreiecke sind also ähnlich. Deshalb folgt aus dem Strahlensatz $\frac{a}{\overline{EP}} = \frac{r \cdot \cos u + r \cdot \cos i}{\overline{PP_5}}$.

Für den gebrochenen Strahl gilt entsprechend $\frac{a}{\overline{EP}} = \frac{r \cos u' + r \cos i'}{\overline{PP_5}}$, denn die Strecken $\overline{EP}$ und $\overline{PP_5}$ kommen bei beiden Strahlen mit gleicher Bedeutung vor. Durch Division folgt schließlich

$$a' = a \cdot \frac{\cos u' + \cos i'}{\cos u + \cos i}. \tag{26.10}$$

Diese Beziehung ist auch für Planflächen brauchbar, weil für $\varrho = 0$ $\cos u = \cos i \neq 0$ ist.

Häufig braucht man außer den Koordinaten der Strahlen die des Inzidenzpunktes P. Auf den Punkt E bezogen sind das die Werte $x = r \cdot (1 - \cos \varphi)$ und $z = r \cdot \sin \varphi$. Auch hierfür lassen sich Formeln angeben, die den Radius nicht enthalten und für Planflächen gelten. In Abb. 38 fällen wir das Lot von P auf die Achse. Der Fußpunkt sei P_6. Aus der Ähnlichkeit der Dreiecke EPP_6 und PP_4P_6 folgen die Proportionen

$$\frac{\overline{EP}}{\overline{PP_4}} = \frac{z}{r + r \cdot \cos \varphi} = \frac{x}{r \cdot \sin \varphi},$$

und daraus wegen $\frac{\overline{EP}}{\overline{PP_4}} = \frac{a}{r \cdot \cos u + r \cdot \cos i}$

$$x = a \frac{\sin \varphi}{\cos u + \cos i} \quad \text{und} \quad z = a \frac{1 + \cos \varphi}{\cos u + \cos i}. \tag{26.11}$$

Der Übersicht wegen sei hier der vollständige Formelsatz für die Durchrechnung eines Strahls im Sagittalschnitt durch eine brechende Kugelfläche mit der Krümmung $\varrho = 1/r$ noch einmal zusammengestellt:

$$\begin{aligned}
&\sin i = a\varrho - \sin u, \qquad \cos i = \sqrt{1 - \sin^2 i}, \\
&\sin \varphi = \sin u \cdot \cos i + \cos u \cdot \sin i, \\
&\cos \varphi = \cos u \cdot \cos i - \sin u \cdot \sin i, \\
&\sin i' = \frac{n}{n'} \cdot \sin i, \qquad \cos i' = \sqrt{1 - \sin^2 i'}, \\
&\sin u' = \sin \varphi \cdot \cos i' - \cos \varphi \cdot \sin i', \\
&\cos u' = \cos \varphi \cdot \cos i' + \sin \varphi \cdot \sin i',
\end{aligned} \tag{26.12}$$

$$a' = a \cdot \frac{\cos u' + \cos i'}{\cos u + \cos i} \qquad \left(= a \, \frac{\sin u' + \sin i'}{\sin u + \sin i} \qquad \text{für } \varrho \neq 0 \right),$$

$$x = a \cdot \frac{\sin \varphi}{\cos u + \cos i}, \qquad z = a \cdot \frac{1 + \cos \varphi}{\cos u + \cos i}. \tag{26.12}$$

Bezugspunkt E ist der Scheitel der brechenden Fläche. Für einen Strahl im Tangentialschnitt (x-y-Ebene) gelten dieselben Formeln, nur bezeichnet man die a, u, i, φ und z entsprechenden Größen dort mit b, w, j, ψ und y.

Auf den ersten Blick zeigt dieser Formelsatz keine Ähnlichkeit mit den Brechungsformeln (7.7) der idealen Abbildung. Doch das läßt sich durch einfache Umformung erreichen. Multipliziert man (26.6) mit n und (26.7) mit n', dann ist wegen des Brechungsgesetzes

$$n' \cdot a'\varrho - n' \cdot \sin u' = n' \cdot \sin i' = n \cdot \sin i = n \cdot a\varrho - n \cdot \sin u \, ,$$

also

$$n' \cdot \sin u' = n \cdot \sin u + \varrho \, (n'a' - n\, a) \, .$$

Die Gleichung $a' = a$ ist für Strahlen nur ausnahmsweise erfüllt. Schreiben wir aber $a' = a + \alpha$, wobei $\alpha = a' - a$ die Differenz der Lotlängen vor und nach der Brechung ist, dann bekommen wir in weitgehender Analogie zur idealen Abbildung für die Brechung ebener Strahlen die Formeln

$$\begin{aligned} a' &= a + \alpha \, , \\ n' \cdot \sin u' &= n \cdot \sin u + \varrho \, (n' - n) \cdot a + \varrho n' \alpha \, , \\ b' &= b + \beta \, , \\ n' \cdot \sin w' &= n \cdot \sin w + \varrho (n' - n) \cdot b + \varrho n' \beta \, . \end{aligned} \tag{26.13}$$

Für numerische Rechnungen ist dieser Formelsatz nutzlos, weil er keine Regeln zur Bestimmung von α und β enthält. Aber für die Theorie des Bildfehler ist er sehr aufschlußreich. Er zeigt, daß bei der Brechung an einer Kugelfläche der Unterschied zwischen den ebenen Strahlen und den Lichtröhrenkoordinaten durch zwei Zahlen α und β festgelegt ist. Ein ebener Strahl hat gegenüber den beiden ihm zugeordneten Lichtröhrenkoordinaten nicht zwei, sondern nur einen Freiheitsgrad, weil die „Winkeldifferenz" $\varrho\alpha$ oder $\varrho\beta$ das Produkt aus der Flächenkrümmung ϱ und der „Lotdifferenz" α oder β ist. Die Übersicht über die bei einer Abbildung vorkommenden oder erreichbaren Werte von α und β ist für den Optik-Konstrukteur wichtig beim Aufbau eines Systems. Sie wird erleichtert durch eine Produktdarstellung für α und β.

Dafür formen wir den Ausdruck

$$\begin{aligned} \alpha = a' - a &= a \cdot \frac{\sin u' + \sin i'}{\sin u + \sin i} - a \\ &= a \cdot \frac{\sin u' + \sin i' - (\sin u + \sin i)}{\sin u + \sin i} \end{aligned}$$

um mit Hilfe der Beziehungen zwischen den Summen und Produkten trigonometrischer Funktionen in

$$\alpha = a \cdot \frac{2\sin\frac{u'+i'}{2}\cdot\cos\frac{u'-i'}{2} - 2\sin\frac{u+i}{2}\cdot\cos\frac{u-i}{2}}{2\sin\frac{u+i}{2}\cos\frac{u-i}{2}}.$$

Wegen $u + i = \varphi = u' + i'$ bleibt

$$\alpha = a \cdot \frac{\cos\frac{u'-i'}{2} - \cos\frac{u-i}{2}}{\cos\frac{u-i}{2}}.$$

Für $\frac{u'-i'}{2}$ schreiben wir $\frac{u'+i'}{2} - 2\cdot\frac{i'}{2} = \frac{\varphi}{2} - i'$ und entsprechend $\frac{u-i}{2} = \frac{\varphi}{2} - i$. Dann ergibt die Differenz im Zähler

$$\begin{aligned}\cos\left(\frac{\varphi}{2} - i'\right) - \cos\left(\frac{\varphi}{2} - i\right) &= -2\sin\frac{\varphi - i' - i}{2}\cdot\sin\frac{i - i'}{2},\\ &= 2\sin\frac{u'-i}{2}\sin\frac{i'-i}{2}.\end{aligned}$$

Also ist

$$\begin{aligned}\alpha &= \frac{2a}{\cos\frac{u-i}{2}}\cdot\sin\frac{u'-i}{2}\cdot\sin\frac{i'-i}{2},\\ \beta &= \frac{2b}{\cos\frac{w-j}{2}}\cdot\sin\frac{w'-j}{2}\cdot\sin\frac{j'-j}{2}.\end{aligned} \qquad (26.14)$$

Die Bedeutung dieser Darstellung wird bei der Behandlung der Bildfehler erklärt werden.

Der Formelsatz (26.13) rechtfertigt nachträglich auch die Formel (15.1), in der wir die ideale Brechkraft einer Kugelfläche definiert hatten durch $\varphi = (n' - n)/r = (n' - n)\varrho$. Genau dieser Wert ergibt sich aus (26.13) als Brechkraft für Strahlen, die ohne Lotdifferenz und damit fehlerfrei gebrochen werden.

§ 27. Die primären monochromatischen Bildfehler ebener Strahlen

Sphärische Aberration und Verzeichnung für Objekt- und Pupillenabbildung

Nehmen wir im Objektraum die Lichtröhrenkoordinaten A und nU als Koordinaten eines Strahls im Sagittalschnitt, dann können wir diesen Strahl deuten als Normale einer Kugelwelle, die von der Objektmitte ausgeht; und zwar ist dieser Strahl, weil er den Rand der Pupille trifft, in dem Schnitt die Wellennormale mit der größten Neigung gegen die Achse (bei unendlich fernen Objekten der Strahl mit dem größten Abstand von der Achse), deshalb nennt man ihn auch *Randstrahl* der Kugelwelle. Bei dieser Definition ist im Objektraum kein Unterschied im geometrischen Verlauf des Randstrahls und des idealen Randstrahls der Lichtröhre. Den Strahl im Tangentialschnitt mit den Koordinaten $b = B$ und $n \cdot \sin w = nW$ nennen wir *Hauptstrahl*. Im Objektraum fällt er mit dem idealen Hauptstrahl der Lichtröhre zusammen. Wir können ihn deuten als zentrale Normale („Hauptachse") einer Kugelwelle, die von der Objektspitze aus durch die Pupille geht. Diese Vorstellung erklärt den Namen. Wir können den Hauptstrahl aber auch ansehen als den Randstrahl einer Kugelwelle, die von der Mitte der Pupille durch die Objektfläche geht (oder umgekehrt von dort kommt). Und den oben erklärten Randstrahl können wir deuten als zentrale Normale einer Kugelwelle vom Pupillenrand durch die Objektfläche. Das zeigt, daß einem Strahl bei einer optischen Abbildung keine spezifische Funktion zukommt, sondern daß derselbe Strahl bei der Objekt- und Pupillenabbildung unterschiedliche Aufgaben erfüllt.

Rechnen wir die Lichtröhrenkoordinaten mit Hilfe der Übergangsformeln (7.6) und der Brechungsformeln (7.7), die ebenen Strahlen mit den Formelsätzen (26.5) und (26.12) durch das optische System durch, dann bekommen wir im Bildraum an einen gemeinsamen Aufpunkt die Koordinaten

$$A', B', n'U', n'W' \qquad \text{und} \qquad a', b', n' \sin u', n' \sin w' ,$$

die im allgemeinen voneinander verschieden sein werden. Wie bei den Farbfehlern definieren wir damit die Bildfehler durch folgende Formeln:

$$\begin{aligned} \text{SPHO} &= 1831\,(a'n'U' - A'n' \sin u')\ \text{R.E.}\,, \\ \text{SVO} &= 1000\left(\frac{A'\,n' \sin w' - b'\,n'\,U'}{\text{LLW}} - 1\right)\text{‰}\,, \\ \text{SPHP} &= 1831\,(b'n'W' - B'n' \sin w')\ \text{R.E.}\,, \\ \text{SVP} &= 1000\left(\frac{a'\,n'\,W' - B'\,n' \sin u'}{\text{LLW}} - 1\right)\text{‰}\,. \end{aligned} \tag{27.1}$$

Den Fehler SPHO nennt man *sphärische Aberration* der Objektabbildung oder des Randstrahls. Der Name hat einen historischen Grund. Dieser Bildfehler war nämlich der erste, auf den man bei der trigonometrischen Durchrechnung von Strahlen durch Sphären, das sind Kugelflächen, aufmerksam wurde. Damals war man der Meinung, es käme bei der Berechnung von Linsen in erster Linie darauf an, diesen Fehler zu beseitigen. Das kann man rechnerisch erreichen, wenn man die Linsenoberfläche nicht-kugelig, also asphärisch macht. Diese Möglichkeit hat seit R. DESCARTES (1596—1650) viel Verlockendes für Theoretiker und

Laien. Praktische Bedeutung haben asphärische Flächen nur in speziellen Fällen, nämlich bei astronomischen Geräten, wo die hohen Kosten der Herstellung von Schmidtplatten gerechtfertigt werden durch die Bedeutung derart verbesserter Instrumente für die wissenschaftliche Forschung. Man verwendet asphärische Flächen auch für Kondensoren zu Beleuchtungszwecken, wo es nicht so sehr auf die Qualität der Abbildung ankommt, wo man aber aus Platz- und Preisgründen mit möglichst wenigen Linsen auskommen möchte. In diesem Falle stellt man die asphärischen Flächen nicht mit der Präzision her, die bei Kugelflächen erreichbar ist. Nichtkugelige Flächen benutzt man in Brillengläsern, wo sie nicht die sphärische Aberration, sondern den Astigmatismus des Auges kompensieren sollen. Die Flächen dieser „torischen“ Brillengläser haben in der tangentialen Richtung einen anderen Krümmungsradius als in der sagittalen, sind also nicht rotationssymmetrisch zur Achse. Sie sind ein Beispiel eines optischen Instruments, auf das die hier dargestellte Theorie nicht anwendbar ist. Sie erfordern besondere Überlegungen und Rechenverfahren. Industrielle Serienherstellung (und nicht nur teure Einzelfertigung) ist bei den torischen Brillengläsern möglich, weil vom ganzen Brillenglas immer nur ein kleiner Ausschnitt von der Größe der Augenpupille wirksam ist und deshalb geringe Abweichungen von der berechneten Form bei normaler Benutzung nicht erkannt werden.

Warum können Kugelflächen besser hergestellt werden als Asphären? Weil Glas ein homogenes, isotropes Material ist, entsteht beim Schleifen von selbst eine Kugelfläche, wenn der Schleifprozeß keine Vorzugsrichtung hat. Diesen Effekt kann man auch an Brandungssteinen sehen, die allerdings meist Rotationsellipsoide werden, weil die Brandung durch den Küstenverlauf eine Vorzugsrichtung hat. Beim Schleifen und Polieren von Linsen erreicht man diese Gleichmäßigkeit dadurch, daß die Bewegungen der Linse und des Schleif- oder Polierkörpers nur durch Gleitreibung mit einander verknüpft sind. Das Fehlen einer Zwangsführung garantiert die Kugelform als statistischen Mittelwert, aber keinen bestimmten Kugelradius. Ihn bekommt man durch eine entsprechende Form der Werkzeuge. Auf diese Weise kann man heute erreichen, daß die Abweichung von der vorgeschriebenen Form nur Bruchteile einer Wellenlänge beträgt. Ein weiterer, für die Fertigung wesentlicher Vorteil von Kugelflächen ist, daß jede Gerade durch den Mittelpunkt Symmetrieachse ist. Man kann deshalb die zweite Kugelfläche einer Linse herstellen ohne Rücksicht auf die erste. Die Verbindungslinie der beiden Kugelmittelpunkte ist Symmetrieachse der ganzen Linse, aber nur bei Kugelflächen.

Nicht nur die technischen Schwierigkeiten bei der Herstellung sprechen gegen die allgemeine Verwendung von asphärischen Flächen. Von der Theorie her ist ihre Bedeutung dadurch eingeschränkt, daß man die von der Form der Linsen abhängigen Bildfehler auch mit Kugelflächen korrigieren kann, notfalls unter Hinzunahme von einer von zwei Linsen, daß es sich andererseits oft nicht lohnt, diese Bildfehler ganz zu beseitigen, weil die Bildqualität auch beeinträchtigt wird von Fehlern, die von der Form der Linsen wenig oder gar nicht abhängen. Das sind beispielsweise die Farbfehler und insbesondere das sekundäre Spektrum. Die Änderung der sphärischen Aberration mit der Wellenlänge der benutzten Strahlung, der sogenannte Gaußfehler, und die später im Zusammenhang mit dem Astigmatismus zu behandelnde Bildkrümmung sind weitere Beispiele dafür.

Anschaulich deuten läßt sich SPHO genau wie CHLO als die in § 19 erklärte Tiefe zwischen dem Bild, das der Randstrahl liefert, und dem Bild der idealen Abbildung. Welche Wirkung hat die sphärische Aberration auf die Bildqualität? Entstehen wie bei der chromatischen Längsaberration zwei räumlich getrennte Bilder, die man einzeln betrachten kann? Leidet die Abbildung unter sphärischer Aberration, dann ist am Ort des idealen Bildes $A' = 0$ und $a' \neq 0$. Wird deshalb die Abbildung unscharf, weil statt eines idealen Bildpunktes ein Zerstreuungskreis entsteht, der ungefähr den Radius a' hat? Wo entsteht das Bild? Am idealen Bildort, an der Stelle, wo der Randstrahl die Achse schneidet, oder irgendwo dazwischen? Die Theorie gibt uns auf diese Fragen keine Auskunft, deshalb wollen wir versuchen, sie durch Experimente zu klären.

Wir nehmen die in § 15 und § 23 beschriebene, in Abb. 31 skizzierte Versuchsanordnung. Da die Farbfehler die Abbildung stören, arbeiten wir nur mit der grünen Quecksilberlinie e, die anderen Linien unterdrücken wir durch ein Filterglas, das wir vor dem Objekt O oder hinter dem Okular des Beobachtungsmikroskops anbringen. Die Koordinaten für die Lichtröhre der idealen Abbildung hatten wir in § 15 berechnet. Die Koordinaten des Rand- und Hauptstrahls errechnen wir mit den Formeln (26.5) und (26.12). Im Objektraum sind sie mit den Koordinaten der Lichtröhre identisch, für den Bildraum ergibt sich

$$a' = 14{,}592826 \text{ mm}\,, \qquad n' \sin u' = 0{,}0443065\,,$$
$$b' = 0{,}023107 \text{ mm}\,, \qquad n' \sin w' = -\,0{,}002500\,.$$

Aufpunkt ist auch hier der Schnittpunkt der Planfläche der Linse L mit der Achse. Für die Bildfehler liefern die Formeln (27.1) die Werte

$$\text{SPHO} = -\,2{,}3 \text{ R.E.}, \qquad \text{SVO} = 0{,}0\text{‰}\,,$$
$$\text{SPHP} = 0{,}0 \text{ R.E.}, \qquad \text{SVP} = 0{,}2\text{‰}\,.$$

Einen nennenswerten Betrag erreicht nur die sphärische Aberration der Objektabbildung, die wir im folgenden untersuchen wollen.

Zuerst benutzen wir die Versuchsanordnung genau so, wie sie in § 23 beschrieben wurde, nur ergänzt durch ein Grünfilter. Wir können mühelos die schwarzen Balken auf grünem Grund finden und scharfstellen. Der Spielraum für die Scharfstellung des Bildes beträgt etwa $\pm$ 0,1 mm und stimmt gut mit dem theoretischen Wert der Abbildungstiefe überein. Der Randstrahl schneidet die Achse 0,6 mm vor dem idealen Bildort, aber es gelingt nicht, Bilder an verschiedenen Stellen der Achse aufzufinden.

Jetzt ersetzen wir die Lochblende P durch eine verstellbare Irisblende oder eine Folge von Lochblenden mit unterschiedlichen Durchmessern. Ich erwähne vorab, daß sich die sphärische Aberration proportional zur vierten Potenz des Pupillendurchmessers ändert. Der Formel (27.1) kann man das nicht unmittelbar entnehmen; man könnte dieses Resultat durch Nachrechnen bestätigen, aber im nächsten Paragraphen wird es sich mühelos ergeben. Das bedeutet für unseren Versuch, daß Pupillendurchmesser von 68 mm, 34 mm und 17 mm jeweils – 64 R.E., – 4 R.E. und – 0,25 R.E. sphärische Aberration liefern. Verringern wir den Pupillendurchmesser von ursprünglich 30 mm allmählich auf 15 mm, so können wir sicher sein, daß schließlich die sphärische Aberration in der Abbildungstiefe untergeht. Wie ändert sich dabei das Bild? Es wird dunkler, weil die Austrittspupille hinterm Mikroskop kleiner ist als die Augenpupille und beim Abblenden noch kleiner wird. Dieser Effekt ist uns von der idealen Abbildung her bekannt und hat nichts mit der sphärischen Aberration zu tun. Von der Helligkeit abgesehen ändert sich die Bildqualität überhaupt nicht, insbesondere bleiben die Balken an derselben Stelle scharf sichtbar, und man findet durch Nachfokussieren bei kleiner Blende keine bessere Bildschärfe.

Öffnen wir die Blende langsam, dann wird das Bild wieder heller. Eine Besonderheit zeigt sich, wenn wir den Blendendurchmesser von 34 mm überschreiten. Wie Wolken oder Nebel dringt Helligkeit über die Balkenränder in die dunklen Teile des Bildes ein. Dieser Effekt tritt plötzlich auf, man kann den zugehörigen Blendenradius auf einen Millimeter genau ermitteln. An dieser Stelle hat die sphärische Aberration den Wert von 4 R.E. Öffnen wir die Blende weiter, dann dringen die Nebel schnell in die Balken ein und haben sie bald überdeckt. Dadurch wird der Helligkeitsunterschied zwischen den Balken und dem Untergrund geringer, das Bild verliert an *Kontrast*. Bei 200 R.E. sphärischer Aberration muß man bereits genau hinsehen, wenn man die hellen und dunklen Teile unterscheiden will. Aber die Trennlinie zwischen dem Untergrund und den Balken bleibt scharf, und zwar genau an der Stelle der Achse, wo man sie auch bei kleiner Blendenöffnung findet, obwohl jetzt zwischen dem Schnittpunkt des Randstrahls mit der Achse und dem idealen Bildort mehr als das Hundertfache der Abbildungstiefe liegt.

Diese Beobachtung steht im Widerspruch zur allgemeinen Ansicht, die sphärische Aberration sei ein Unschärfefehler des Bildes und das beste

Bild liege zwischen dem Schnittpunkt des Randstrahls und dem idealen Bildort. Mit der Tatsache, daß sich unter dem Einfluß der sphärischen Aberration die von einem Objektpunkt ausgehenden Strahlen nicht mehr in einem Punkt vereinigen, kann die Unschärfe nicht begründet werden. Man darf nicht vergessen, daß Strahlen nur ein mathematisches Hilfsmittel zur Beschreibung der Strahlung sind, daß sie nur die Ausbreitungsrichtung korrekt darstellen.

Es ist sehr lehrreich, den oben beschriebenen Versuch auf „punktförmige" Objekte auszudehnen. Dazu brauchen wir nur das Diapositiv O mit dem Balkenmuster zu ersetzen durch einen Metallschirm mit einem Loch von etwa 0,5 mm Durchmesser. Zusammen mit der Blende von 30 mm Durchmesser gibt es einen linearen Leitwert von 1 R.E., es liegt also gerade an der Grenze der geometrischen Abbildung. An der Stelle, wo vorher das Balkenmuster scharf war, sehen wir einen hellen Fleck, dessen Ausdehnung dem geometrischen Durchmesser des Loches entspricht. Verringern wir den Blendendurchmesser auf 15 mm, dann ist der lineare Leitwert der Abbildung 0,5 R.E. und die Beugungserscheinungen werden deutlich sichtbar. Der Fleck ist etwas größer geworden und bildet das Zentrum für ein System heller und dunkler konzentrischer Ringe. Die Helligkeit der äußeren Ringe nimmt schnell ab. Der erste ist immer deutlich zu erkennen; hat das Auge sich an die Dunkelheit gewöhnt, sieht man drei bis fünf Ringe. Beim Blendendurchmesser von 7,5 mm ist LLW = 0,25 R.E. Der zentrale Fleck hat sich gegenüber dem geometrischen Lochdurchmesser verdoppelt, auch die Ringe sind größer und breiter geworden. Verändert man bei dieser Blendengröße die Fokussierung des Beobachtungsmikroskops, dann wird aus der Beugungsfigur ein Ringsystem ganz anderer Art. Der äußerste Ring ist hell und breit, zum Zentrum hin sieht man viele schmale Ringe, das Zentrum selbst ist je nach Stellung des Mikroskops abwechselnd hell und dunkel. Bewegt sich die Objektebene des Mikroskops von der Bildebene O' der Linse L weg, dann scheinen die Ringe aus dem Zentrum herauszuquellen, nach Umkehr der Bewegungsrichtung darin zu versinken. Es ist dabei belanglos, ob man sich diese Figur vor O' (intrafokal) oder im entsprechenden Abstand hinter O' (extrafokal) ansieht.

Wenn wir den Einfluß der sphärischen Aberration auf die Beugungsfigur untersuchen wollen, dann ersetzen wir das Objekt O durch ein Loch von etwa 0,1 mm Durchmesser, damit es auch bei weit geöffneter Blende nicht geometrisch abgebildet wird. Es genügt, wenn man mit einer feinen Nadelspitze ein paar Löcher in eine Metallfolie sticht, auf den genauen Durchmesser kommt es nicht an. Erst nehmen wir das Balkenmuster als Objekt, bestimmen beim Blendendurchmesser von 30 mm die Scharfeinstellung des Beobachtungsmikroskops und ersetzen O dann durch die Folie mit den feinen Löchern. Jetzt sieht man auch bei der großen

Blendenöffnung schöne Beugungsfiguren. Das Abblenden bringt nichts Neues. Öffnet man die Blende weiter als 34 mm, dann wird die Beugungsfigur von einer ringförmigen Unschärfe überstrahlt. Wie beim Balkenmuster wird diese Störung der Abbildung sichtbar, wenn die sphärische Aberration etwa −4 R.E. beträgt, aber bei der Beugungsfigur läßt sich die Grenze nicht so sicher festlegen wie bei der geometrischen Abbildung.

Eine Besonderheit zeigt sich beim Defokussieren des Beobachtungsmikroskops. Die in der intrafokalen und der entsprechenden extrafokalen Stellung entstehenden Figuren sind nicht mehr gleich. Extrafokal breitet sich die Unschärfe schnell aus, das Bild wird so verwaschen, daß man das Ringsystem kaum erkennt. Intrafokal kommt eine Stelle, wo die Unschärfe verschwindet. Sie liegt halbwegs zwischen dem idealen Bildort und dem Schnittpunkt des Randstrahls mit der Achse, bei einem Blendendurchmesser von 40 mm etwa 0,5 mm vor dem idealen Bildort. Hier erscheint die Figur besonders klein, das Ringsystem ist deutlich ausgeprägt, deshalb empfindet man es als „das beste Bild". Der zentrale Fleck ist kleiner und dunkler geworden, der erste helle Ring breiter und so hell wie das Zentrum. Defokussiert man weiter in intrafokaler Richtung, breitet sich die Figur wieder aus und man bekommt ein leicht verwaschenes Ringsystem.

Diese Unsymmetrie beim Fokussieren wird schon sichtbar, wenn man an der Beugungsfigur selbst noch keine Unschärfe sieht. Da man die wirkliche Objektstruktur nur in seltenen Fällen kennt, läuft man Gefahr, die Schärfe falsch einzustellen, nämlich auf „das beste Bild". Beispielsweise sieht man beim Blendendurchmesser von 30 mm im „besten Bild" des Loches von 0,5 mm Durchmesser deutlich einen hellen Ring ums Zentrum, wenn man nicht vorher die „richtige" Bildebene mit Hilfe des Balkenmusters bestimmt hat. Dort ist der Ring wesentlich schwächer ausgeprägt. Aus diesem Grunde hält man bei hochwertigen Mikroskop-Objektiven die sphärische Aberration kleiner als 4 R.E., obwohl das für die Bilder grober Strukturen keine Verbesserung bringt.

Grundsätzlich andere, in Einzelheiten noch ungeklärte Verhältnisse finden wir beim Einfluß der sphärischen Aberration auf die Qualität des photographischen Bildes. Hier bewirkt sie eine Verminderung des Kontrastes und eine Verlagerung der Schärfenebene vom idealen Bildort zum Schnittpunkt des Randstrahls hin. Hier treten also die Effekte, die man visuell für geometrische Abbildung und Beugung getrennt beobachten konnte, miteinander verkoppelt auf. Der plausible Grund hierfür ist die Unterbrechung der Lichtröhre durch die photographische Schicht. Zur experimentellen Untersuchung ersetzen wir in der in Abb. 31 skizzierten Versuchsanordnung das Beobachtungsmikroskop durch eine feingeschliffene Mattscheibe am Ort des Bildes O', das wir mit einer zehnfachen Lupe betrachten. Als Objekt dient das Diapositiv mit dem Balkenmuster.

Natürlich ist nun die Pupillenabbildung zerstört, aber sie entspricht augenseitig den Verhältnissen beim Betrachten einer Photographie. Bei einem Blendendurchmesser von 25 mm stellen wir das Bild auf der Mattscheibe scharf und öffnen dann die Blende auf 50 mm Durchmesser. Dabei wird der Untergrund heller, die Balkenränder werden unscharf. Eine Verschiebung der Mattscheibe um etwa einen halben Millimeter zur Linse hin stellt die Schärfe der Balkenränder wieder her, aber das neue Bild zeigt einen deutlich geringeren Kontrast zwischen den hellen und dunklen Teilen des Bildes. Wegen der Körnigkeit der Mattscheibe ist die Scharfstellung nicht so sicher einstellbar wie bei der Beobachtung des direkten Bildes mit dem Mikroskop.

Der zweite Bildfehler SVO in der Formel (27.1) ist die *Verzeichnung*, genau gesagt die Sinus-Verzeichnung der Objektabbildung. Die anschauliche Deutung ergibt sich wie bei der chromatischen Vergrößerungsdifferenz: Liegt der ideale Bildort im Endlichen, dann nehmen wir ihn als Aufpunkt. Dort ist $A' = 0$, und $\mathrm{SVO} = 1000\left(\frac{b'}{B'} - 1\right)‰$ gibt die Differenz der Längen der Lote auf den wirklichen und den idealen Hauptstrahl in Promille der idealen Lotlänge an. Liegt der ideale Bildort im Unendlichen, dann ist $U' = 0$, und $\mathrm{SVO} = 1000\left(\frac{\sin w'}{W'} - 1\right)‰$ gibt die Differenz der Sinus der wirklichen Hauptstrahlneigung zur idealen in Promille von W' an. Damit ist klargestellt, was der Wert von SVO in praktisch wichtigen Sonderfällen besagt. Aber wie bei der sphärischen Aberration ist damit nicht geklärt, wie ein Bild mit und wie eins ohne Verzeichnung aussieht. Und tatsächlich hängt der Bildeindruck wesentlich von den Besonderheiten des Einzelfalles ab, von der Struktur des Objekts und der Wahl der Pupille.

Dazu ein paar Beispiele: Mit einer raffinierten Aufnahmetechnik kann man einen Rundblick von über 360° in einem nahtlos zusammenhängenden photographischen Bild von beispielsweise 100 mm × 600 mm wiedergeben. Betrachtet man es aus einer Entfernung von knapp einem Meter, dann hat man einen ganz unnatürlichen Eindruck vom dargestellten Gelände. Entfernte Gegenstände erscheinen als zu klein, nahe als zu groß. Wurde die Aufnahme von der Mitte eines quadratischen Platzes aus gemacht, dann erscheinen seine Begrenzungen auf dem Bild als krumme Linien, die sich unter stumpfen Winkeln schneiden.

Diese Verfälschungen kommen nicht durch die Aufnahmetechnik zustande, sondern durch den falschen Abstand der Augenpupille zum Bild. Geht man dichter heran, dann wird der Eindruck natürlicher, doch hat das bald eine Grenze, weil man nicht mehr in der Lage ist, das Bild scharf zu sehen. Unterstützt man die Akkommodation des Auges durch eine sechsfache Lupe, dann kann man so dicht an das Bild, daß man es fast mit der Nase berührt. Und nun bemerkt man mit Erstaunen, daß das Bild einen natürlichen Eindruck des Geländes vermittelt: Ferne und nahe Einzelheiten werden perspektivisch richtig wiedergegeben, die Grenzen des Platzes erscheinen als Geraden, die sich unter rechten Winkeln schneiden. Dieses „Wunder" hat die Lupe nur indirekt vollbracht, nämlich durch Annäherung der Pupille ans Bild. Ihr Einfluß auf die Verzeichnung ist gering, wenn man sie möglichst dicht vor die Augenpupille hält.

Dieses Beispiel zeigt, daß der Abstand der Pupille entscheidend ist für den Eindruck, den man von einem Bild hat. Beim Betrachten von Photographien in Originalgröße sollte die Augenpupille an den Ort des hinteren Hauptpunktes des Aufnahmeobjektivs gebracht werden. Er liegt je nach Entfernung des Objektes im Abstand der Brennweite oder etwas mehr vor der Filmebene. Vergrößerungen sollte man aus entsprechend vergrößertem Abstand ansehen. Ein mit einem Objektiv der Brennweite $f = 50$ mm aufgenommenes Kleinbild im Format 24 mm × 36 mm kann man nicht vernünftig mit bloßem Auge betrachten, weil ein Erwachsener nicht auf eine Gegenstandsentfernung von 50 mm akkommodieren kann. Für eine Betrachtung in der normalen Sehweite von 250 mm müßte es fünffach vergrößert werden, also das Format 120 mm × 180 mm bekommen.

Das Wort „Verzeichnung" läßt vermuten, daß dieser Bildfehler die originalgetreue Wiedergabe der Objektgestalt kennzeichnet. Das war ursprünglich auch beabsichtigt. Nur wenn gerade Linien in gerade Linien abgebildet werden, war man bereit, die Abbildung als „richtig" anzuerkennen. Dabei ging man von der Annahme aus, daß die euklidische Geometrie und die darauf aufbauende Raumvorstellung die einzig mögliche sei. Im Jahre 1827 konnten die Mathematiker C. F. GAUSS und N. LOBATSCHEWSKIJ zeigen, daß dies falsch ist, daß auch andere Geometrien widerspruchslos denkbar sind. 1863 erkannte der Physiker CLAUSIUS anläßlich eines Gedankenexperiments über die Wärmestrahlung im Weltraum, daß die durch Strahlung vermittelte Abbildung keine Ähnlichkeit im Sinne der klassischen euklidischen Geometrie sein kann. Sehen wir zwei Figuren F und F' in einer Ebene unter den Winkeln w und w', dann ist nach den Regeln der euklidischen Geometrie F' doppelt so groß wie F, wenn $\operatorname{tg} w' = 2 \cdot \operatorname{tg} w$ ist. Die Konstanz des Verhältnisses $\operatorname{tg} w'/\operatorname{tg} w$ für alle einander entsprechenden Teile von F' und F ist das Kriterium für die geometrische Ähnlichkeit dieser Figuren. Die Abweichung hiervon mißt die „Tangensverzeichnung"

$$\text{TVO} = 1000\left(\frac{A'\,n'\sin w' - b'\,n'\,U'}{\text{LLW}}\cdot\frac{\cos w}{\cos w'} - 1\right)^0\!/_{00}\,.$$

Die Sinusverzeichnung beruht auf der Konstanz des Verhältnisses sin w'/sin w und ist mit der Tangensverzeichnung nur vereinbar, wenn $w = w'$ ist, also beide Figuren unter demselben Gesichtswinkel erscheinen. In allen anderen Fällen darf man von einer optischen Abbildung keine geometrische Ähnlichkeit zwischen Objekt und Bild erwarten.

Für die Abbildung in unserem Auge (Brechung an der Hornhaut und der Augenlinse) ist die Bedingung $w = w'$ ungefähr erfüllt. Da wir bei fixiertem Auge nur einen Winkelbereich mit dem Durchmesser von etwa 5° halbwegs scharf übersehen können, haben wir keine Chance, durch bloßes Hinsehen zu entscheiden, ob die euklidische Geometrie unserer Raumvorstellung wirklich gerecht wird.

Legt man bei einem optischen Instrument großen Wert auf eine geometrisch korrekte Wiedergabe des Objekts, dann baut man das System so auf, daß in etwa $w = w'$ ist, damit man beim Erfüllen der Tangensbedingung nicht wesentlich gegen die Sinusbedingung verstößt. Die Forderung $w = w'$ bedeutet aber für ein optisches Instrument, daß Eintritts- und Austrittspupille gleich groß sind. Beim Fernrohr und Mikroskop, den Instrumenten zur Erhöhung des Auflösungsvermögens, muß aber die Eintrittspupille deutlich größer sein als die Austrittspupille, diese Instrumente können also prinzipiell keine geometrisch ähnlichen Bilder liefern.

Dagegen kann man vorschlagen, die geometrische Ähnlichkeit durch einen entsprechenden Verstoß gegen die Sinusbedingung zu erzwingen. Das ist mit Hilfe von Linsen zwar möglich, aber nur sehr beschränkt durchführbar, weil von der Verzeichnung weitere Bildfehler abhängen. E. Abbe und H. v. Helmholtz hatten 1873 unabhängig voneinander bemerkt, daß die Verzeichnung der Pupillenabbildung nicht gegen die Sinusbedingung verstoßen darf, wenn die Objektabbildung scharfe Bilder liefern soll. Dies ist geradezu der Hauptsatz der Bildfehlertheorie, in den §§ 30 und 33 werden wir uns ausführlich damit beschäftigen.

Abbe und v. Helmholtz hatten den Satz speziell für Mikroskop aufgestellt. Dort erlaubt er ein sehr instruktives Experiment: Wir nehmen ein Trockenobjektiv (d. h. kein Immersionssystem) hoher Apertur, beispielsweise ein Objektiv 63/0,90. Es liefert scharfe Bilder, also muß SVP, die Sinusverzeichnung der Pupillenabbildung, sehr klein sein. Man kann die Pupillenabbildung beobachten, wenn man das Okular herausnimmt und von seiner Stelle aus auf das obere Ende des Objektivs blickt. Dort etwa liegt die Austrittspupille als das Bild einer unendlich fernen (praktisch genügen schon einige Dezimeter) Eintrittspupille. Richten wir das Mikroskop auf ferne Gegenstände, dann sehen wir in der Austrittspupille des Objektivs deren Bilder frei von Sinusverzeichnung. Abb. 39 zeigt das auf diese Weise entstandene Bild eines Schachbretts. Der richtige Betrachtungsabstand beträgt etwa 1,5 m. Wir empfinden Abb. 39 als Zerrbild. Aus welchem Grund? Die Figur ist euklidisch, daran kann es nicht liegen. Zwar sind die Geraden krumm, nämlich Halbbögen von Ellipsen, und die unendlich ferne Gerade ein Kreis. Sie ist in Abb. 39 gestrichelt angedeutet und markiert die Grenzapertur sin $u = 1$.

Aber innerhalb dieses Kreises gibt es zu jeder „Geraden" durch einem vorgegebenen Punkt genau eine „Parallele", einen Halbbogen, der die gegebene „Gerade" nicht schneidet, und auch genau ein „Lot". Man kann in dieser Figur alle Sätze der euklidischen Geometrie demonstrieren, die man in der Schule gelernt und wieder vergessen hat. Blickt man in angegebener Weise durchs Mikroskop, so kann man wie gewohnt messen und visieren, obwohl alles schief und krumm ist.

Abb. 39

Ich glaube, daß der Eindruck der Verzerrung wesentlich dadurch vorgetäuscht wird, daß die durch Erfahrung erworbenen Winkelmaße der Figuren nicht mehr mit dem Drehwinkel des Augapfels übereinstimmen. Die Verzerrung verringert sich nämlich deutlich, wenn man (mit Hilfe einer Lupe) ganz dicht an das Bild herangeht oder wenn man sich vorstellt, Abb. 39 zeige einen Ball.

Der umgekehrte Effekt tritt beim Feldstecher auf. Dort ist der wirkliche Winkelabstand der Gegenstände deutlich kleiner als die für das Erkennen erforderliche Augenbewegung. Deshalb erscheinen Geraden im Feldstecher nach außen gekrümmt. Verstößt man gegen die Sinusbedingung, damit Geraden gerade aussehen, dann wird das Bild lokal verzerrt. Beim Bewegen des Feldstechers entsteht der Eindruck, das Bild sei kugelartig gewölbt. In der Praxis geht man zwischen diese Extreme. Man läßt eine solche Verzeichnung zu, daß zwar die Geraden etwas gekrümmt erscheinen, die Bildverbiegung aber nicht sofort auffällt.

Für die Theorie sind alle Erläuterungen in diesem Paragraphen belanglos, für ihre Anwendung in optischen Instrumenten aber sind sie so wichtig, daß mir die Ausführlichkeit der Darstellung gerechtfertigt scheint.

Wie bei den Farbfehlern gibt auch die Formel (27.1) alle Bildfehler der beiden Strahlen, denn durch die Lichtröhrenkoordinaten der idealen Abbildung und die vier Bildfehler sind die Koordinaten der Strahlen festgelegt. Durch Elimination folgt nämlich aus (27.1)

$$\begin{aligned} a' - A' &= \frac{\mathrm{SVP}}{1000} \cdot A' - \frac{\mathrm{SPHO}}{1831 \cdot \mathrm{LLW}} \cdot B' , \\ b' - B' &= \frac{\mathrm{SPHP}}{1831 \cdot \mathrm{LLW}} \cdot A' + \frac{\mathrm{SVO}}{1000} \cdot B' , \\ n' \sin u' - n'U' &= \frac{\mathrm{SVP}}{1000} n'U' - \frac{\mathrm{SPHO}}{1831 \cdot \mathrm{LLW}} \cdot n'W' , \\ n' \sin w' - n'W' &= \frac{\mathrm{SPHP}}{1831 \cdot \mathrm{LLW}} n'U' + \frac{\mathrm{SVO}}{1000} n'W' . \end{aligned} \tag{27.2}$$

Aber eine zur Formel (23.5) analoge Beziehung zwischen diesen Bildfehlern besteht nicht, weil der Ausdruck $a'n' \sin w' - b'n' \sin u'$ für die Koordinaten der Strahlen keine Invariante ist.

§ 28. Die Zerlegung der Bildfehler ebener Strahlen Flächenanteile und Seidelsche Näherungsformeln

Wir wollen uns nun der für die Konstruktion optischer Instrumente wichtigen Frage zuwenden, wie die Bildfehler ebener Strahlen entstehen und was man zu ihrer Beseitigung tun kann. Das erste Ergebnis ist: Die durch die Formeln (27.1) definierten Bildfehler sind unabhängig von der Wahl des Aufpunktes. Das ergibt sich aus der Tatsache, daß die Übergangsformeln (7.6) und (26.4) für Lichtröhrenkoordinaten und Strahlen formal identisch sind. Als Beispiel sei hier die Wirkung eines Übergangs auf die sphärische Aberration der Objektabbildung vorgerechnet. Wegen $n^*U^* = nU$, $n^* \sin u^* = n \sin u$, $A^* = A + \delta\, nU$ und $a^* = a + \delta\, n \sin u$ folgt

$$\begin{aligned} \mathrm{SPHO}^* &= 1831 \cdot (a^*\, n^*U^* - A^*\, n^* \sin u^*) , \\ &= 1831 \cdot \{(a + \delta\, n \sin u) nU - (A + \delta\, nU)\, n \sin u\} , \\ &= 1831 \cdot (a\, nU - A\, n \sin u) + 1831 \cdot \delta (n \sin u \cdot nU - nU\, n \sin u) , \\ &= \mathrm{SPHO} , \end{aligned}$$

denn die letzte Klammer ist stets Null. Für die anderen Bildfehler verläuft die Rechnung völlig analog. Gegenüber den Farbfehlern besteht also der Unterschied, daß die Dickenanteile der monochromatischen Bildfehler ebener Strahlen alle Null sind. Dieses Ergebnis läßt sich auch auf die Bildfehler schiefer Strahlen ausdehnen, so daß man bei monochromatischen Fehlern nur Flächenanteile zu berücksichtigen braucht.

Die Wirkung einer brechenden Kugelfläche auf die sphärische Aberration ist leicht zu berechnen. Durch Einsetzen der Brechungsformeln (7.7) mit $\varphi = \varrho\,(n' - n)$ und (26.13) findet man

$$\begin{aligned} \mathrm{SPHO}' &= 1831\,(a'n'U' - A'n' \sin u') \\ &= 1831\{(a+\alpha)\,[nU + \varrho\,(n'-n)\,A] - \\ &\quad - A\,(n \sin u + \varrho\,(n'-n)\,a + \varrho n'\alpha)\} \\ &= 1831\,(a\,nU - A\,n \sin u) - 1831\,\alpha\,(n\,A\,\varrho - nU)\,. \end{aligned}$$

Beim Randstrahl ist $a\varrho - \sin u = \sin i$ der Sinus des Inzidenzwinkels. In formaler Analogie dazu bilden wir mit den Lichtröhrenkoordinaten den Ausdruck $A\varrho - U = I$ und nennen ihn die Inzidenz des idealen Randstrahls. Auch dafür gilt formal das Brechungsgesetz $n'I' = nI$, weil $(n' - n)\varrho \cdot A = n'U' - nU$ ist. Mit dieser Abkürzung ist

$$\mathrm{SPHO}' = \mathrm{SPHO} - 1831\,\alpha\,nI\,, \tag{28.1}$$

und wir finden für den Flächenanteil zur sphärischen Aberration den Ausdruck

$$\varDelta\,\mathrm{SPHO} = \mathrm{SPHO}' - \mathrm{SPHO} = -\,1831 \cdot \alpha \cdot nI\,. \tag{28.2}$$

Durch entsprechende Ableitungen für die übrigen Fehler bekommen wir als vollständigen Formelsatz für die Beiträge einer brechenden zentrierten Kugelfläche mit der Krümmung $\varrho = 1/r$ als Trennfläche der Medien mit den Brechzahlen n und n'

$$\begin{aligned} \varDelta\,\mathrm{SPHO} &= -\,1831\,\alpha\,nI \quad \mathrm{R.E.}\,, \\ \varDelta\,\mathrm{SVO} &= \,1000\,\beta\,nI/\mathrm{LLW} \quad {}^0/_{00}\,, \\ \varDelta\,\mathrm{SPHP} &= -\,1831\,\beta\,nJ \quad \mathrm{R.E.}\,, \\ \varDelta\,\mathrm{SVP} &= -\,1000\,\alpha\,nJ/\mathrm{LLW} \quad {}^0/_{00}\,. \end{aligned} \tag{28.3}$$

Dabei ist

$$\begin{aligned} nI &= nA\varrho - nU = n'I' = n'A\varrho - n'U'\,, \\ nJ &= nB\varrho - nW = n'J' = n'B\varrho - n'W'\,, \end{aligned} \tag{28.4}$$

die Werte α und β sind durch die Formeln (26.14) erklärt.

In welchen Fällen liefert eine brechende Fläche keinen Beitrag zu einem Bildfehler? Die Formeln (28.3) zeigen, daß das genau dann eintritt, wenn wenigstens einer der Werte I, J, α und β Null ist. Diese Sonderfälle wollen wir hier der Reihe nach diskutieren.

$I = 0$ hat zur Folge, daß SPHO und SVO verschwinden. Das tritt genau dann ein, wenn $A/U = r$ ist. Dann ist auch $A/U' = r$, ideale Objekt- und Bildmitte liegen beide im Mittelpunkt der brechenden Kugelfläche. Die Lage des Objekts wird bei dieser Abbildung nicht verändert, wegen $U' = U$ ist der Abbildungsmaßstab $nU/n'U' = n/n'$ immer positiv.

$J = 0$ hat ganz analog zur Folge, daß die Bildfehler der Pupillenabbildung verschwinden. Dazu muß die brechende Fläche die Pupillenmitte als Mittelpunkt haben. Die Bedingungen $I = 0$ und $J = 0$ können nicht gleichzeitig erfüllt sein, weil Objekt und Pupille nie zusammenfallen.

$\alpha = 0$ bedeutet, daß in dem Ausdruck (26.14)

$$\alpha = \frac{2a}{\cos\frac{u-i}{2}} \cdot \sin\frac{u'-i}{2} \cdot \sin\frac{i'-i}{2}$$

mindestens ein Faktor verschwinden muß. Da u und i beide dem Betrag nach kleiner sind als 90°, hat $\cos\frac{u-i}{2}$ stets einen von Null verschiedenen Wert. Also bleiben drei Fälle übrig:

1. $a = 0$. Der Randstrahl durchsetzt die brechende Fläche im Scheitel, den wir als Aufpunkt der Brechungsformeln genommen haben. Wenn der Randstrahl keine großen Aberrationen hat, dann folgt aus $a = 0$ auch $A \approx 0$. Hieraus resultiert die Faustregel: Eine Linse am Ort des Objektes oder des Bildes bringt keine sphärische Aberration der Objektabbildung und keine Verzeichnung der Pupillenabbildung.

2. $\sin\frac{i'-i}{2} = 0$, also $i' = i$ und $\sin i' = \sin i$. Da außerdem das Brechungsgesetz $n' \cdot \sin i' = n \cdot \sin i$ erfüllt sein muß, gibt es zwei Möglichkeiten.

2. a) $n' = n$. Auf beiden Seiten der brechenden Fläche sind die Brechzahlen gleich, die Fläche ist also optisch wirkungslos. Auch in der Bildfehlertheorie gilt die Regel: Wer nichts tut, kann keinen Schaden anrichten.

2. b) $n' \neq n$. In diesem Falle muß $\sin i' = \sin i = 0$ sein. Das ist gleichbedeutend mit $a\varrho - \sin u = 0 = a'\varrho - \sin u'$, der Randstrahl geht vor und nach der Brechung durch den Kugelmittelpunkt und wird nicht umgelenkt.

In allen diesen Fällen ist es durch den Verlauf des Randstrahls geometrisch evident, daß keine Bildfehler auftreten können, sie bringen deshalb keine Überraschung. Die geometrische Evidenz fehlt aber beim letzten noch zu behandelnden Fall der *aplanatischen Abbildung*, die beschrieben wird durch die Bedingung

3. $\sin\frac{u'-i}{2} = 0$, also $u' = i$. Wegen $u + i = u' + i'$ ist damit gleichbedeutend die Bedingung $u = i'$. Zusammen mit dem Brechungsgesetz folgt daraus $a\varrho - \sin u = \sin i = \frac{n'}{n} \sin i' = \frac{n'}{n} \sin u$.

Es gilt also vor bzw. nach der Brechung

$$a\varrho - \left(1 + \frac{n'}{n}\right) \sin u = 0\,,$$

$$a'\varrho - \left(1 + \frac{n}{n'}\right) \sin u' = 0\,. \qquad (28.5)$$

Der Fall $\varrho = 0$ hat $\sin u = \sin u' = 0$ zur Folge und ist deshalb uninteressant. Ist $\varrho \neq 0$, dann besagt (28.5), daß der Randstrahl die Achse im Abstand $a/\sin u = r \cdot (1 + n'/n)$ bzw. $a'/\sin u' = r \cdot (1 + n/n')$ vom Scheitel der brechenden Fläche schneidet. Diese beiden Punkte nennt man die *aplanatischen Punkte* der brechenden Fläche. Liegt die Mitte des Objekts in einem von ihnen, dann wird sie in den anderen abgebildet ohne SPHO und SVP. Diese Abbildung ist nicht geometrisch trivial, denn die beiden aplanatischen Punkte haben voneinander den Abstand

$$r(n/n' - n'/n)\,.$$

Der Abbildungsmaßstab ist

$$n \sin u/n' \sin u' = n \sin i'/n' \sin i = (n/n')^2\,,$$

also je nach Verteilung der Brechzahlen verkleinernd oder vergrößernd, aber in jedem Falle positiv. Man kann deshalb mit aplanatisch brechenden Flächen allein niemals ein reelles Bild eines reellen Objektes bekommen.

$\beta = 0$ liefert für das Verschwinden von Δ SVO und Δ SPHP völlig analoge Bedingungen wie $\alpha = 0$ für Δ SVP und Δ SPHO.

Die hier behandelten Sonderfälle sind keineswegs die idealen Hilfsmittel für die Konstruktion guter optischer Instrumente. Nur in wenigen Fällen kann man sie wirklich anwenden. Wichtig sind sie vor allem als Markierungspunkte, mit deren Hilfe der Optik-Konstrukteur die Wirkung einer Fläche auf die Bildfehler abschätzt. Einen Überblick über die Flächenanteile zur sphärischen Aberration gibt die Abb. 40 für den Spezialfall $n = 1$, $n' = 1{,}6$ und ein fehlerfreies Objekt in Abhängigkeit von $a\varrho$ und $\sin u$. Die dabei auftretenden Werte von $\sin i = a\varrho - \sin u$ sind längs der unter 45° verlaufenden Geraden konstant. Im Diagramm eingetragen sind Linien konstanter Werte von $\varrho\,\Delta$ SPHO. Sie geben den Zahlenwert in Rayleigh-Einheiten also nur im Fall $r = 1$ mm, ansonsten muß man den abgelesenen Wert mit dem Radius multiplizieren. Den oben behandelten Sonderfällen einer Abbildung ohne Beitrag zur sphärischen Aberration entsprechen im Diagramm die drei Geraden

1. $a\varrho = 0$, 2. b) $a\varrho = \sin u$ und 3. $a\varrho = 2{,}6 \sin u$.

Die Formeln (28.3) erlauben es, genau festzustellen, welchen Beitrag einzelne Flächen zu den Bildfehlern leisten. Sie sind aber nur anwendbar, wenn man die zugehörigen Strahlen nach dem Formelsatz (26.12) durchgerechnet und die Koeffizienten α und β bestimmt hat. Das kann lästig

n=1
n' = 1,6
Achse
$\rho = \frac{1}{r}$
sin i = a ρ - sin u
Beispiel (obige Figur):
a ρ = 0,5
sin i = 0,9
sin u = -0,4
Δ SPH O = -285r R.E.
sin u

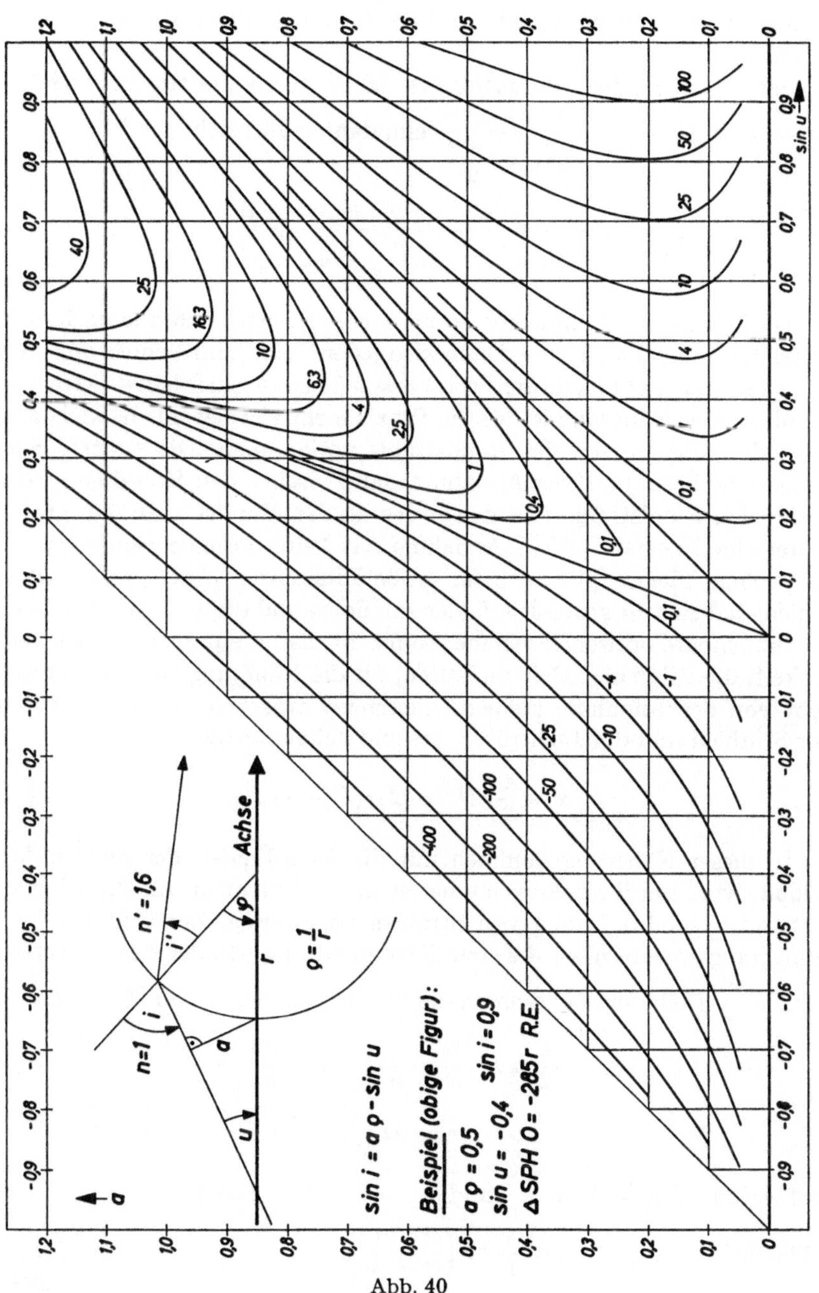

Abb. 40

werden und lohnt nicht immer die damit verbundene Mühe. Oft ist dem Praktiker mit einem leicht zu berechnenden Näherungswert besser geholfen.

Setzt man in die Produktformel (26.14) für α die trigonometrische Beziehung $\sin\frac{x-y}{2} = \frac{\sin x - \sin y}{2\cdot\cos\frac{x+y}{2}}$ ein, dann ergibt sich

$$\alpha = \frac{a\cdot(\sin u' - \sin i)\cdot(\sin i' - \sin i)}{2\cos\frac{u-i}{2}\cdot\cos\frac{u'+i}{2}\cdot\cos\frac{i'+i}{2}}.$$

Die Formel wird einfacher, wenn wir annehmen, daß alle darin auftretenden Winkel klein sind. Dann wird jeder Cosinus im Nenner ungefähr 1 werden und es gilt näherungsweise $\alpha \approx a(\sin u' - \sin i)(\sin i' - \sin i)/2$.

Mit dieser Näherung ist für die Praxis nicht viel gewonnen, weil darin noch die Koordinaten des Randstrahls vorkommen. Die nächste Vereinfachung beruht auf der Annahme, daß zwischen den Koordinaten des wirklichen Randstrahls und denen des idealen Randstrahls kein großer Unterschied besteht. Diese Annahme hat keine formale Berechtigung, die strenge Theorie gilt auch für große Differenzen. Aber große Unterschiede haben sehr große Bildfehler zur Folge und die sind nicht zulässig für brauchbare optische Systeme. So macht man die praktische Notwendigkeit, die Bildfehler klein zu halten, für die Näherung zur Tugend und geht von der Annahme kleiner Differenzen zwischen den Koordinaten der Strahlen und der Lichtröhre aus und bekommt damit

$$\alpha \approx \frac{A}{2}\cdot(U' - I)\cdot(I' - I)\,.$$

In dieser Näherung kommen nur die Koordinaten der idealen Abbildung vor. Bei ihrer Anwendung ist man nicht mehr auf die trigonometrische Durchrechnung von Strahlen angewiesen. Zur weiteren Vereinfachung erweitern wir die erste Klammer mit n'. In der zweiten setzen wir $I = \frac{n'}{n} I'$ ein und bekommen durch Ausklammern von $n'I' = nI$

$$\alpha \approx \frac{A}{2} n'I'\left(\frac{U'}{n'} - \frac{I}{n'}\right)\cdot\left(1 - \frac{n'}{n}\right) = $$
$$= \frac{A}{2} nI\left(\frac{U'}{n'} - \frac{U'}{n} - \frac{I}{n'} + \frac{I}{n}\right),$$

und wegen $I/n' = I'/n$ und $U' + I' - I = U$

schließlich $$\alpha \approx \frac{A}{2} nI\left(\frac{U'}{n'} - \frac{U}{n}\right) \qquad (28.6)$$

und analog $$\beta \approx \frac{B}{2} nJ\left(\frac{W'}{n'} - \frac{W}{n}\right).$$

Setzt man diese Näherungen in die Formeln (28.3) für die Flächenanteile ein, dann bekommt man die bekannten, im Prinzip 1856 von L. SEIDEL angegebenen Formeln:

$$\begin{aligned}
\Delta\ \text{SPHO} &\approx -\ 1831\,\frac{A}{2}\,(nI)^2\cdot\left(\frac{U'}{n'}-\frac{U}{n}\right)\ \text{R.E.}\,,\\
\Delta\ \text{SVO} &\approx \frac{1000\,B}{2\cdot \text{LLW}}\,nI\,nJ\cdot\left(\frac{W'}{n'}-\frac{W}{n}\right)\,{}^0/_{00}\,,\\
\Delta\ \text{SPHP} &\approx -\ 1831\,\frac{B}{2}\,(nJ)^2\cdot\left(\frac{W'}{n'}-\frac{W}{n}\right)\ \text{R.E.}\,,\\
\Delta\ \text{SVP} &\approx -\,\frac{1000\,A}{2\cdot \text{LLW}}\,nI\,nJ\cdot\left(\frac{U'}{n'}-\frac{U}{n}\right)\,{}^0/_{00}\,.
\end{aligned} \qquad (28.7)$$

Sie lassen sich leicht berechnen, die Summation über alle brechenden Flächen des Systems liefert Näherungswerte für die Bildfehler des ganzen Systems.

Über die Güte der Approximation läßt sich nichts Allgemeingültiges sagen. Bei Mikroskop-Objektiven sehr hoher Apertur können die Seidelschen Werte für Δ SPHO um den Faktor drei zu klein sein und vom genauen Wert um 500 R.E. abweichen. Auch ihre Summe stimmt mit dem richtigen Wert weder in der Größenordnung noch im Vorzeichen überein. Dafür liefert die Seidelsche Näherung für Δ SVO bei Mikroskopen so gute Werte, daß sich deren trigonometrische Berechnung nicht lohnt. Bei Systemen mit großen Bildwinkeln und kleiner Apertur ist es umgekehrt. In den meisten Fällen aber geben die Seidelschen Formeln mit geringem Rechenaufwand wenigstens einen Anhaltspunkt für die Wirkung der einzelnen Flächen. Numerische Beispiele folgen im nächsten Paragraphen.

§ 29. Die sekundären Bildfehler ebener Strahlen Zonenfehler, graphische Darstellung und Beispiele

Wegen ihrer einfachen Gestalt haben die Seidelschen Formeln (28.7) auch theoretische Bedeutung. Man kann ihre Konsequenzen bequemer überschauen als bei den strengen Formeln (28.3). Als Beispiel wollen wir hier die Frage behandeln, wie die Bildfehler von der Apertur und dem Bildwinkel abhängen. Dabei wollen wir der einfachen Ausdrucksweise wegen annehmen, daß Objekt und Pupille beide im Endlichen liegen. Ist das nicht der Fall, dann muß man in den folgenden Ableitungen $n_1 U_1$ durch A_1 ersetzen, falls $n_1 U_1 = 0$ ist, oder $n_1 W_1$ durch B_1, falls $n_1 W_1 = 0$ ist. Damit sind die Ergebnisse in jedem Fall richtig.

Nehmen wir statt $n_1 U_1$ die objektseitige Apertur $n_1 U_1{}^* = k\cdot n_1 U_1$ und behalten den Objektort bei, dann ist auch $A_1^* = k\cdot A_1$. Wegen der Linearität der Abbildungsformeln (16.1) ändern sich damit alle Lote A

und Aperturen nU innerhalb und hinter dem optischen System, wegen $I = A\varrho - U$ alle Inzidenzen und schließlich auch LLW um den Faktor k. Damit wird

$$\varDelta\ \mathrm{SPHO}^* \approx -1831\frac{A^*}{2}(nI^*)^2\left(\frac{U'^*}{n'}-\frac{U^*}{n}\right) = $$
$$= k^4\cdot\left\{-1831\frac{A}{2}(nI)^2\left(\frac{U'}{n'}-\frac{U}{n}\right)\right\}.$$

Die Seidelschen Werte für $\varDelta$ SPHO sind also proportional zur vierten Potenz der Apertur und steigen bei Verdopplung der Apertur auf den sechzehnfachen Wert. Das ist ein Grund, weshalb bei allen optischen Systemen die maximale Apertur als Maßstab der Leistungsfähigkeit angegeben wird und weshalb jeder Optik-Konstrukteur darauf achtet, die Apertur nicht größer als erforderlich zu machen.

Halten wir die Pupillenlage fest und vergrößern den objektseitigen Bildwinkel $n_1 W_1$ um den Faktor l, dann ändern sich alle Lote B, alle Bildwinkel nW, alle Inzidenzen J und auch LLW um diesen Faktor. Auf $\varDelta$ SPHO hat das keinen Einfluß; in $\varDelta$ SVP tritt der Faktor im Zähler und Nenner auf und kürzt sich heraus. Führen wir solche Rechnungen für alle Bildfehler aus, dann bekommen wir als Ergebnis: Bei festgehaltener Objekt- und Pupillenlage sind die Seidelschen Näherungen für die Flächenanteile und damit auch ihre Summen als Näherungen für die Bildfehler des ganzen Systems zur Apertur $n_1 U_1$ und zum Bildwinkel $n_1 W_1$ in folgender Weise proportional:

$$\begin{aligned} &\mathrm{SPHO}\ \text{proportional zu}\ (n_1U_1)^4\,,\\ &\mathrm{SVO}\quad \text{proportional zu}\ (n_1W_1)^2\,,\\ &\mathrm{SPHP}\ \text{proportional zu}\ (n_1W_1)^4\,,\\ &\mathrm{SVP}\quad \text{proportional zu}\ (n_1U_1)^2\,. \end{aligned} \tag{29.1}$$

Tatsächlich wachsen die Bildfehler stärker an, als das durch (29.1) zum Ausdruck gebracht wird. Der Unterschied in der Größenordnung des Anwachsens wird durch die sekundären Bildfehler, kurz gesagt die *Zonenfehler*, beschrieben. Ihre Definition ist wie beim sekundären Spektrum in erster Linie eine Frage der Zweckmäßigkeit. Man könnte die wirklichen Werte der Flächenanteile und ihre Seidelschen Näherungen berechnen und deren Differenzen als Zonenfehler nehmen. Das zeigt zwar sehr anschaulich, welche Beträge die sekundären Fehler erreichen, erfordern aber, daß die Seidelschen Werte zusätzlich berechnet werden.

Da der Randstrahl und der Hauptstrahl mit dem größten wirklich vorkommenden Winkel auch immer die größten Bildfehler hat, kommt man praktisch nicht umhin, diese Strahlen trigonometrisch durchzurechnen. Damit kennt man die richtigen Werte der Flächenanteile und der Gesamtfehler für den Blendenrand und Bildrand und nimmt an, sie würden sich bei einer Verringerung der Neigungswinkel der Strahlen nach der Regel (29.1) der Seidelschen Näherungen richten, also mit dem Quadrat oder der vierten Potenz kleiner werden. Hat beispielsweise der Hauptstrahl die Neigung sin w und die Objektverzeichnung SVO, ein zugehöriger „Zonenstrahl" durch die Pupillenmitte die Neigung $l \cdot \sin w$ und die Verzeichnung SVO*, dann definiert man damit als Zonenfehler der Verzeichnung den Ausdruck

$$(\mathrm{SVO}) = \mathrm{SVO}^* - l^2 \cdot \mathrm{SVO}\,.$$

Hat der Randstrahl die Neigung sin u und die sphärische Aberration SPHO, ein Zonenstrahl durch die Objektmitte die Neigung $\sin u^* = k \sin u$ und bezüglich der Lichtröhrenkoordinaten $A^* = kA$ und $U^* = kU$ die sphärische Aberration SPHO*, dann müßte man als Zonenfehler den Ausdruck $\mathrm{SPHO}^* - k^4\,\mathrm{SPHO}$ bilden. Es ist aber üblich, diesen Wert noch durch k^2 zu teilen und

$$(\mathrm{SPHO}) = k^{-2} \cdot \mathrm{SPHO}^* - k^2 \cdot \mathrm{SPHO}$$

als Zonenfehler anzugeben. Das hat einen historischen und auch sachliche Gründe, die ich im Zusammenhang mit der graphischen Darstellung besprechen werde.

Der vollständige Formelsatz für die Zonenfehler ist

$$\begin{aligned}
(\mathrm{SPHO}) &= k^{-2} \cdot \mathrm{SPHO}^* - k^2 \cdot \mathrm{SPHO}\,,\\
(\mathrm{SVO}) &= \mathrm{SVO}^* - l^2 \cdot \mathrm{SVO}\,,\\
(\mathrm{SPHP}) &= l^{-2} \cdot \mathrm{SPHP}^* - l^2 \cdot \mathrm{SPHP}\,,\\
(\mathrm{SVP}) &= \mathrm{SVP}^* - k^2 \cdot \mathrm{SVP}\,,
\end{aligned} \tag{29.2}$$

wobei $k = n \sin u^*/n \sin u = A^*/A$ und $l = n \sin w^*/n \sin w = B^*/B$ die Verhältnisse der Aperturen oder Lote für die Zonenstrahlen und den Rand- oder Hauptstrahl sind. Bei der Berechnung der Bildfehler werden für die Lichtröhrenkoordinaten die Werte benutzt, die die jeweils zugehörigen Strahlen im Objektraum haben.

Die Formeln (29.2) bieten den Vorteil, daß man dafür die Seidelschen Näherungswerte nicht zu berechnen braucht. Für feste Werte von k und l sind es lineare Funktionen der Bildfehler, deshalb ist der Zonenfehler der Gesamtaberration gleich der Summe der Zonenfehler der Flächenanteile. Der Optik-Konstrukteur kann auf diese Weise das Entstehen der Zonenfehler lokalisieren und nötigenfalls nach Maßnahmen zur Beseitigung suchen.

Vom mathematischen Standpunkt aus wird man Bedenken dagegen haben, gerade die Strahlen mit den größten Aberrationen, den stärksten Abweichungen von der Seidelschen Näherung als Bezugsgrößen für die Zonenfehler zu nehmen. Für die Praxis ist das kein schwerwiegender

Einwand. Denn wenn es nicht gelingt, die großen Werte der primären Aberrationen befriedigend zu korrigieren, dann ist die Berechnung der Zonenfehler tatsächlich sinnlos. Hat man sie ordentlich korrigiert, dann sind sie bessere Bezugsgrößen, weil ihnen mehr physikalische Bedeutung zukommt als den reinen Rechenwerten der Seidelschen Näherung. Von der praktischen Arbeit der Optik-Konstrukteure her gesehen liegt kein Grund vor, die Definition (29.2) zu ändern.

Für eine Übersicht über die Bildfehler eines optischen Systems sind graphische Darstellungen der Aberrationen zweckmäßig. In diesem Punkt sind sich alle Optik-Konstrukteure einig. Aber über die beste Art der Darstellung hat fast jeder eine andere Meinung. Der Grund dafür ist, daß jeder unmittelbar die Werte ablesen möchte, die für seine speziellen Aufgaben besonders wichtig sind. Photographische Aufnahmen zur Landvermessung müssen verzeichnungsfrei sein. Unterschiede $b' - B'$ in den Lotgrößen der Bilder sind nur zulässig, wenn sie in der Körnigkeit des Filmmaterials untergehen. Dieses Maß ist für die ganze Filmebene dasselbe und unabhängig von B'. Deshalb wird man statt SVO lieber $1000 \cdot (b' - B') = B' \cdot \mathrm{SVO}$ in Abhängigkeit von $\sin w_1$ auftragen. Diese Kurve verläuft etwa wie eine Parabel dritter Ordnung. Andere bevorzugen eine direkte Darstellung von SVO, weil sich diese Größe unmittelbar aus der Theorie ergibt und aus den Flächenanteilen durch einfache Addition zu erhalten ist. Statt der Sinusverzeichnung kann man natürlich auch die entsprechenden Werte der Tangensverzeichnung darstellen.

Noch mehr Möglichkeiten gibt es für die graphische Darstellung der sphärischen Aberration. Trägt man den nach Formel (27.1) berechneten Wert als Funktion von $\sin u_1$ (bzw. a_1 bei unendlich fernem Objekt) auf, dann bekommt man eine Kurve von mindestens vierter Ordnung. Sie zeigt unmittelbar an, welchen Einfluß die Pupillengröße auf die sphärische Aberration hat, wie sich der Bildfehler beim Abblenden verändert. Ein Nachteil dieser Darstellung ist, daß sich die Aberrationskurve für kleine Aperturen so sehr der Koordinatenachse anschmiegt, daß für eine feste Pupillengröße die den Kontrast und die Auflösung beeinflussenden Feinheiten im Verlauf der Kurve kaum in Erscheinung treten.

In der Formel (27.1) wird die sphärische Aberration eines Strahls bezogen auf die Beugungsfigur einer idealen Abbildung mit derselben Apertur. Man kann sie aber auch immer auf die kleinste Beugungsfigur beziehen, also auf die Beugungsfigur der vollen Apertur. Diese Kurve bekommt man durch Auftragen von SPHO/k als Funktion von $n_1 \sin u_1$, wobei $k = n \sin u^*/n \sin u$ wie oben erklärt der Quotient aus der Apertur des jeweiligen Strahls und der Apertur des Randstrahls ist. Die Kurve verläuft wie eine Parabel dritter Ordnung und wird auch für Photo-Objektive verwendet, wo in der Regel nicht die Beugungsfigur, sondern eine feste Korngröße den Bezugswert darstellt.

Bei optischen Systemen, für die das beugungstheoretische Auflösungsvermögen wirklich erreicht werden soll, geht man noch einen Schritt weiter und stellt SPHO/k^2 als Funktion von n_1 sin u_1 (bzw. a_1 bei unendlich fernem Objekt) dar.Diese Kurve verläuft im Rahmen der Seidelschen Näherung wie eine Parabel und bringt die Zonenfehler deutlicher zum Ausdruck als die bisher angegebenen Darstellungen. Deshalb ist die Definition (29.2) für (SPHO) speziell auf diese Art der Darstellung bezogen. Außerdem ist (bis auf praktisch belanglose Feinheiten) SPHO/k^2 proportional zum geometrischen Abstand zwischen dem idealen Bild und dem Schnittpunkt des Strahls mit der Achse. Die Kurve hat also auch eine geometrisch anschauliche Bedeutung, die in der historischen Entwicklung der Hauptgrund für die Wahl dieser Darstellung war.

Außer in $^0/_{00}$ oder Rayleigh-Einheiten werden die Bildfehler bisweilen in mm, μ, inch, Dioptrien usw. angegeben, außerdem nimmt man als unabhängige Veränderliche statt des Sinus den Tangens oder das Quadrat des Sinus. Bei diesem Durcheinander ist der Informationswert einer graphischen Darstellung natürlich gering, man tut gut daran, nie zwei Aberrationskurven verschiedener Herkunft miteinander zu vergleichen.

Als Beispiele für die in den Paragraphen 27 bis 29 abgehandelte Theorie will ich hier drei Objektive aus je zwei miteinander verkitteten Linsen angeben. Das sind ganz einfache Beispiele, die nicht zeigen sollen, was heute technisch möglich ist; sie sollen nur auf die grundsätzlichen Probleme beim Berechnen optischer Systeme aufmerksam machen. Deshalb nehmen wir für die Sammellinsen immer das Kronglas K 5, für die Zerstreuungslinse das Schwerflintglas SF 1, obwohl damit nicht in allen Fällen eine optimale Korrektion der Farbfehler erreicht wird. Als Blende soll die Objektivfassung dienen, für die Rechnung legen wir die Mitte der Eintrittspupille in den Scheitel der ersten brechenden Fläche. Das vereinfacht die Rechnung und ist für die Ergebnisse ohne Belang. Der Bildwinkel ist in allen drei Fällen $n_1 W_1 = -0{,}1$, das Lot von der Mitte der Eintrittspupille auf den Randstrahl $A_1 = 12{,}5$, die Brennweite des Systems $f = 100$ mm. Als Wellenlänge für die monochromatischen Bildfehler wurde die der grünen Quecksilberlinie e genommen.

Das erste Objektiv soll ein unendlich fernes Objekt abbilden. Seine Konstruktionsdaten sind

$r_1 = 61{,}5$ mm
$r_2 = -47{,}4$ mm
$r_3 = -125{,}6$ mm

$d_2 = 6$ mm, Glas K 5, $f = 52{,}0$ mm,
$d_3 = 3$ mm, Glas SF 1, $f = -107{,}0$ mm.

In der folgenden Tabelle sind für die Bildfehler die Flächenanteile und deren Summe angegeben. In der Zeile darunter stehen jeweils die Seidelschen Näherungen SN:

Tabelle 14

Bildfehler	1. Fläche	2. Fläche	3. Fläche	Summe
SPHO [R.E.]	−22,2	80,6	−58,3	0,1
SN:	−21,7	73,2	−56,6	−5,0
SVO [‰]	0	0,1	− 0,3	−0,2
SN:	0	0,1	− 0,3	−0,2
SPHP [R.E.]	0	− 0,0	0,3	0,3
SN:	0	− 0,0	0,3	0,3
SVP [‰]	4,8	6,2	−10,9	0,1
SN:	4,7	5,6	−10,5	−0,2

Die Werte zeigen für SVO und SPHP völlige Übereinstimmung der exakten Werte mit den Seidelschen Näherungen, und alle Flächenanteile sind so klein, daß sie keinen Einfluß haben auf die Bildqualität. Sie sind nicht korrigiert worden, sondern haben sich so ergeben. Wegen der kleinen Beträge der Lote b auf den Hauptstrahl konnten diese Fehler nicht groß werden. Dagegen sind die kleinen Summenwerte für SPHO und SVP durch geschickte Kompensation der Flächenanteile erreicht worden. Ein Blick auf die Tabelle der Flächenanteile zeigt, daß beispielsweise SVP nicht von selbst verschwindet, wenn man SPHO korrigiert.

Zur Beseitigung beider muß man die beiden Freiheitsgrade des Achromaten ausnutzen, nämlich seine äußere Form und die Verteilung der Gesamtbrechkraft auf beide Linsen. Die für das Korrigieren der monochromatischen Fehler erforderliche Brechkraftverteilung erlaubt dann das Korrigieren der Farbfehler nur noch für spezielle Glaspaare. K 5 und SF 1 geben eine ausreichende Korrektur der Farbfehler.

Für SVP sind Unterschiede zwischen den exakten Flächenanteilen und den Seidelschen Näherungen zwar vorhanden, aber für das Resultat noch belanglos. Anders ist es bei der sphärischen Aberration. Die 5 Rayleigh-Einheiten, die sich aus der Seidelschen Näherung ergeben, wären im Bild als Fehler sichtbar, die wirklichen Fehler sind es nicht. Hier haben wir ein Beispiel für einen Zonenfehler, eine deutliche Abweichung von der Seidelschen Theorie. In Abb. 41 ist der Verlauf der Aberrationskurve graphisch dargestellt. Aufgetragen ist die mit k^2 reduzierte sphärische Aberration, also wie oben beschrieben SPHO/k^2, als Funktion des Einfallslotes a_1 (da $\sin u_1 = 0$ ist) für verschiedene Wellenlängen. Uns interessiert in erster Linie die vom Nullpunkt ausgehende, mit e bezeichnete Kurve im Vergleich zu der gestrichelt gezeichneten Seidelschen Näherung. Da die sphärische Aberration am äußersten Rand praktisch Null ist, gibt der Bauch der Aberrationskurve gerade die Zonenfehler für die verschiedenen Einfallslote. Der Maximalwert von − 1,4 R.E. wird ungefähr für $a_1 = 9$ mm erreicht.

Dieses Beispiel zeigt, wie ein Bildfehler durch Aberrationen höherer Ordnung gegenüber den Seidelschen Werten deutlich verbessert wurde. Dabei bleibt ein Zonenbauch übrig. Im vorliegenden Fall ist er gering, bei Mikroskop-Objektiven hoher Apertur aber kann er sehr störend werden und muß dann durch Aberrationen noch höherer Ordnung beseitigt werden. Die entsprechenden Aberrationskurven schneiden dann die Achse, auf der die Lote oder Aperturen abgetragen werden, außerhalb des Nullpunktes nicht nur einmal, sondern zwei- oder gar dreimal. Bei einem System aus zwei verkitteten Linsen ist das nicht möglich.

In Abb. 41 sind außerdem die Kurven der sphärischen Aberration für andere Spektrallinien dargestellt. Sie beginnen nicht im Ursprung des Koordinatensystems, wenn zwischen dieser Linie und e der Fehler

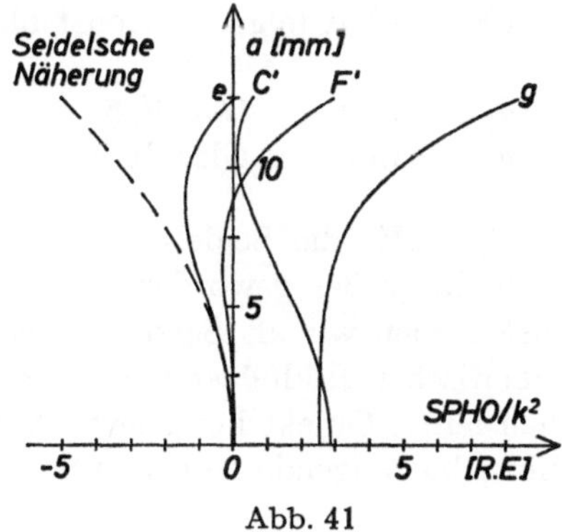

Abb. 41

CHLO $\neq 0$ ist. Der Abstand vom Nullpunkt gibt CHLO in R.E. Denkt man sich die Abb. 33 der chromatischen Längsaberration senkrecht zur Zeichenebene der Abb. 41, dann sind die Fußpunkte der Kurven in Abb. 41 gerade die Projektionen der entsprechenden Kurvenpunkte in Abb. 33 auf die waagerechte Koordinatenachse. Die Abb. 41 zeigt, daß bei einem zweilinsigen Achromaten die sphärische Aberration von der Wellenlänge abhängt. Zwischen den Linien e und F' stört der Unterschied die Bildqualität noch nicht, zwischen C' und g ist er sichtbar. Die Differenz zwischen den Werten SPHO/k^2 für zwei verschiedene Spektrallinien (insbesondere für F' und C') nennt man den *Gaußfehler* der sphärischen Aberration. Ich will ihn hier nicht weiter abhandeln, er soll nur ein Hinweis darauf sein, daß es bei hochwertigen Systemen nicht genügt, die monochromatischen Bildfehler nur für eine Spektrallinie zu korrigieren.

Das bisher behandelte Objektiv sollte ein unendlich fernes Objekt abbilden. Kann man es auch für eine Abbildung eines Objekts in endlicher Entfernung nehmen? Für große Entfernungen bis heran auf 2 m ist das ohne wesentliche Beeinträchtigung der Bildqualität möglich. Bei einem Objektabstand von 198 mm vor der ersten Fläche des Systems liegt das ideale Bild 196 mm hinter der letzten Fläche, der Abbildungsmaßstab ist $\beta = -1$, aber das Bild ist schlecht: SPHO = – 36 R.E., SVP = 10‰. Die anderen Fehler haben sich nicht sehr geändert. Noch schlimmer wird es, wenn wir den Objektabstand so klein machen (98,4 mm), daß das Bild im Unendlichen entsteht. Stattdessen können wir auch das Objektiv umdrehen und die Schwerflint-Linse einem unendlich fernen Objekt zukehren. Dann ist SPHO = – 121 R.E. und SVP = – 19‰. Diese Beispiele zeigen deutlich, daß man ein Objektiv nicht für jeden Zweck verwenden darf, wenn nur die Brennweite stimmt, daß man sich möglichst an die Voraussetzungen halten soll, die der Berechnung zugrunde lagen.

Ein speziell für den Abbildungsmaßstab $\beta = -1$ berechnetes Objektiv der Brennweite $f = 100$ mm hat folgende Konstruktionsdaten:

$r_1 = 123{,}0$ mm
$r_2 = -33{,}05$ mm $\quad d_2 = 6$ mm, Glas K 5, $f = 50{,}3$ mm,
$r_3 = -61{,}27$ mm $\quad d_3 = 3$ mm, Glas SF 1, $f = -103{,}9$ mm.

Hierfür ist SPHO = 0,1 R.E., die Seidelsche Näherung – 6,8 R.E. Der Zonenfehler ist deshalb größer geworden, er erreicht – 1,9 R.E. Für SVP = – 0,1‰ bekommen wir als Seidelsche Näherung – 0,4‰. Die anderen monochromatischen Bildfehler haben sich kaum geändert.

Ein für ein unendlich fernes Objekt korrigiertes System $f = 100$ mm mit SF 1 in der Frontlinse hat folgende Konstruktionsdaten:

$r_1 = 41{,}055$ mm
$r_2 = 25{,}280$ mm $\quad d_2 = 3$ mm, Glas SF 1, $f = -98{,}9$ mm,
$r_3 = \infty$ $\quad d_3 = 6$ mm, Glas K 5, $f = 48{,}2$ mm.

Die Bildfehler, ihre Flächenanteile und deren Näherungswerte gibt folgende Tabelle:

Tabelle 15

Bildfehler	1. Fläche	2. Fläche	3. Fläche	Summe
SPHO [R.E.]	–82,4	94,5	–12,0	0,1
SN:	–78,7	82.9	–11,8	–7,6
SVO [‰]	0	0,0	– 0,2	–0,1
SN:	0	0,0	– 0,2	–0,1
SPHP [R.E.]	0	0,0	0,3	0,3
SN:	0	0,0	0,3	0,3
SVP [‰]	11,8	– 7,6	– 4,3	–0,1
SN:	11,3	– 6,7	– 4,2	0,4

Interessant ist ein Vergleich mit der Tabelle 14 für das zuerst angegebene Objektiv. Die Planfläche bringt etwa 10 R.E. sphärische Aberration weniger als die ihr entsprechende 1. Fläche des ersten Beispiels. Dafür werden die beiden anderen um 14 R.E. bzw. 24 R.E. stärker belastet. Deshalb sind hier die Abweichungen von den Seidelschen Näherungen größer, der Zonenfehler der sphärischen Aberration erreicht – 2,1 R.E. gegenüber – 1,4 R.E. im ersten Beispiel. Auch fertigungstechnisch ist das dritte Objektiv dem ersten nicht gleichwertig. Die Planfläche läßt sich etwas billiger herstellen als Kugelflächen. Dafür sind die beiden anderen Radien kürzer als beim ersten Objektiv, man kann deshalb weniger Linsen in einem Arbeitsgang herstellen. Außerdem müssen sie wegen der größeren Flächenanteile der Bildfehler mit engeren Toleranzen gefertigt werden.

§ 30. Schiefe Strahlen

Durchrechnungsformeln, die Sinusbedingung und ihr Zusammenhang mit der Invarianz des linearen Leitwertes

Schiefe Strahlen verlaufen nicht in einer Ebene durch die Achse des Systems und werden bezüglich eines Aufpunktes durch vier Koordinaten festgelegt. Sie beziehen sich auf ein rechtwinkliges räumliches Koordinatensystem, wie es in § 26 beschrieben wurde, der Aufpunkt E liegt auf der Achse. Für die Beschreibung des Strahls gibt es zwei Möglichkeiten. Erstens kann man ihn senkrecht auf den Tangentialschnitt (x-y-Ebene) und den Sagittalschnitt (x-z-Ebene) projizieren. Die Projektionen sind ebene Strahlen und können in gewohnter Weise durch die Koordinaten b und $\sin w$ bzw. a und $\sin u$ beschrieben werden. Dieses Koordinatensystem ist wichtig für die Bildfehlertheorie, weil es den Zusammenhang herstellt zwischen den ebenen und schiefen Strahlen und damit deutlich macht, wie das Brechungsgesetz mit der Invarianz des linearen Leitwertes zusammenhängt. Man kennt aber keinen Formelsatz, der es erlaubt, in diesem Koordinatensystem numerische Rechnungen mit vertretbarem Aufwand durchzuführen. Deshalb bevorzugt man für die Durchrechnungsformeln folgende Koordinaten: Durch den Aufpunkt legt man eine Ebene senkrecht zur Achse (nicht zum Strahl!). Der Strahl schneidet sie im Punkt $(0;\, Y;\, Z)$, Y und Z sind zwei Koordinaten des Strahls. Mit der positiven x-Richtung möge der Strahl den Winkel v bilden. Die Größe $\cos v$ nennen wir ξ. Entsprechend werden η und ζ erklärt. Das sind drei weitere Koordinaten, die aber wegen

$$\xi^2 + \eta^2 + \zeta^2 = 1$$

voneinander abhängig sind.

Zwischen beiden Koordinatensystemen bestehen elementar-geometrische Beziehungen, die ich hier ohne Beweis angeben will. Es ist

$$a = Z \cos u, \qquad b = Y \cos w\,. \tag{30.1}$$

Für die trigonometrischen Funktionen gilt

$$\sin u = \frac{-\zeta}{\sqrt{\xi^2+\zeta^2}}\,, \qquad \cos u = \frac{\xi}{\sqrt{\xi^2+\zeta^2}}\,,$$

$$\sin w = \frac{-\eta}{\sqrt{\xi^2+\eta^2}}\,, \qquad \cos w = \frac{\xi}{\sqrt{\xi^2+\eta^2}}\,, \tag{30.2}$$

$$\xi = \frac{\cos u \cdot \cos w}{\sqrt{1-\sin^2 u \sin^2 w}}\,, \quad \eta = \frac{-\sin w \cdot \cos u}{\sqrt{1-\sin^2 u \sin^2 w}}\,, \quad \zeta = \frac{-\sin u \cdot \cos w}{\sqrt{1-\sin^2 u \sin^2 w}}\,.$$

Ist d der in Lichtrichtung positiv genommene Abstand zwischen den Aufpunkten E und E^*, dann lauten die *Übergangsformeln für schiefe Strahlen* in einem homogenen Medium genau wie für ebene Strahlen

$$a^* = a - d\sin u, \qquad b^* = b - d\sin w\,,$$

$$\sin u^* = \sin u, \qquad \sin w^* = \sin w\,. \tag{30.3}$$

Im anderen Koordinatensystem

$$Y^* = Y + d\frac{\eta}{\xi} \qquad Z^* = Z + d\frac{\zeta}{\xi}$$

$$\xi^* = \xi\,, \qquad \eta^* = \eta\,, \qquad \zeta^* = \zeta\,. \tag{30.4}$$

Das folgt alles elementar-geometrisch aus der Definition der Koordinaten. Der Unterschied im Vorzeichen hat seinen Grund in der von den sonst in der Mathematik üblichen Regeln abweichenden Festsetzung der Vorzeichen von $\sin u$ und $\sin w$.

Für die Brechungsformeln benutzen wir als Koordinaten nur Y, Z, ξ, η, ζ. Als brechende Flächen dienen vor allem Ebenen und Kugelkappen. Später werden wir die Formeln auf diese Spezialfälle beschränken. Jetzt wollen wir ausnahmsweise nur voraussetzen, daß die Trennfläche zwischen den Medien mit den Brechzahlen n und n' rotationssymmetrisch zur Achse ist und daß sie in jedem Punkt eine Normale hat. Die letzte Voraussetzung ist bei jeder „glatten" Fläche erfüllt. Wegen der Rotationssymmetrie schneiden alle Normalen die Achse oder laufen zu ihr parallel, jedenfalls sind sie nicht windschief zur Achse. Der einfacheren Beschreibung halber wollen wir den Fall achsenparalleler Normalen nicht behandeln und nur anmerken, daß ganz einfache Überlegungen für diesen Sonderfall schließlich zum selben Endergebnis führen. Die Richtungskosinus der Normalen bezeichnen wir mit α, β, γ.

Schneidet der Strahl die brechende Fläche im Punkte $(x_F;\, y_F;\, z_F)$, dann ist

$$x_F = l\xi\,, \qquad y_F = Y + l\eta\,, \qquad z_F = Z + l\zeta\,,$$

wobei l der Abstand vom Aufpunkt $(0;\, Y;\, Z)$ zum Flächenpunkt ist. Die Normale in diesem Punkt möge die Achse in dem Punkt mit dem Koordinaten $(r^*; 0; 0)$ schneiden, und dieser Punkt soll vom Flächenpunkt den Abstand r haben. Dann können wir die Koordinaten des Flächenpunktes auch folgendermaßen darstellen: $x_F = r^* - r\alpha$, $y_F = -r\beta$, $z_F = -r\gamma$. Zusammen mit obigen Gleichungen folgt daraus

$$\begin{aligned} l\xi &= \quad r^* - r\alpha\,, \\ l\eta &= -Y - r\beta\,, \\ l\zeta &= -Z \;- r\gamma\,. \end{aligned}$$

Aus diesen Gleichungen eliminieren wir l. Multiplizieren wir die zweite mit ζ, die dritte mit η und bilden ihre Differenz, so folgt

$$0 = -Y\zeta + Z\eta - r(\beta\zeta - \gamma\eta)$$

und daraus mit der Abkürzung $\varrho = 1/r$

$$\begin{aligned} \varrho(Y\zeta - Z\eta) &= \beta\zeta - \gamma\eta\,, \\ \varrho(Z\xi + r^*\zeta) &= \alpha\zeta - \gamma\xi\,, \\ \varrho(Y\xi + r^*\eta) &= \alpha\eta - \beta\xi\,, \end{aligned} \tag{30.5}$$

wobei sich die beiden letzten Gleichungen durch ganz analoge Umformungen ergeben. Diese Beziehungen sind rein geometrischer Natur und beschreiben keinen physikalischen Sachverhalt. Bemerkenswert ist, daß auf der rechten Seite keine Punktkoordinaten, sondern nur Richtungskosinus auftreten. Diese Tatsache werden wir gleich ausnutzen. Zuvor wollen wir noch die entsprechenden Gleichungen aufschreiben für einen Strahl mit den Koordinaten Y', Z', ξ', η', ζ', der die brechende Fläche im selben Punkt $(x_F; y_F; z_F)$ trifft:

$$\begin{aligned} \varrho(Y'\zeta' - Z'\eta') &= \beta\zeta' - \gamma\eta'\,, \\ \varrho(Z'\xi' + r^*\zeta') &= \alpha\zeta' - \gamma\xi'\,, \\ \varrho(Y'\xi' + r^*\eta') &= \alpha\eta' - \beta\xi'\,. \end{aligned} \tag{30.6}$$

Damit ist die Bedingung (26.1) des Brechungsgesetzes erfüllt. Die beiden anderen lassen sich ausdrücken durch die Gleichungen

$$\begin{aligned} n\cdot(\beta\zeta - \gamma\eta) &= \quad n'\cdot(\beta\zeta' - \gamma\eta')\,, \\ -n\cdot(\alpha\zeta - \gamma\xi) &= -n'\cdot(\alpha\zeta' - \gamma\xi')\,, \\ n\cdot(\alpha\eta - \beta\xi) &= \quad n'\cdot(\alpha\eta' - \beta\xi')\,. \end{aligned} \tag{30.7}$$

Ein Strahl mit den Richtungskomponenten $(\beta\zeta - \gamma\eta)$, $(\gamma\xi - \alpha\zeta)$ und $(\alpha\eta - \beta\xi)$ steht nämlich senkrecht auf dem Strahl S und der Normalen N, denn es ist

$$\begin{aligned} &(\beta\zeta - \gamma\eta)\xi + (\gamma\xi - \alpha\zeta)\eta + (\alpha\eta - \beta\xi)\zeta = 0 \text{ und} \\ &(\beta\zeta - \gamma\eta)\alpha + (\gamma\xi - \alpha\zeta)\beta + (\alpha\eta - \beta\xi)\gamma = 0\,, \end{aligned}$$

was man leicht nachrechnet. Die Gln. (30.7) bringen also zum Ausdruck, daß S, S' und N in einer Ebene liegen. Dabei dürften n und n' beliebige, reelle, von Null verschiedene Zahlen sein. Speziell für die Brechzahlen wird durch (30.7) auch die dritte Bedingung (26.3) des Brechungsgesetzes erfüllt, denn nach den Regeln der analytischen Geometrie (Vektorprodukt zweier Einheitsvektoren) ist $(\beta\zeta - \gamma\eta)^2 + (\alpha\zeta - \gamma\xi)^2 + (\alpha\eta - \beta\xi)^2 = \sin^2 i$.

Durch Zusammenfassen der drei Gleichungssysteme (30.5) (30.6) und (30.7) erhalten wir als Folge des Brechungsgesetzes für die Koordinaten der Strahlen S und S' die Beziehungen

$$\begin{aligned} n\varrho(Y\zeta - Z\eta) &= n'\varrho(Y'\zeta' - Z'\eta')\,, \\ n\varrho(Z\xi + r^*\zeta) &= n'\varrho(Z'\xi' + r^*\zeta')\,, \\ n\varrho(Y\xi + r^*\eta) &= n'\varrho(Y'\xi' + r^*\eta')\,. \end{aligned}$$

Kürzen wir aus der ersten Gleichung ϱ heraus und setzen in den weiteren Gleichungen $\varrho r^* = k$, dann lauten die *Grundgleichungen der geometrischen Optik* für die Wellennormalen in zentrierten Systemen:

$$\begin{aligned} Yn\zeta - Zn\eta &= Y'n'\zeta' - Z'n'\eta'\,, \\ n(Z\varrho\xi + k\zeta) &= n'(Z'\varrho\xi' + k\zeta')\,, \\ n(Y\varrho\xi + k\eta) &= n'(Y'\varrho\xi' + k\eta')\,. \end{aligned} \tag{30.8}$$

Die erste Zeile besagt, daß der Ausdruck $Yn\zeta - Zn\eta$ bei jeder Brechung in einem zentrierten System invariant ist. Daß er sich auch beim Wechsel des Aufpunktes nicht ändert, kann man leicht mit Hilfe der Übergangsformeln (30.4) nachrechnen. Bei jedem zentrierten System hat also für jeden schiefen Strahl $Yn\zeta - Zn\eta$ formal dieselbe Eigenschaft wie $\mathrm{LLW} = AnW - BnU$ bei der idealen Abbildung, nämlich invariant zu sein. Deshalb können wir, obwohl die Größen geometrisch eine andere Bedeutung haben als die Lichtröhrenkoordinaten, dafür den ganzen Formalismus der idealen Abbildung übernehmen.

Das führt sofort auf die Frage, warum überhaupt für die Lichtröhre andere Koordinaten gewählt wurden, wenn doch die neuen Koordinaten Y, Z usw. dem Brechungsgesetz und damit der Physik offensichtlich besser angepaßt sind. Um den Unterschied zwischen LLW und dem Ausdruck $Yn\zeta - Zn\eta$ zu erkennen, setzen wir in letzteren die Umrechnungsformeln (30.2) ein und bekommen wegen (30.1)

$$Yn\zeta - Zn\eta = \frac{a\,n\sin w - b\,n\sin u}{\sqrt{1 - \sin^2 u \sin^2 w}}\,. \tag{30.9}$$

Der Zähler auf der rechten Seite ist bis auf den ganz formalen Unterschied zwischen den Strahlkoordinaten und Lichtröhrenkoordinaten mit dem linearen Leitwert identisch. Der Nenner zeigt, daß tatsächlich bei einer Brechung die tangentialen und sagittalen Komponenten eines Strahls voneinander abhängig sind. Diese Abhängigkeit ist allein durch die Strahlrichtung gegeben, und es ist belanglos, ob diese Richtung durch Brechung an Kugelflächen oder asphärischen Flächen erreicht wurde. Die Durchrechnung ebener Strahlen und auch die Berechnung der Lichtröhrenkoordinaten waren deshalb so einfach, weil die Koordinaten im einen Schnitt (z. B. a und $\sin u$) von denen im anderen Schnitt (z. B. b und $\sin w$) unabhängig waren. Die Formel (30.9) zeigt, daß dieses Vorgehen für die beiden Hauptschnitte richtig ist, weil dort der Nenner den Wert eins hat. Für Strahlen, die in der Nähe der Hauptschnitte verlaufen, liefern die Regeln der idealen Abbildung die richtigen Grenzwerte, weil die Abweichung des Nenners von 1 proportional zu $\sin^2 u \cdot \sin^2 w$ ist. Dies ist der tiefere Grund, weshalb in den Formeln (27.1) zur Definition der Bildfehler SVO und SVP stets die Strahlkoordinaten mit Lichtröhrenkoordinaten verknüpft wurden. Man denke sich die Lichtröhrenkoordinaten als infinitesimal kleine Komponenten senkrecht zur Ebene des Strahls. Dann bedeutet das Verschwinden der Bildfehler, daß das Verhalten von schiefen Strahlen in einer kleinen Umgebung senkrecht zur Ebene des durchgerechneten Strahls stabil und dem des ebenen Strahls ähnlich ist. Das ist für die Praxis außerordentlich wichtig, es erlaubt dem Optik-Konstrukteur, bei der Berechnung eines Systems mit der trigonometrischen Durchrechnung weniger Strahlen auszukommen und in etlichen Fällen auf die viel aufwendigere Durchrechnung schiefer Strahlen zu verzichten.

Die Invariante

$$\frac{a\,n\sin w - b\,n\sin u}{\sqrt{1-\sin^2 u\sin^2 w}} \tag{30.10}$$

ist die Abbesche *Sinusbedingung* wohl in der allgemeinsten Form, die zur Zeit bekannt ist. Sie gilt für die am Anfang dieses Paragraphen erklärten Koordinaten der sagittalen und tangentialen Komponenten eines schiefen Strahls in einem zentrierten optischen System. Praktisch verwendet wird sie vor allem in den Sonderfällen, wo die Komponenten in der sagittalen oder tangentialen Richtung infinitesimal klein sind. Schon dabei spart sie viel Rechenarbeit und gibt wichtige Hinweise auf die Zusammenhänge der Bildfehler untereinander. Obwohl etwa gleichzeitig mit ABBE auch v. HELMHOLTZ und schon ein Jahrzehnt eher CLAUSIUS auf diese Invarianz aufmerksam gemacht haben, ist es wohl gerechtfertigt, die Sinusbedingung nach ABBE zu benennen, weil er mit der praktischen Anwendung dieser Regel auf optische Instrumente die Voraussetzung geschaffen hat für die Berechnung hochwertiger Systeme mit einem wirtschaftlich vertretbaren Aufwand.

Für transversale Wellen ist die Sinusbedingung nicht, wie manchmal angenommen wird, zum Satz von der Erhaltung der Energie äquivalent. Sie folgt schon aus dem Brechungsgesetz und beschreibt deshalb nur die Stetigkeit der Phasenbeziehung in der Umgebung des Strahls.

Für numerische Rechnungen müssen die Gln. (30.8) etwas umgeformt werden. Dabei können wir den Fall $Yn\zeta - Zn\eta = 0$ außer acht lassen, weil dann der schiefe Strahl in einer Ebene durch die Achse verläuft, also tatsächlich ein ebener Strahl ist. Ist $Yn\zeta - Zn\eta \neq 0$, dann gibt es nach

Satz 2 im § 9 vier Koeffizienten a, b, c, d mit $ad - bc = 1$ so, daß zwischen den Koordinaten vor und nach der Brechung die zu (9.2) analoge Beziehung besteht:

$$Y' = aY + bn\eta\,, \qquad Z' = aZ + bn\zeta\,,$$
$$n'\eta' = cY + dn\eta\,, \qquad n'\zeta = cZ + dn\zeta\,. \tag{30.11}$$

Formal dieselbe Beziehung besteht natürlich auch zwischen den Koordinaten vor und hinter einem ganzen optischen System. Auch das Verfahren zur Bestimmung der Koeffizienten ist durch den Hauptsatz der Theorie der idealen Abbildung vorgezeichnet. Wir zerlegen die Abbildung in drei Teilschritte. Der erste ist ein Übergang von der Scheitelebene der brechenden Fläche zu einer neuen Bezugsebene, die den Punkt der Fläche enthält, den die drei Strahlen S, S' und N gemeinsam haben. Dabei bleiben die Richtungskosinus ungeändert, die Punktkoordinaten werden transformiert nach der Regel $y_F = Y + L\eta$, $z_F = Z + L\zeta$, wobei L der auf dem Strahl gemessene Abstand zwischen den beiden Aufpunkten ist. Für die neuen Koordinaten rechnen wir die Richtungsänderung des Strahls bei der Brechung aus. Weil dabei die Punktkoordinaten ungeändert bleiben, müssen sich dabei Gleichungen der Form

$$n'\eta' = n\eta + \phi\, y_F, \qquad n'\zeta' = n\zeta + \phi\, z_F$$

ergeben, wobei ϕ die „schiefe Brechkraft" der Fläche ist. Im dritten Teilschritt schließlich müssen wir um den auf dem gebrochenen Strahl S' gemessenen Abstand L' zur ursprünglichen Bezugsebene zurückgehen.

Die Koeffizienten a, b, c und d in der Formel (30.11) für die Brechung eines schiefen Strahls an einer Fläche haben deshalb allgemein die Gestalt

$$a = 1 - \frac{L'}{n'}\phi\,, \qquad b = \frac{L}{n} - \frac{L'}{n'} - \phi\,\frac{LL'}{nn'}\,,$$
$$c = \phi\,, \qquad d = 1 + \frac{L}{n}\phi\,. \tag{30.12}$$

Speziell für Kugelflächen mit der Krümmung $\varrho = 1/r$ ist

$$L = r\cdot(\xi - Y\varrho\eta - Z\varrho\xi - \cos i) = \varrho\cdot\frac{Y^2 + Z^2}{(\xi - Y\varrho\eta - Z\varrho\zeta) + \cos i}\,,$$
$$\phi = -\varrho\,(n'\cdot\cos i' - n\cdot\cos i)\,, \tag{30.13}$$
$$L' = L\,\frac{\xi}{\xi'}\,,$$

wofür als Hilfsgrößen zu berechnen sind

$$\sin^2 i = \varrho^2(Y\zeta - Z\eta)^2 + (Y\varrho\xi + \eta)^2 + (Z\varrho\xi + \zeta)^2\,,$$
$$\sin i' = \frac{n}{n'}\cdot\sin i\,, \tag{30.14}$$
$$\cos i = +\sqrt{1 - \sin^2 i}\,, \qquad \cos i' = +\sqrt{1 - \sin^2 i'}\,,$$
$$n'\xi' = n\xi + \phi\cdot(L\xi - r)\,.$$

Bei Planflächen ist $a = d = 1$, $c = b = 0$. Die Beweise hierfür ergeben sich alle aus Beziehungen der elementaren Geometrie und bringen keine physikalischen Erkenntnisse. Ich habe sie deshalb weggelassen.

Zur Verminderung der Rechenarbeit nimmt man noch folgende Umformung vor: Man denke sich die Koeffizienten (30.12) in die Formeln (30.11) eingesetzt und dann die Gleichungen für Y' und Z' mit $n'\xi'$ multipliziert. Benutzt man beim Auflösen der Klammern die letzten Gleichungen von (30.13) und (30.14), so bekommt man

$$\begin{aligned} Y'n'\xi' &= Yn\xi + (n'\cdot\cos i' - n\cdot\cos i)\cdot(Y + L\eta)\,, \\ Z'n'\xi' &= Zn\xi + (n'\cdot\cos i' - n\cdot\cos i)\cdot(Z + L\zeta)\,, \\ n'\xi' &= n\xi - \varrho(n'\cdot\cos i' - n\cdot\cos i)\cdot(-r + L\xi)\,, \\ n'\eta' &= n\eta - \varrho(n'\cdot\cos i' - n\cdot\cos i)\cdot(Y + L\eta)\,, \\ n'\zeta' &= n\zeta - \varrho(n'\cdot\cos i' - n\cdot\cos i)\cdot(Z + L\zeta)\,. \end{aligned} \tag{30.15}$$

Die Zahl der Rechenoperationen läßt sich weiter verringern, wenn man die Produkte auf der rechten Seite mit $n\xi$ erweitert und alle Ausdrücke umschreibt auf die reduzierten Punktkoordinaten $Yn\xi$ und $Zn\xi$. Dieser Formelsatz steht bei M. Herzberger: Modern Geometrical Optics, Interscience Publishers, New York 1958. Dort findet man auch die von mir ausgelassenen Beweise.

§ 31. Der Astigmatismus Koordinaten der schiefen Büschel, Lambertsches Strahlungsgesetz, astigmatische Durchrechnungsformeln, Astigmatismus und Bildkrümmung

Wenn die vier monochromatischen Bildfehler SPHO, SVO, SPHP und SVP korrigiert, also durch geeignete Form der Linsen auf genügend kleine Beträge gebracht worden sind, dann ist für die eine Wellenlänge erreicht, daß die Mitten des Bildes und der Austrittspupille an der richtigen Stelle der Achse und ihre Ränder in der richtigen Größe bezüglich der Mitten abgebildet werden. Aber damit ist noch nicht sichergestellt, daß die Ränder auch scharf und an der richtigen Stelle abgebildet werden. Dies ist erst der Fall, wenn weitere Bildfehler korrigiert werden, nämlich Astigmatismus, Bildkrümmung und Koma.

Die Formeln hierfür sind komplizierter als für die bisher behandelten Bildfehler. Damit die Übersicht nicht verloren geht, ist es zweckmäßig, im folgenden nur die Objektabbildung zu behandeln. Die entsprechenden Formeln für die Pupillenabbildung ergeben sich ohne Ausnahme ganz analog durch Änderung der Bezeichnung.

Da die Größe des Bildes durch die Verzeichnung vollständig beschrieben ist, interessiert jetzt nur noch die Scharfabbildung am Bildrand. Dazu gehört im Objektraum ein Lichtkegel, dessen Spitze der Objektrand im Tangentialschnitt und dessen Basis die Fläche der Eintrittspupille ist. Der Hauptstrahl bildet die Achse des Kegels. Die Querschnitte senkrecht zum Hauptstrahl sind keine Kreise mehr wie bei der Abbildung der Objektmitte, sondern bei idealer Eintrittspupille Ellipsen. Bei realen optischen Systemen wird der Kegel außerdem durch Linsenränder und Fassungsteile an verschiedenen Stellen des Systems beschnitten, die wirksame Eintrittspupille nimmt dann durch Vignettierung die Form eines Kreiszweiecks an (wie die Pupille im Auge der Katze). Da Art und Maß der Vignettierung durch mechanische Forderungen für die Fertigung der Linsen wesentlich beeinflußt werden, ist es zweckmäßig, sie bei der Berechnung der Bildfehler nicht zu berücksichtigen, sondern erst bei der abschließenden Diskussion über die Güte der Abbildung, wo auch die Einbuße an Helligkeit und Auflösung eine Rolle spielt.

In dem schiefen Lichtkegel führen wir Koordinaten ein in Analogie zu den Koordinaten des Rand- und des Hauptstrahls bezüglich der Achse. Wir beziehen sie auf den Hauptstrahl, der im Tangentialschnitt verläuft und mit der Achse den Winkel w bildet. Für die im Tangentialschnitt liegenden Strahlen des Kegels nehmen wir die Koordinaten

$$a_t = \pm\, a \cdot \cos w\,, \qquad n \sin u_t = \pm\, n \sin u \cdot \cos^2 w\,. \tag{31.1}$$

Eine anschauliche Deutung gibt Abb. 42, wo auch der Randstrahl in die Tangentialebene gezeichnet wurde.

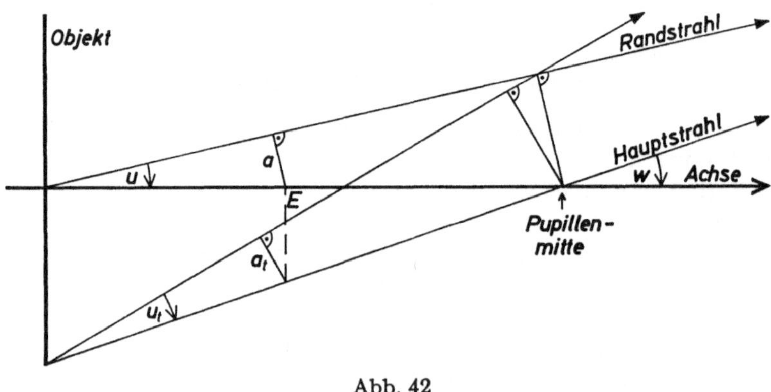

Abb. 42

Mit dieser Definition ist zweierlei erreicht:

1. In Richtung der Achse gemessen haben Objektmitte und Objektrand dieselbe Entfernung $\dfrac{a}{\sin u} = \cos w \cdot \dfrac{a \cdot \cos w}{\sin u \cdot \cos^2 w}$ vom Aufpunkt.

2. Die beiden Kegel des Mittenbüschels und des schiefen Büschels durchdringen sich ungefähr am Rand der Eintrittspupille. Streng gilt das nur, wenn entweder u oder w dem Betrage nach klein ist (fernes Objekt oder ferne Pupille). Aber im Hinblick auf die meist viel schwerer wiegende Vignettierung lohnt es sich nicht, hier Haare zu spalten.

In sagittaler Richtung nehmen wir die Koordinaten

$$a_s = \pm a\,, \qquad n \sin u_s = \pm n \sin u \cdot \cos w\,, \tag{31.2}$$

die auch obige Forderungen erfüllen. Natürlich müssen die Koordinaten in tangentialer Richtung stetig übergehen in die der sagittalen Richtung. Das ist offensichtlich möglich mit Hilfe der Definition

$$\begin{aligned} a_\vartheta &= \pm a \sqrt{1 - \sin^2 w \cos^2 \vartheta}\,, \\ n \sin u_\vartheta &= \pm n \sin u \cdot \cos w \sqrt{1 - \sin^2 w \cdot \cos^2 \vartheta}\,, \end{aligned} \tag{31.3}$$

worin ϑ der Winkel zwischen der betrachteten Richtung und der Tangentialebene ist, a und $\sin u$ sind die Koordinaten des Randstrahls im Mittenbüschel, w ist die Neigung des Hauptstrahls gegen die Achse. Die vier möglichen Vorzeichenkombinationen geben die vier Quadranten des Lichtkegels, $\vartheta = 0°$ und $\vartheta = 180°$ liefert die Formeln (31.1) für die tangentiale Richtung, $\vartheta = \pm 90°$ die Formeln (31.2) für die sagittale Richtung.

Von prinzipieller Bedeutung sind die energetischen Beziehungen für die Abbildung in schiefen Büscheln. Nehmen wir ein Objektelement B_s in sagittaler Richtung, also einen kleinen Pfeil der Länge $2\,B_s$ senkrecht zur Zeichenebene der Abb. 42, und verbinden seinen Rand mit der Pupillenmitte, dann hat dieser neue „Hauptstrahl" bezüglich der Achse des Lichtkegels die Koordinaten b_s und $n \sin v_s \cdot \cos w$, wobei der Faktor $\cos w$ durch die Geometrie, nämlich den größeren Abstand zur Pupille gegeben ist. Für die Abbildung dieses sagittalen Objekts durch das tangentiale Büschel ergibt sich wegen (31.1) als linearer Leitwert

$$a_t \cdot n \sin v_s \cdot \cos w - b_s \cdot n \sin u_t = (a \cdot n \sin v_s - b \cdot n \sin u) \cdot \cos^2 w\,.$$

Er ist um den Faktor $\cos^2 w$ kleiner als der entsprechende Wert in der Bildmitte.

Bilden wir ein Objektelement B_t in tangentialer Richtung durch das sagittale Büschel ab, dann hat dessen „Hauptstrahl" zur Kegelachse die Koordinaten $b_t \cdot \cos w$ und $n \sin v_t \cdot \cos^2 w$ und gibt mit dem sagittalen „Randstrahl" wegen (31.2) den linearen Leitwert

$$a_s \cdot n \sin v_t \cdot \cos^2 w - b_t \cdot \cos w \cdot n \sin u_s = (a \cdot n \sin v_t - b \cdot n \sin u) \cdot \cos^2 w\,.$$

Führt man die entsprechende Rechnung durch zwei beliebige zueinander senkrechte Richtungen, dann bekommt man den der Bildmitte entsprechenden Leitwert mit dem Faktor

$$\cos w \cdot \sqrt{1 - \sin^2 w + \tfrac{1}{4} \sin^4 w \cdot \sin^2 2\vartheta} \approx \cos^2 w + \tfrac{1}{8} \sin^4 w \sin^2 2\vartheta\,,$$

wobei ϑ der für die Formel (31.3) erklärte Winkel ist. Der Zusatzterm erreicht nur für sehr große Winkel w mit cos w vergleichbare Werte. Er hat keinen physikalischen Grund, sondern ergibt sich, weil das Koordinatensystem der Lote a, b und Aperturen n sin u und n sin w für die schiefen Strahlen nicht so zweckmäßig ist wie das im § 30 angegebene Koordinatensystem $x, y, z, \xi, \eta, \zeta$.

Bei der Berechnung optischer Systeme kann man diese Feinheiten in der Regel außer acht lassen und einfach sagen, daß der lineare Leitwert in den schiefen Büscheln von der Mitte bis zum Bildrand abnimmt mit dem Faktor $\cos^2 w$. Da die Strahlungsleistung bei konstanter Strahlungsdichte dem Quadrat des linearen Leitwertes proportional ist, fällt sie also zum Bildrand hin ab mit dem Faktor $\cos^4 w$. Dieser Helligkeitsabfall ist eine Folge des Lambertschen Strahlungsgesetzes und wird bei optischen Instrumenten bisweilen als „natürliche Vignettierung" bezeichnet. Sie ist schon bei normalen Bildwinkeln beträchtlich. Für den in der Kleinbildphotographie üblichen Bildwinkel $w = 23°$ ergibt sich $\cos w = 0{,}92$ und $\cos^4 w = 0{,}72$. In die Bildecke kommt weniger als 3/4 der Strahlungsleistung des Mittenbüschels. Wegen der Abschneidungen an Fassungsrändern muß man tatsächlich mit größeren Verlusten rechnen. Auf den Photographien stört der Helligkeitsverlust am Rand nur in Sonderfällen, weil die normalen Filmschichten beträchtliche Belichtungsunterschiede ausgleichen können.

Außerhalb des Tangentialschnittes sind alle Strahlen des schiefen Büschels schiefe Strahlen, deren Durchrechnung einen erheblichen Aufwand erfordert. Diesen allgemeinen Fall wollen wir bis zum nächsten Paragraphen zurückstellen und uns jetzt auf den Fall beschränken, daß die Öffnung des Büschels klein ist, so klein, daß wir den Verlauf der Strahlen durch Differentiation der Brechungsformeln für den Hauptstrahl finden können. Die Koordinatendifferentiale nennen wir A_t, nU_t, A_s und nU_s. Durch diese Bezeichnung ist der formale Zusammenhang mit den Koordinaten im schiefen Büschel hergestellt. Im Objektraum geben wir den Differentialen dieselben numerischen Werte wie den Koordinaten der entsprechenden Strahlen des schiefen Büschels.

Zur Ableitung der Durchrechnungsformeln für die Differentiale nehmen wir im ersten Schritt die Brechungsnormale N als Bezugsachse $y = 0$, $z = 0$. Stattdessen können wir uns auch vorstellen, daß der Hauptstrahl die brechende Fläche gerade im Schnittpunkt mit der Achse des Systems trifft, denn in zentrierten Systemen ist die Achse zugleich Flächennormale. Vereinbarungsgemäß denken wir uns den Hauptstrahl in der x-y-Ebene und nennen dementsprechend die Inzidenzwinkel j und j'. Da wir die Differentiation nicht nur innerhalb der Brechungsebene vornehmen wollen, müssen wir für den Hauptstrahl die Formel

(30.15) für schiefe Strahlen verwenden. Darin ist $L = 0$, $Y = Y' = 0$, $Z = Z' = 0$ und deshalb

$$n'\xi' = n\xi + (n' \cos j' - n \cos j) . \tag{31.4}$$

Die Differentiation der beiden letzten Gleichungen von (30.15) liefert

$$\begin{aligned} n'd\eta' &= n\, d\eta - \varrho(n' \cos j' - n \cos j)\, dY , \\ n'd\zeta' &= n\, d\zeta - \varrho(n' \cos j' - n \cos j)\, dZ , \end{aligned} \tag{31.5}$$

denn es ist $dL = 0$. Das ist anschaulich klar, weil die Koordinaten dY und dZ einen Punkt in der Tangentialebene der Fläche geben. Formal folgt $dL = 0$ durch Differentiation der ersten Gleichung von (30.13). Die Differentiation der beiden ersten Gleichungen von (30.15) liefert zusammen mit (31.4) die anschaulich trivialen Ergebnisse $dY' = dY$, $dZ' = dZ$.

Die Differentialformeln (31.5) sind für die tangentiale Richtung (y-Richtung) und sagittale Richtung (z-Richtung) formal gleich. Sogar für jede beliebige Richtung bekommt man dasselbe Ergebnis, denn wir haben den Hauptstrahl nur der räumlichen Vorstellung zuliebe in die x-y-Ebene gelegt, bei der Herleitung der Formeln aber kein Gebrauch davon gemacht, daß speziell $\zeta = 0$ ist.

Die für den Astigmatismus charakteristische Unsymmetrie für verschiedene Richtungen senkrecht zum Hauptstrahl ist die Folge einer Koordinatentransformation, sie ergibt sich, wenn wir nicht mehr die Brechungsnormale als Bezugsachse nehmen, sondern den Hauptstrahl. Die Transformationsformeln sind

$$\begin{aligned} dY &= A_t/\cos j , & dZ &= A_s , \\ d\eta &= - U_t \cdot \cos j , & d\zeta &= - U_s . \end{aligned} \tag{31.6}$$

Dabei ist vorausgesetzt, daß der Hauptstrahl in der x-y-Ebene liegt und deshalb $\zeta = 0$ ist. Formal bekommt man sie, wenn man (30.1) und die beiden letzten Gleichungen von (30.2) differenziert für $u = 0$ und $w = -j$ und die Differentiale in die Definition (31.1) und (31.2) der Koordinaten in schiefen Büschel einsetzt. Eine anschauliche Interpretation für den Tangentialschnitt gibt Abb. 43. Mit etwas räumlichem Vorstellungsvermögen kann man sich die angegebenen Beziehungen für die sagittale Richtung ganz entsprechend veranschaulichen.

Durch Einsetzen von (31.6) im (31.5) bekommt man die sogenannten *astigmatischen Brechungsformeln* für Strahlen in infinitesimaler Nachbarschaft eines Hauptstrahls:

$$\begin{aligned} A'_t/\cos j' &= A_t/\cos j , \\ n'U'_t \cdot \cos j' &= nU_t \cdot \cos j + \varrho(n' \cos j' - n \cos j) A_t/\cos j , \\ A'_s &= A_s , \\ n'U'_s &= nU_s + \varrho(n' \cos j' - n \cos j)\, A_s . \end{aligned} \tag{31.7}$$

Die zugehörigen Übergangsformeln ergeben sich unmittelbar aus der Definition der Koordinaten im schiefen Büschel und lauten

$$\begin{aligned} A_t^* &= A_t + DnU_t\,, & A_s^* &= A_s + DnU_s\,,\\ n^*U_t^* &= nU_t\,, & n^*U_s^* &= nU_s\,, \end{aligned} \tag{31.8}$$

wobei D jetzt längs des Hauptstrahls zu messen ist und mit dem auf die Achse projizierten Abstand d zusammenhängt vermöge der Formel

$$D = -\,d/n\cos w\,.$$

Der Winkel w gibt die Neigung des Hauptstrahls gegen die Achse, d ist aber nicht wie bei der Durchrechnung ebener Strahlen der Scheitelabstand zweier brechender Flächen, sondern der axiale Abstand der Inzidenzpunkte des Hauptstrahls mit diesen Flächen. Bei numerischen

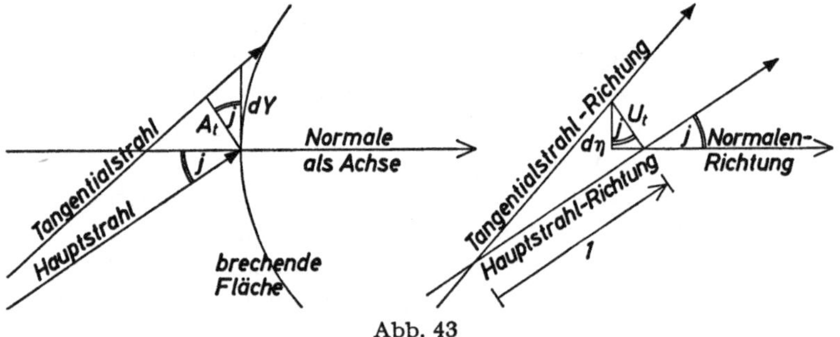

Abb. 43

Rechnungen bestimmt man ihn aus dem Scheitelabstand und den „Pfeilhöhen" x [siehe Abb. 38 und Formel (26.12)].

Wendet man diese Formelsätze an für alle Abstände und alle brechenden Flächen eines Systems, dann bekommt man schließlich aus den Koordinaten des Objektraums die zugehörigen Koordinaten A_t', $n'U_t'$, A_s' und $n'U_s'$ im Bildraum. Damit wird in Analogie zur sphärischen Aberration der *Astigmatismus* definiert durch die Formel

$$\mathrm{AST} = 1831\cdot(A_t'\,n'U_s' - A_s'\,n'U_t')\ \mathrm{R.E.} \tag{31.9}$$

Er ist ein Maß für die tangentiale Unschärfe A_t' am Ort $A_s' = 0$ des sagittalen Bildes in Rayleigh-Einheiten der sagittalen Büschelöffnung, oder aber, was damit gleichbedeutend ist, ein Maß für die sagittale Unschärfe A_s' am Ort $A_t' = 0$ des tangentialen Bildes in Rayleigh-Einheiten der tangentialen Büschelöffnung. Kurz gesagt ist der Astigmatismus die Tiefe zwischen dem tangentialen und dem sagittalen Bild. Dabei hat das Wort „Bild" nur eine formale Bedeutung, nämlich $A_t' = 0$ oder $A_s' = 0$, denn der Astigmatismus kann zur Folge haben, daß gar kein Abbild des Objektes mehr entsteht.

Zur experimentellen Untersuchung nehmen wir wieder die in Abb. 31 skizzierte Apparatur. Die Farbfehler unterdrücken wir durch Grünfilter, die sphärische Aberration dadurch, daß wir der Blende P 25 mm Durchmesser geben. Am Rande des Objekts von 15 mm Höhe (30 mm Durchmesser) ist noch keine Spur von Astigmatismus zu sehen, der dafür berechnete Wert liegt unter 0,01 R.E. Da bei dieser Untersuchung nur der Objektrand interessiert, können wir einen größeren Hauptstrahlwinkel w dadurch bekommen, daß wir das Objekt O seitlich der Systemachse aufstellen. Damit wir in Übereinstimmung mit den Konventionen über sagittale und tangentiale Richtung bleiben, müßte O in vertikaler Richtung, beispielsweise nach unten, verschoben werden. Das Beobachtungsmikroskop müßte dementsprechend leicht angehoben werden. In der Handhabung ist es einfacher, stattdessen die Blende P mit der Linse L starr zu verbinden und beide um die horizontale Symmetrieachse der Linse zu kippen. Die normalen Linsenhalter auf der optischen Bank erlauben nur eine Kippung um die vertikale Symmetrieachse. Damit erreicht man natürlich physikalisch dasselbe, kommt aber leicht mit den Bezeichnungen in Konflikt. Ich werde im folgenden annehmen, daß die Linse um die horizontale Symmetrieachse gekippt wird und deshalb die Tangentialebene vertikal, die Sagittalrichtung waagerecht liegt.

Als Objekt nehmen wir die Folie mit den feinen Löchern, an denen wir den Einfluß der sphärischen Aberration auf die Beugungsfiguren untersucht haben. Auf diese Beugungsbilder stellen wir bei senkrechter Linse wie gewohnt das Beobachtungsmikroskop ein, dann kippen wir die Linse mit der Blende langsam. Bei einem Kippwinkel von 1,4° verliert die Beugungsfigur ihre Rotationssymmetrie, das Zentrum wird zu einem Strich in vertikaler (= tangentialer) Richtung. Verschieben wir die Schärfenebene des Mikroskops zur Linse hin, so finden wir eine Stelle, die ganz entsprechend aussieht, nur ist die Figur um 90° gedreht, der Strich liegt in waagerechter (=sagittaler) Richtung. Die Länge des Strichs entspricht dem Durchmesser des ersten Beugungsrings. Zwischen diesen beiden Stellungen findet man eine Figur mit einem runden Zentrum, die Beugungsringe sind in den Richtungen der Winkelhalbierenden zwischen sagittaler und tangentialer Richtung durch dunkle Stellen unterbrochen. Diese Figur hat also vier Symmetrieachsen; die zuerst beschriebenen Figuren, die ungefähr dem sagittalen bzw. tangentialen Bildpunkt entsprechen, haben nur zwei Symmetrieachsen. Bei einem Kippwinkel von 1,4° beträgt der Astigmatismus − 0,5 R.E. Dieser Betrag ist die untere Grenze für die Sichtbarkeit dieses Fehlers in der Beugungsfigur.

Um den Einfluß des Astigmatismus auf die geometrische Abbildung zu sehen, ersetzen wir die Folie mit den feinen Löchern durch das Diapositiv mit dem Balkenmuster. Jetzt sieht man einen Effekt erst bei einem größeren Kippwinkel von etwa 2°, der einen Astigmatismus von – 1,0 R.E. liefert. Und zwar sind im sagittalen Fokus die sagittalen Bildelemente, hier die waagerechten Balkenränder, unscharf und die tangentialen Bildelemente, hier die vertikalen Balkenränder, scharf. Im tangentialen Fokus, der 0,4 mm näher an der Linse L liegt, ist es umgekehrt. Einem Laien werden diese Zusammenhänge sehr verwirrend erscheinen. Für den sagittalen Fokus kann man sie sich mit Hilfe der Symmetrie des Strahlenverlaufs zur Tangentialebene anschaulich erklären; für den tangentialen Fokus ist eine analoge Erklärung nur bedingt richtig, weil die einander entsprechenden Strahlen der oberen oder unteren Büschelhälften in der Ebene des tangentialen Fokus nicht phasengleich zu sein brauchen.

Im Gegensatz zur sphärischen Aberration, die den Kontrast an den Rändern geometrischer Bilder vermindert, bringt der Astigmatismus hier eine Unschärfe, also einen Fehler, der in der Regel störender ist, weil er das Erkennen feiner Details nicht nur erschwert, sondern unmöglich macht.

In manchen Büchern wird das Entstehen des Astigmatismus damit begründet, daß bei der Brechung an einer Kugelfläche das schiefe Büschel im Tangentialschnitt eine andere Flächenkrümmung vorfindet als in sagittaler Richtung und deshalb anders gebrochen wird. So plausibel es klingt, es stimmt nicht. Da der Astigmatismus der oben benutzten Linse L negativ ist, müßte also die Krümmung im Tangentialschnitt stärker sein als in sagittaler Richtung. Aber der Tangentialschnitt schneidet aus der Kugel einen Großkreis heraus, größere Kreise gibt es auf der Kugel nicht. Ein einfaches Experiment zeigt die Unhaltbarkeit obiger Erklärung. Man bringe eine unter 45° zur Achse geneigte Planparallelplatte von etwa 10 mm Dicke zwischen die nicht gekippte Linse L und das Bild O' der oben beschriebenen Versuchsanordnung. Sie zeigt starken Astigmatismus, obwohl die Krümmungen der brechenden Flächen in jeder Richtung genau dieselben sind, nämlich Null.

Das Brechungsgesetz beschreibt die Erhaltung der Phasenbeziehungen bezüglich der Brechungsnormalen. Dann können sie aber bezüglich anderer Strahlen in der Regel nicht erhalten bleiben. Das ist wohl alles, was man zur anschaulichen Erklärung des Astigmatismus sagen kann. Genau das wird durch die symmetrischen Formeln (31.5) und die unsymmetrischen Formeln (31.7) zum Ausdruck gebracht.

Für Objektpunkte auf der Achse sind die astigmatischen Brechungs- und Übergangsformeln mit den Formeln (7.6) und (7.7) identisch, weil $\cos j = \cos w = 1$ ist. Ein Bildpunkt auf der Achse eines zentrierten Systems kann also keinen Astigmatismus zeigen. Deshalb ist der Astigmatismus in der Bildmitte ein charakteristisches und sehr empfindliches Kennzeichen für Zentrierfehler im weiteren Sinne, nämlich die Verkippung einer Linse gegen die Achse und die Abweichung der brechenden Fläche von der Rotationssymmetrie. Die Zerstörung der Rotationssymmetrie in den Beugungsfiguren durch den Astigmatismus ist das sicherste Kriterium beim Zentrieren von Linsen auf einer optischen Bank.

Ist der Astigmatismus auch für außeraxiale Bildpunkte beseitigt, dann fallen sagittaler und tangentialer Bildpunkt zusammen. Aber damit ist nicht gesagt, daß sie mit dem idealen Bildort des Mittenbüschels in einer zur Achse senkrechten Ebene liegen. In der Regel ist die Bildfläche gekrümmt. Man kann das beim Mikroskop sehen, wenn man Objektive einfacher Bauart (Achromate) benutzt. Dann bekommt man die Bildmitte und den Bildrand nicht gleichzeitig scharf, sondern muß beim Übergang zum Bildrand die Fokussierung ändern. Bei visueller Beobachtung stört das nicht wesentlich, da man die Scharfstellung ja ständig den Einzelheiten des Objekts anpaßt. Die Bildkrümmung stört aber sehr, wenn das Bild auf der ebenen Schicht eines Films oder einer photographischen Platte festgehalten werden soll. Dabei ist eine Änderung der Fokussierung nicht möglich.

Die hier besprochene Bildkrümmung darf nicht verwechselt werden mit der scheinbaren Bildwölbung, die im Zusammenhang mit der Verzeichnung beim Feldstecher erwähnt wurde.

Die Bildkrümmung ist kein physikalischer Bildfehler, sie ist ohne Einfluß auf das Aussehen der Beugungsfigur und auf die Qualität der Abbildung grober Strukturen. Sie verstößt nur gegen ein Ideal der Geometrie, wonach Ebenen in Ebenen abgebildet werden. Deshalb liegt der Definition kein physikalischer Sachverhalt zugrunde, sondern die geometrische Bedingung, daß der Bildpunkt in die durch den idealen Bildpunkt des Mittenbüschels gehende achsensenkrechte Ebene falle. Man kann diese Forderung für den tangentialen, sagittalen oder einen von beiden abhängigen Bildpunkt aufstellen. Das ist nur eine Frage der Zweckmäßigkeit. Die *sagittale Bildkrümmung* wird definiert durch die Formel

$$\text{SAG} = 1831 \cdot (A'_s\, n'U' \cdot \cos w' - A'n'U'_s) \text{ R.E.} \qquad (31.10)$$

Sie gibt die Tiefe zwischen dem sagittalen Bildpunkt und der idealen Bildmitte in Rayleigh-Einheiten. Die Größen A' und $n'U'$ ohne Indizes sind Lichtröhrenkoordinaten der idealen Abbildung. Durch den Faktor $\cos w'$ wird die Tiefe in Richtung der Achse umgerechnet.

Die in Abb. 31 skizzierte Apparatur ist zur Demonstration der Bildkrümmung wenig geeignet, denn für die Linse L hat SAG etwa die gleiche Größe wie AST und kann nur dann zuverlässig beobachtet werden, wenn man nicht die Linse L kippt, sondern das Objekt und das Beobachtungsmikroskop senkrecht zur Achse verschiebt.

§ 32. Zerlegung des Astigmatismus
Flächenanteile, Seidelsche Näherungen, Petzvalkrümmung

Die durch die Formeln (31.9) und (31.10) gegebenen Werte für den Astigmatismus und die sagittale Bildkrümmung hängen nicht davon ab, welchen Aufpunkt man der Berechnung zugrunde legt. Das folgt aus der Gestalt der Formeln, mit Hilfe der Übergangsformeln (31.8) und (7.6) kann man es leicht nachrechnen.

Der Beitrag einer brechenden Kugelfläche zum Astigmatismus ist

$$\begin{aligned} \Delta\,\mathrm{AST} &= \mathrm{AST}' - \mathrm{AST}\,, \\ &= 1831\,\{(A'_t\, n' U'_s - A'_s\, n' U'_t) - (A_t\, n U_s - A_s\, n U_t)\}\,. \end{aligned} \tag{32.1}$$

Setzen wir hier die Formeln (31.7) für die astigmatische Brechung ein, dann ergibt sich nach einigen Umformungen

$$\Delta\,\mathrm{AST} = \frac{-1831\,A_t}{\cos j \cdot \cos j'}\,(n \sin j)^2 \left(\frac{U'_s}{n'} - \frac{U_s}{n}\right) + \left(\frac{\cos j}{\cos j'} - 1\right) \mathrm{AST}\,. \tag{32.2}$$

Im Gegensatz zu den bisher angegebenen Formeln geht in den Flächenanteil zum Astigmatismus auch der Wert AST vor der Brechung ein.

Die Formel (32.2) hat keinen praktischen Nutzen, für numerische Rechnungen ist die Differenzformel (32.1) viel zweckmäßiger. Wertvoll ist sie für die Bildfehlertheorie, man kann ihr sofort die Seidelsche Näherungsformel entnehmen. Wir nehmen an, daß der Bildwinkel w und die Lote b so klein sind, daß man ohne wesentlichen Fehler $\cos w = 1$ und auch $\cos j = 1$ setzen darf. Damit wird $A_t = A$, $U_s = U$, der zweite Summand fällt weg, und mit der Approximation $n \sin j = nJ$ ergibt sich als Seidelsche Näherung

$$\Delta\,\mathrm{AST} \approx -1831 \cdot A \cdot (nJ)^2 \cdot \left(\frac{U'}{n'} - \frac{U}{n}\right) \mathrm{R.E.} \tag{32.3}$$

Diese Formel zeigt, daß ein enger Zusammenhang zwischen dem Astigmatismus und der sphärischen Aberration besteht. Abgesehen von dem Zahlenfaktor $^1/_2$ unterscheiden sich beide Näherungsformeln nur in den Faktoren $(nI)^2$ und $(nJ)^2$. Die Beiträge einer Fläche zur sphärischen Aberration und zum Astigmatismus haben also immer dasselbe Vorzeichen. Im Gültigkeitsbereich der Seidelschen Näherung verschwindet Δ AST genau dann, wenn entweder das Objekt im Scheitel der brechenden Fläche liegt ($A = 0$) oder in einem aplanatischen Punkt ($U'/n' = U/n$), oder wenn die Blende im Mittelpunkt der Kugel liegt ($nJ = 0$).

Die Formel (32.3) zeigt ferner, daß der Astigmatismus bei fester Objekt- und Pupillenlage in erster Näherung proportional zum Quadrat der Apertur $n_1 \cdot \sin u_1$ oder des Einfallslotes a_1 ist, und daß er bei vorgegebener Apertur vom Wert Null in der Bildmitte proportional zum Quadrat des Bildwinkels anwächst. Für große Bildwinkel werden höhere

Potenzen wirksam, deren Einfluß man wie bei den Bildfehlern ebener Strahlen durch die Angabe von Zonenfehlern charakterisiert:

$$(\mathrm{AST}) = \mathrm{AST}^* - l^2 \cdot \mathrm{AST}\,. \tag{32.4}$$

Dabei ist wie in § 29 AST* der Astigmatismus für einen kleineren Bildwinkel w^* und $l = n_1 \sin w_1^*/n_1 \sin w_1 = b_1^*/b_1$ das Verhältnis der Aperturen bzw. Lote dieses Strahls und des äußersten Hauptstrahls.

Die Wirkung einer brechenden Fläche auf die sagittale Bildkrümmung wird beschrieben durch den Ausdruck

$$\begin{aligned} \Delta\,\mathrm{SAG} &= \mathrm{SAG}' - \mathrm{SAG} \qquad (32.5)\\ &= 1831\,\{(A_s' n' U' \cdot \cos w' - A' n' U_s') - (A_s n U \cdot \cos w - A n U_s)\}\,. \end{aligned}$$

Eine explizite Formel, wie wir sie für die Flächenanteile der Bildfehler ebener Strahlen und auch für den Astigmatismus angeben konnten, ist für Δ SAG nicht bekannt. Man kennt nur die Seidelsche Näherung, die sich hier natürlich nicht durch Vereinfachung des streng richtigen Ausdrucks ergibt, sondern durch geschickte Approximationen und Umformungen von (32.5) abgeleitet wird. Das Ergebnis ist Formel (32.6):

$$\Delta\,\mathrm{SAG} \approx -1831\,\frac{A}{2}\,(nJ)^2\left(\frac{U'}{n'} - \frac{U}{n}\right) + 1831\,\frac{(\mathrm{LLW})^2}{2}\,\varrho\left(\frac{1}{n'} - \frac{1}{n}\right)\mathrm{R.E.}$$

Wer sich für die Ableitung dieser Formel interessiert, findet sie in der Arbeit: „Quasi-Invariants in Ray-Tracing", die H. A. UNVALA 1962 in dem 19. Band der Zeitschrift „Optik" veröffentlicht hat. Der erste Summand ist die Hälfte des Seidelschen Flächenanteils zum Astigmatismus, den zweiten Summanden nennt man den Flächenanteil der *Petzvalkrümmung* zu Ehren des ungarischen Mathematikers und Optikkonstrukteurs J. PETZVAL (1807—1891).

Die Formel (32.6) liefert ein für die Konstruktion optischer Systeme sehr wichtiges Ergebnis: Ist der Astigmatismus korrigiert, also

$$\sum \Delta\,\mathrm{AST} = 0\,,$$

dann wird im Rahmen der Seidelschen Näherung die sagittale Bildkrümmung gegeben durch

$$\sum \Delta\,\mathrm{SAG} \approx 915{,}5\,(\mathrm{LLW})^2 \cdot \sum \varrho\,(1/n' - 1/n)\,\mathrm{R.E.}\,,$$

einen Ausdruck, der keine Koordinaten der Lichtröhre oder der Strahlen mehr enthält und in ganz einfacher Weise aus dem linearen Leitwert des Systems, den Flächenkrümmungen und den Brechzahlen zu berechnen ist. Die Petzvalkrümmung

$$\mathrm{PTZ} = 915{,}5\,(\mathrm{LLW})^2 \sum \varrho\left(\frac{1}{n'} - \frac{1}{n}\right) \tag{32.7}$$

ist also ein leicht zu handhabendes Kriterium, ob es bei einem System überhaupt möglich sein wird, das Bildfeld zu ebnen.

Für eine dünne Linse aus einem Glas mit der Brechzahl n in Luft ist

$$\sum \varrho \left(\frac{1}{n'} - \frac{1}{n}\right) = \frac{1}{r_1}\left(\frac{1}{n} - 1\right) + \frac{1}{r_2}\left(1 - \frac{1}{n}\right) = \left(\frac{1}{r_1} - \frac{1}{r_2}\right)\frac{1-n}{n} = -\frac{\varphi}{n},$$

wobei φ die Brechkraft dieser Linse ist. Für eine Sammellinse ist demnach die Petzvalkrümmung negativ, das Bild krümmt sich der Lichtrichtung entgegen, für eine Zerstreuungslinse ist die Petzvalkrümmung positiv. Mit einer dünnen Einzellinse kann man nie ein geebnetes Bild eines ebenen Objektes bekommen.

Die Linsendicken kommen in dem Ausdruck für die Petzvalkrümmung nicht vor, dennoch sind gerade sie ein praktisch wichtiges Hilfsmittel zur Bildebnung. Das klingt erstaunlich, liegt aber einfach daran, daß die Dicken gemäß der Formel $\varphi = \varphi_1 + \varphi_2 + \delta\varphi_1\varphi_2$ die Brechkraft einer Linse beeinflussen ($\delta = -d/n$). Nehmen wir als Beispiel einen „dicken Meniskus", eine Linse in Luft mit beiderseits (auch im Vorzeichen!) gleichen Radien r_1 und r_2. Gemäß obiger Rechnung ist sein Beitrag zur Petzvalkrümmung Null. Die Brechkraft des Meniskus ist positiv, nämlich $\varphi = d\varphi_1^2/n$, weil $\varphi_1 = -\varphi_2$ ist. Er wirkt deshalb als Sammellinse ohne negative Bildkrümmung. Diese Eigenschaft wird in vielen optischen Systemen ausgenutzt.

Als erstes numerisches Beispiel wollen wir die in § 15 beschriebene Abbildung mit der plankonvexen Einzellinse der Brennweite $f = 321$ mm nehmen, und zwar mit folgenden Änderungen: Der Lochblende geben wir nicht mehr 30 mm Durchmesser, sondern nur noch 25 mm, den Bildwinkel erhöhen wir von $-0{,}0025$ auf $n_1 \sin w_1 = -0{,}035$ ($w_1 = 2°$). Dem entspricht ein Objektdurchmesser von 419 mm statt 30 mm. Die folgende Tabelle enthält die Rechenwerte für zwei Fälle.

Im ersten ist die gekrümmte Fläche ($r = 200$ mm) dem Objekt zugekehrt. In dieser Stellung hatten wir die Linse zur Demonstration der Farbfehler, der sphärischen Aberration und des Astigmatismus benutzt. Im zweiten Fall ist die Linse umgedreht, die Planfläche liegt auf der Objektseite. Angegeben sind die Flächenanteile zur sphärischen Aberration, zum Astigmatismus, zur sagittalen Bildkrümmung und deren Summen:

Tabelle 16

Fall	Bildfehler	1. Fläche	2. Fläche	Summe
1	SPHO [R.E.]	−0,8	−0,3	−1,1
	AST [R.E.]	−0,4	−0,6	−1,1
	SAG [R.E.]	−0,6	−0,3	−0,9
2	SPHO [R.E.]	−0,0	−4,3	−4,3
	AST [R.E.]	−0,0	−1,1	−1,1
	SAG [R.E.]	−0,0	−0,9	−0,9

Die Seidelschen Näherungen stimmen mit diesen Werten im Rahmen der Rechengenauigkeit überein, die Zonenfehler sind also belanglos. Die Petzvalkrümmung beträgt in beiden Fällen PTZ = − 0,3 R.E. und entsteht durch die Brechung an der Kugelfläche, der Beitrag der Planfläche verschwindet wegen $\varrho = 0$.

Die Tabellenwerte zeigen, daß es wegen der sphärischen Aberration günstig ist, die gekrümmte Linsenfläche dem weit entfernten Objekt zuzukehren. Für den Astigmatismus am Bildrand sind die beiden Stellungen der Linse praktisch gleichwertig, obwohl in der Wirkung der einzelnen Flächen deutliche Unterschiede bestehen.

Als zweites Beispiel nehmen wir einen von den im § 29 angegebenen Achromaten $f = 100$ mm, und zwar den ersten der drei Systeme. Die Flächenanteile zum Astigmatismus und zur sagittalen Bildkrümmung, zusammen mit ihren Summen und den Seidelschen Näherungen gibt die folgende Tabelle. In der letzten Doppelzeile ist die Petzvalkrümmung und die Hälfte der Seidelschen Näherung SN(AST) für die Flächenanteile zum Astigmatismus angegeben. Die Summe dieser beiden übereinander stehenden Werte ist die Seidelsche Näherung für den Flächenanteil zur sagittalen Bildkrümmung.

Tabelle 17

Bildfehler	1. Fläche	2. Fläche	3. Fläche	Summe
AST [R.E.]	−10,5	4,6	−20,5	−26,4
SN:	−10,6	4,6	−20,7	−26,6
SAG [R.E.]	−13,3	4,6	−15,0	−23,7
SN:	−13,3	4,6	−15,2	−23,9
PTZ [R.E.]	− 8,0	2,3	− 4,8	−10,5
1/2 SN(AST):	− 5,3	2,3	−10,4	−13,4

Die Summenwerte zeigen, daß dieses Objektiv, bei dem die Bildfehler ebener Strahlen sehr gut korrigiert sind, wegen des Astigmatismus und der Bildkrümmung nicht brauchbar ist für das ganze Bildfeld bis zu $n_1 \cdot \sin w_1 = -0{,}1$, sondern allenfalls bis zu $n_1 \cdot \sin w_1 = -0{,}02$, weil sich bei einer Verringerung des Bildwinkels auf den fünften Teil diese Fehler auf den 25. Teil reduzieren. Legt man strenge Maßstäbe an, dann kann man nur $n_1 \cdot \sin w_1 = -0{,}014$ zulassen, also einen Winkel w_1 von weniger als 1°.

Vergleicht man die Flächenanteile zum Astigmatismus mit denen zur sphärischen Aberration SPHO (Tabelle 14 in § 29), dann sieht man, daß hier die Wirkung der Kittfläche nicht ausreicht, den Einfluß der beiden Außenflächen zu kompensieren. Der Randstrahl läuft mit großem Lot von oben in die hohle Kittfläche hinein und hat deshalb dort einen größeren Inzidenzwinkel i als der Hauptstrahl, der mit kleinem Lot von unten kommend auf die Fläche trifft. Mit den Unterschieden in den Inzidenzwinkeln ist die unterschiedliche Wirkung der Kittfläche auf Astigmatismus und sphärische Aberration anschaulich zu erklären. Daraufhin wird man vermuten, daß eine andere Blendenlage, die für den Hauptstrahl innerhalb des Systems größere Lote gibt, günstigere Werte für den Astigmatismus liefert. Das ist aber nicht der Fall. Solange man im Gültigkeitsbereich der Seidelschen Näherungen bleibt, ändert bei dem hier behandelten Objektiv eine Pupillenverschiebung den Astigmatismus nicht, weil für eine spezielle Blendenlage SPHO und SVP korrigiert sind. Ich werde im § 34 darauf zurückkommen.

§ 33. Die Koma

Die Bildfehler in schiefen Büscheln endlicher Öffnung und ihr Zusammenhang mit der sphärischen Aberration der Objektabbildung und der Verzeichnung der Pupillenabbildung

Geht man von den infinitesimal engen Büscheln um den Hauptstrahl zu solchen mit endlicher Öffnung über, dann tritt neben dem Astigmatismus und der Bildkrümmung auch die *Koma* in Erscheinung. Ihr Entstehen ist im Grundsätzlichen vergleichbar mit dem der sphärischen Aberration und der Verzeichnung bei ebenen Strahlen, und sie hängt eng mit diesen Bildfehlern zusammen. Aber da den schiefen Büscheln die Symmetrie des Mittenbüschels fehlt, werden alle Erscheinungen komplizierter und sind theoretisch nur näherungsweise erfaßbar. Unser heutiges Wissen um die Koma ist vergleichbar mit dem, was man vor 1850 über die Bildfehler ebener Strahlen wußte. Man hat die Formeln zur Durchrechnung beliebiger schiefer Strahlen und kann damit für jedes Linsensystem alle Strahlkoordinaten mit der erforderlichen Genauigkeit bestimmen, aber man hat keine Theorie, die eine strenge Ordnung in die Vielfalt der Erscheinungen und Probleme bringt. Zumindest hat man dafür keine Theorie, die so übersichtlich ist, daß man damit auch praktisch arbeiten könnte. Insbesondere fehlt es an zuverlässigen Regeln, welchen Einfluß die Koma auf die Bildqualität hat. Die groben Effekte sind empirisch und theoretisch bekannt, aber bei der Beurteilung von Einflüssen, die an der Grenze der Erkennbarkeit liegen, ist auch der erfahrene Fachmann auf Schätzungen und Versuche angewiesen.

Aus diesen Gründen habe ich nicht versucht, in diesem Paragraphen alles zusammenzutragen, was heute über die Koma bekannt ist. Es würde nicht nur den Rahmen dieses Büchleins, sondern auch meine Kräfte übersteigen. Ich werde mich im folgenden auf eine anschauliche Beschreibung beschränken und versuchen, das Grundsätzliche in der Form von Faustregeln verständlich zu machen.

Die als Koma bezeichneten Bildfehler entstehen für jeden Strahl des schiefen Büschels um den Hauptstrahl, behandelt werden sie vorzugsweise für die beiden ausgezeichneten Richtungen senkrecht zum Hauptstrahl, die tangentiale und sagittale Richtung.

Alle tangential zum Hauptstrahl verlaufenden Strahlen liegen in einer Ebene, nämlich der Tangentialebene. Deshalb kann man für ihre Durchrechnung den einfacheren Formelsatz für ebene Strahlen benutzen, wenn man die Koordinaten dieser Strahlen nicht auf den Hauptstrahl, sondern die Achse bezieht. Nach der Durchrechnung durch alle brechenden Flächen des Systems rechnet man die Koordinaten wieder um auf den Hauptstrahl als Bezugsachse. Das ist zwar lästig, aber prinzipiell nicht schwierig. Hat man auf diese Weise die Koordinaten a_t' und $n' \sin u_t'$ eines tangentialen Komastrahls bestimmt, dann bildet man damit die *Tangentialkoma* dieses Strahls nach dem Prinzip der sphärischen Aberration in der Form

$$\mathrm{TK} = 1831\,(a_t'\, n' U_t' - A_t'\, n' \sin u_t)\ \mathrm{R.E.}\,,$$

wobei als Bezugsstrahl ein zum selben Hauptstrahl in tangentialer Richtung infinitesimal benachbarter Strahl genommen wird, dessen Koordinaten im Objektraum numerisch mit denen des Komastrahls übereinstimmen. Begrifflich besteht ein Unterschied darin, daß a_t' und $n' \sin u_t'$ echte Koordinaten sind, A_t' und $n' U_t'$ Koordinatendifferentiale, deren Berechnungsformeln (31.7) und (31.8) im Zusammenhang mit dem Astigmatismus behandelt wurden. Selbstverständlich muß der Aufpunkt für beide Koordinatenpaare derselbe sein.

Man kann die Tangentialkoma graphisch darstellen wie die sphärische Aberration. Trägt man TK/k^2 als Funktion der Werte für $n \sin u_t$ im Objektraum auf, wobei auch hier k wieder das Verhältnis zwischen der Apertur des durchgerechneten Komastrahls und der durch den Blendenrand gegebenen Maximal-Apertur ist, dann bekommt man die tangentiale Komakurve, die etwa den Verlauf der Kurve für SPHO/k^2 hat, aber im allgemeinen „schief" liegt. Die Abb. 44 soll zeigen, was damit gemeint ist.

In der Tangentialkoma sind eigentlich zwei Bildfehler enthalten. Nämlich ein der sphärischen Aberration entsprechender symmetrischer Anteil, der zahlenmäßig festgelegt werden kann durch $\frac{1}{2}(\mathrm{TK}_o + \mathrm{TK}_u)$. Die Indizes o und u bedeuten, daß die Werte für die jeweils einander entsprechenden Strahlen aus der oberen bzw. unteren Büschelhälfte zu nehmen sind. Der zweite Anteil ist ein Unsymmetriefehler $\frac{1}{2}(\mathrm{TK}_o - \mathrm{TK}_u)$, der das Schiefliegen der Kurve beschreibt und für den es im Mittenbüschel nicht Entsprechendes gibt. Diese Aufspaltung der Tangentialkoma ist aber nicht allgemein üblich, denn in vielen Fällen, insbesondere bei hoch beanspruchten Systemen, ist die Ähnlichkeit der Kurven für Tangentialkoma und sphärische Aberration viel schlechter als in Abb. 44.

Dann kann man mit der Aufspaltung wenig anfangen und braucht zur Diskussion des Einflusses auf die Bildqualität den ganzen Kurvenverlauf.

Geometrisch gedeutet besagt die Komakurve in Abb. 44, daß die von oben kommenden Komastrahlen des Tangentialschnitts den Hauptstrahl vor dem tangentialen Bildort (gegeben durch $A_t' = 0$) schneiden, die von unten kommenden dahinter. Deshalb durchstoßen die Strahlen eine Bild-

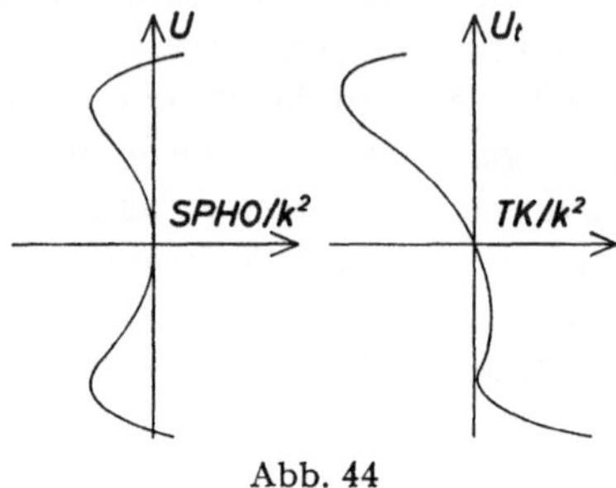

Abb. 44

ebene am tangentialen Bildort alle unterhalb des Hauptstrahls und bilden dort eine unsymmetrische Zerstreuungsfigur, siehe Abb. 45. Das läßt eine einseitige Unschärfe des Bildes vermuten. Tatsächlich hat ein im Bild punktförmiger Objekte (Sterne) sichtbarer Unschärfe-Schwanz der Koma ihren Namen gegeben. Aber ganz so einfach, wie die geometrische Zerstreuungsfigur es vermuten läßt, ist der Sachverhalt nicht. Denn die

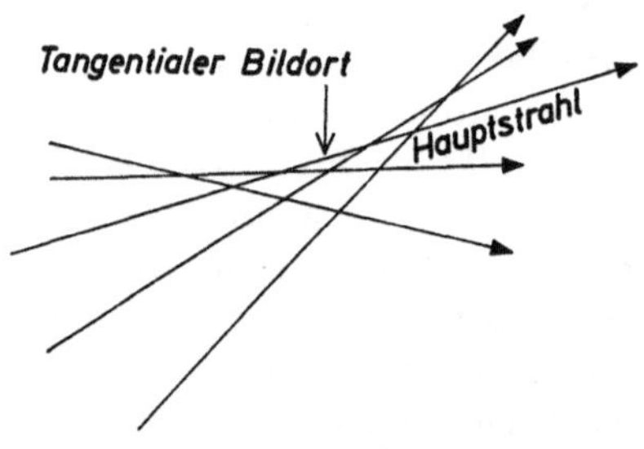

Abb. 45

durch den oberen und unteren Komastrahl repräsentierten Wellenfronten brauchen im Schnittpunkt der beiden Strahlen nicht phasengleich zu sein. Deshalb kann man aus der Zerstreuungsfigur allein nicht die Intensitätsverteilung am Bildort ablesen. In der Praxis zeigt sich die Schiefe der Komakurve immer als ungünstiger Einfluß auf die Qualität der Abbildung und muß deshalb möglichst klein gehalten werden, aber es gibt keine allgemein gültige Regel, welche Beträge der Tangentialkoma die Auflösung im Beugungsbild, die Schärfe oder den Kontrast bei der Abbildung grober Strukturen nur unwesentlich beeinträchtigen.

Als Beispiel ist in Abb. 46 die Tangentialkoma des auf Seite 133 angegebenen Achromaten $f = 100$ mm graphisch dargestellt für die Hauptstrahlneigungen $\sin w_1 = -0{,}05$ und $\sin w_1 = -0{,}1$. Ein Vergleich dieser Kurven mit der in Abb. 41 dargestellten sphärischen Aberration zeigt nur eine geringe Unsymmetrie; die Tangentialkoma des Achromaten ist also gut korrigiert, sogar für Bildwinkel, für die das Objektiv wegen des Astigmatismus unbrauchbar ist. Das ist kein Zufall, sondern es folgt aus dem Zusammenhang zwischen Koma und SVP, auf den ich im Anschluß an die Sagittalkoma zurückkommen werde.

Die Strahlen, die man zur Bestimmung der Sagittalkoma durchrechnen muß, liegen im Objektraum in einer Ebene, die auf der Tangentialebene senkrecht steht und den Hauptstrahl enthält. Sie verlaufen

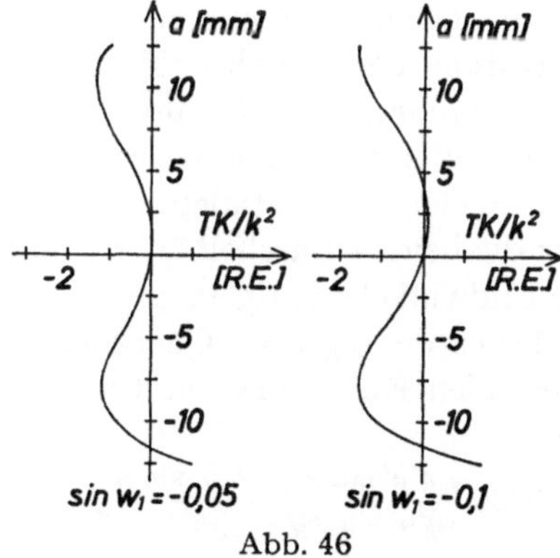

Abb. 46

schief zur Achse und bleiben bei Brechungen nicht notwendig in einer Ebene. Für ihre Durchrechnung braucht man den in § 30 angegebenen Formelsatz für schiefe Strahlen. Dadurch wird der Rechenaufwand größer, die geometrischen Verhältnisse werden komplizierter. Aber physikalisch ist die Sagittalkoma einfacher zu verstehen als die Tangentialkoma, weil für die schiefen Strahlen die als Abbesche Sinusbedingung bezeichnete Invarianzformel (30.10) gilt:

$$\frac{a\,n \sin w - b\,n \sin u}{\sqrt{1 - \sin^2 u \cdot \sin^2 w}} = \text{const}\,.$$

Wenn die von einem Objektpunkt auf dem Hauptstrahl ausgehenden Strahlen des schiefen Büschels sich hinter dem System in einem Bildpunkt auf dem Hauptstrahl treffen sollen, dann ist das nur für ganz bestimmte Koordinaten $\sin u'$ möglich. Für den Bildpunkt ist nämlich (wenn das Bild im Endlichen liegt) $a' = 0$, b' hat einen festen, durch den Hauptstrahl bestimmten Wert. Damit kann man aus der Sinusbedingung $\sin u'$ ausrechnen bis auf einen praktisch unerheblichen Fehler, der durch sin w' unter dem Wurzelzeichen des Nenners entsteht. Wegen der Sinusbedingung gibt also die Projektion des schiefen Strahls auf die Sagittalebene eine vollständige Information darüber, ob sich die Strahlen im Sagittalschnitt des schiefen Büschels in einem Punkt auf dem Hauptstrahl treffen oder nicht.

Die Abweichung von der punktförmigen Strahlenvereinigung wird durch zwei Bildfehler beschrieben. Der eine ist die sagittale Längskoma, die definiert wird durch den Ausdruck

$$\mathrm{SLK} = 1831(a'_s\, n' U'_s - A'_s\, n' \sin u'_s)\ \mathrm{R.E.}\,,$$

worin a'_s und $n' \sin u'_s$ die in § 31 definierten Koordinaten der Strahlen im schiefen Büschel sind und A'_s, $n' U'_s$ die ihnen entsprechenden Koordinatendifferentiale eines zum Hauptstrahl infinitesimal benachbarten Strahls. Die Analogie zur Tangentialkoma ist nur formaler Natur, aber zur sphärischen Aberration der Objektabbildung besteht eine enge Beziehung. Wegen der Symmetrie des Strahlenverlaufs zur Tangentialebene treffen sich die einander zugeordneten Strahlen der vorderen und hinteren Büschelhälfte in der Tangentialebene stets phasengleich. Die Kurve für SLK ist für die beiden Büschelhälften symmetrisch und geht bei Verringerung des Bildwinkels stetig in die Kurve für SPHO über.

Der zweite Bildfehler ist die sagittale Querkoma. Sie entspricht dem Schiefliegen der tangentialen Komakurve und wird definiert durch den Ausdruck

$$\mathrm{SQK} = 1000 \left(\frac{a' n' \sin w' - b' n' \sin u'}{a' n' \sin w'_H - b'_H n' \sin u'} - 1 \right) ^0/_{00}\,.$$

Die Größen b'_H und $n' \sin w'_H$ kennzeichnen den Verlauf des Hauptstrahls in der Tangentialebene, die vier anderen Größen sind die am Anfang des § 30 erklärten Koordinaten schiefer Strahlen, nicht die auf den Hauptstrahl bezogenen Koordinaten in schiefen Büscheln. Der Wert für SQK ist unabhängig von der Wahl des Aufpunktes, das folgt sofort aus der speziellen Gestalt der Formel. Legt man den Aufpunkt dorthin, wo der schiefe Strahl die Tangentialebene schneidet, dann wird $a' = 0$, und $\mathrm{SQK} = 1000 \cdot (b'/b'_H - 1)\ ^0/_{00}$ gibt den Lotfehler zwischen dem schiefen Strahl und dem Hauptstrahl in Promille der Länge des Lotes b'_H auf dem Hauptstrahl. Das erklärt den Namen dieses Fehlers.

Da die Berechnung der Sagittalkoma die Durchrechnung schiefer Strahlen erfordert, ist es für die praktische Arbeit wichtig, Näherungsformeln für kleine Bildwinkel zu haben. Für die sagittale Längskoma erfüllt offensichtlich SPHO diese Aufgabe, für die sagittale Querkoma ist − SVP eine solche Näherung. Um das einzusehen, teilen wir in SQK Zähler und Nenner durch $\sqrt{1 - \sin^2 u' \cdot \sin^2 w'}$. Dann ist der Zähler eine Invariante fürs ganze System, man kann also auch die Koordinaten des Objektraumes einsetzen. Speziell für kleine Winkel w_1 geht der Wert des

Zählers gegen $AnW - BnU = \text{LLW}$. Das bedeutet nicht, daß hinter dem System A' eine Näherung für a' ist usw., wir wissen nur infolge der Sinusbedingung (30.10), daß LLW auch hinter dem System ein Näherungswert für den Zähler ist. Im Nenner nehmen wir B' als Näherung für b'_H und $n'W'$ als Näherung für $n' \sin w'_H$. Das setzt voraus, daß der Hauptstrahl hinter dem System kleine Aberrationen hat. Für genügend kleine Winkel w_1 ist das sicher erfüllt, weil gemäß (29.1) SVO und SPHP proportional sind zum Quadrat bzw. zur vierten Potenz von $n_1 \sin w_1$. Für a' und $n' \sin u'$ nehmen wir die Koordinaten des Randstrahls in der Sagittalebene, was bei zentrierten Systemen für kleine Winkel w_1 aus Stetigkeitsgründen erlaubt sein muß. Auf diese Weise bekommen wir für SQK einen Näherungsausdruck

$$\text{K} = 1000\left(\frac{\text{LLW}}{a'\,n'\,W' - B'\,n'\sin u'} - 1\right)‰ ,$$

den wir als *Komazahl* bezeichnen. Ein Vergleich mit der Formel (27.1) für SVP zeigt, daß hier Zähler und Nenner vertauscht sind. Deshalb besteht die Beziehung

$$\text{SVP} + \text{K} + \frac{\text{SVP}\cdot\text{K}}{1000} = 0 ,$$

die in der Praxis in der Form $\text{K} \approx -\text{SVP}$ benutzt wird, denn da man die Koma wegen des schädlichen Einflusses auf die Bildqualität immer sehr klein halten muß, ist der dritte Summand in obiger Formel tatsächlich belanglos.

Zwischen der Verzeichnung der Pupille und der sagittalen Querkoma besteht also ein Zusammenhang, wie wir ihn im § 23 für die chromatische Vergrößerungsdifferenz der Objekt- und Pupillenabbildung kennengelernt haben. Das ist kein Zufall. So wie die ideale Objekt- und Pupillenabbildung durch die Invarianz des linearen Leitwertes miteinander verknüpft sind, sind die wirklichen Abbildungen durch die Invarianzaussage der Sinusbedingung für schiefe Strahlen verbunden. Der schiefe Strahl vom Rand des Objektes zum Rand der Eintrittspupille und vom Rand der Austrittspupille zum Rand des Bildes ist nämlich sagittaler Komastrahl der Objektabbildung und der Pupillenabbildung. Letzteres sieht man ein, wenn man sich die im § 30 vereinbarten Zuordnungen der Sagittal- und Tangentialebene zum Haupt- und Randstrahl vertauscht denkt. Einem kleinen Bildwinkel entspricht in der Pupillenabbildung eine kleine Büschelöffnung. Beschränkt man sich auf so kleine Bildwinkel, daß im Sagittalschnitt der Pupillenabbildung kein der sphärischen Aberration entsprechender Öffnungsfehler auftreten kann, dann ist SVP der einzige Fehler dieser Abbildung. Im Sagittalschnitt der Objektabbildung wird es bei großer Büschelöffnung einen Öffnungsfehler geben, nämlich SLK, und SQK als eine Art Verzeichnung dadurch, daß die sagittalen Komastrahlen die Tangentialebene über oder unter dem

Hauptstrahl schneiden. Wegen der Sinusbedingung ergibt sich der genannte Zusammenhang zwischen diesen beiden Verzeichnungen formal genau wie die Beziehungen zwischen den chromatischen Vergrößerungsdifferenzen.

Die Näherung SQK $\approx$ – SVP ist für die Praxis besonders wichtig, weil SVP nicht nur einfach zu berechnen ist, sondern weil man mit Hilfe der Flächenanteile Δ SVP oder ihrer Seidelschen Näherungen das Entstehen der sagittalen Querkoma innerhalb des optischen Systems leicht verfolgen kann und damit Hinweise zum Korrigieren dieses Fehlers bekommt.

Die tangentiale und sagittale Koma hängen voneinander ab, doch ist bisher die Beziehung zwischen ihnen allgemein nur empirisch feststellbar. Einen formelmäßigen Zusammenhang kennt man im Gültigkeitsbereich der Seidelschen Näherungen für die Bildfehler. Dort ist die tangentiale Unsymmetrie $^1/_2\,(\mathrm{TK}_o - \mathrm{TK}_u) = 3\cdot 1{,}831\cdot\mathrm{LLW}\cdot\mathrm{SQK}$. Wegen dieser Beziehung, die ich hier nicht beweisen will, ist die in Abb. 46 dargestellte Tangentialkoma so symmetrisch, denn SVP und damit SQK sind sehr klein. Deshalb wurde bei der Berechnung des Objektivs auf die Beseitigung der Pupillenverzeichnung geachtet.

§ 34. Abhängigkeit der Bildfehler von Objekt- und Pupillenlage

Einfluß von Objekt- und Pupillenverschiebung auf die Bildfehler und die Unmöglichkeit idealer Abbildungen

Bisher hatten wir stets vorausgesetzt, daß Objekt und Pupille fest vorgegeben waren. Für die Benutzung und die Berechnung optischer Instrumente ist es auch wichtig zu wissen, wie sich die Bildfehler bei einer Objekt- oder Pupillenverschiebung ändern. Formelmäßig bekannt sind diese Einflüsse allerdings nur im Rahmen der Seidelschen Näherungen. Für die Praxis genügt diese Information in der Regel, weil der Einsatz hochwertiger Systeme, deren Korrektion wesentlich durch Bildfehler höherer Ordnung bestimmt wird, nur sinnvoll ist unter den Voraussetzungen, für die das System berechnet wurde.

Die Seidelschen Näherungen für die Flächenanteile der fünf Bildfehler der Objektabbildung sind

$$\begin{aligned}
\Delta\,\mathrm{SPH} &= -\,915{,}5\,A\,(nI)^2\left(\frac{U'}{n'}-\frac{U}{n}\right)\mathrm{R.E.}\,,\\
\Delta\,\mathrm{SV} &= \frac{500}{\mathrm{LLW}}\,B\,nI\,nJ\left(\frac{W'}{n'}-\frac{W}{n}\right){}^0/_{00}\,,\\
\Delta\,\mathrm{AST} &= -\,1831\,A\,(nJ)^2\left(\frac{U'}{n'}-\frac{U}{n}\right)\mathrm{R.E.}\,,\\
\Delta\,\mathrm{PTZ} &= 915{,}5\,(\mathrm{LLW})^2\varrho\left(\frac{1}{n'}-\frac{1}{n}\right)\mathrm{R.E.}\,,\\
\Delta\,\mathrm{K} &= \frac{500}{\mathrm{LLW}}\,A\,nI\,nJ\left(\frac{U'}{n'}-\frac{U}{n}\right){}^0/_{00}\,.
\end{aligned} \tag{34.1}$$

Dabei habe ich den auf die Objektabbildung verweisenden Buchstaben O weggelassen und der Einfachheit halber das Gleichheitszeichen benutzt, obwohl es sich hier um Näherungen handelt.

Bei einer Pupillenverschiebung Π, wie sie durch die Formel (7.4) beschrieben wird, ist wegen $B^* = B + \pi A$ und $n^*W^* = nW + \pi n U$ auch $n^*J^* = B^*n^*\varrho - n^*W^* = (Bn\varrho - nW) + \pi(An\varrho - nU) = nJ + \pi n I$. Durch Einsetzen dieser Beziehungen in (34.1) bekommen wir den Einfluß der Pupillenverschiebung auf die Flächenanteile. Offensichtlich ist Δ SPH* $= \Delta$ SPH und Δ PTZ* $= \Delta$ PTZ, denn diese Fehler enthalten die Koordinaten B, nW und nJ nicht. Die sphärische Aberration der Objektabbildung und die Petzvalkrümmung sind von der Blendenlage unabhängig. Das gilt sowohl für die Flächenanteile als auch für ihre Summen.

Im Flächenanteil Δ K für die Komazahl steht von den Pupillenkoordinaten nur nJ. Die Pupillenverschiebung liefert deshalb

$$\mathrm{K}^* = \frac{500}{\mathrm{LLW}} AnInJ\left(\frac{U'}{n'} - \frac{U}{n}\right){}^0/_{00} + \pi\frac{500}{\mathrm{LLW}} A\,(nI)^2\left(\frac{U'}{n'} - \frac{U}{n}\right){}^0/_{00},$$

$$= \Delta\,\mathrm{K} - \pi\frac{0{,}546}{\mathrm{LLW}}\Delta\,\mathrm{SPH}\,.$$

Die Flächenanteile zur Komazahl hängen also von der Pupillenverschiebung linear ab, ihre Änderung ist proportional zum Flächenanteil der sphärischen Aberration. Daraus folgt durch Addition aller Flächenanteile, daß die Komazahl eines Systems von der Blendenlage unabhängig ist, wenn das System keine sphärische Aberration hat, also $\sum \Delta$ SPH $= 0$ ist.

Für den Astigmatismus liefert eine entsprechende Rechnung

$$\Delta\,\mathrm{AST}^* = \Delta\,\mathrm{AST} - \pi\,7{,}324\,\mathrm{LLW}\cdot\Delta\,\mathrm{K} + \pi^2\,2\,\Delta\,\mathrm{SPH}\,.$$

Seine Flächenanteile hängen von der ersten und zweiten Potenz des Parameters π der Pupillenverschiebung ab, die Koeffizienten sind bis auf Zahlenfaktoren die Flächenanteile zur Komazahl und zur sphärischen Aberration. Verschwinden beide Bildfehler für ein System, dann ist die Blendenlage ohne Einfluß auf den Astigmatismus. Deshalb kann man bei den in § 29 angegebenen Achromaten den Astigmatismus durch eine Pupillenverschiebung nicht verbessern.

Für die Flächenanteile zur Verzeichnung bekommt man ein Polynom dritten Grades in dem Parameter π, nämlich

$$\Delta\,\mathrm{SV}^* = \Delta\,\mathrm{SV} + \pi a_1 + \pi^2 a_2 - \pi^3\frac{0{,}546}{\mathrm{LLW}}\cdot\Delta\,\mathrm{SPH}\,.$$

Die Koeffizienten a_1 und a_2 des linearen und quadratischen Gliedes lauten

$$a_1 = \frac{500}{\mathrm{LLW}}\left\{B\,(nI)^2\left(\frac{W'}{n'} - \frac{W}{n}\right) + B\,nI\,nJ\left(\frac{U'}{n'} - \frac{U}{n}\right) + A\,nI\,nJ\left(\frac{W'}{n'} - \frac{W}{n}\right)\right\},$$

$$a_2 = \frac{500}{\mathrm{LLW}}\left\{A\,nI\,nJ\left(\frac{U'}{n'} - \frac{U}{n}\right) + B\,(nI)^2\left(\frac{U'}{n'} - \frac{U}{n}\right) + A\,(nI)^2\left(\frac{W'}{n'} - \frac{W}{n}\right)\right\},$$

und sind nicht ohne weiteres als Bildfehler zu erkennen. Der erste Summand von a_2 ist die Seidelsche Näherung für den Flächenanteil zur Komazahl. Den dritten formen wir um mit Hilfe der Beziehung

$$A\left(\frac{W'}{n'} - \frac{W}{n}\right) = B\left(\frac{U'}{n'} - \frac{U}{n}\right) + \mathrm{LLW}\left(\frac{1}{n'^2} - \frac{1}{n^2}\right), \qquad (34.2)$$

die durch elementare Rechnung aus der Invarianz des linearen Leitwertes folgt. Dann kommt der zweite Summand zweimal vor und wird mit der aus der Definition von nI und nJ folgenden Beziehung

$$B\,nI = A\,nJ + \mathrm{LLW} \qquad (34.3)$$

in die Gestalt des ersten Summanden gebracht, der nun dreimal vorkommt. Bei diesen Umformungen entsteht in der geschweiften Klammer der Ausdruck $\mathrm{LLW}\left[(nI)^2\left(\frac{1}{n'^2} - \frac{1}{n^2}\right) + 2\,nI\left(\frac{U'}{n'} - \frac{U}{n}\right)\right]$, der wegen $n'I' = nI$ und $I = A\varrho - U$ zusammengefaßt werden kann zu $-\mathrm{LLW}(U'^2 - U^2)$. Also ist $a_2 = 3\,\Delta\,\mathrm{K} - 500\,(U'^2 - U^2)$.

Der erste Summand von a_1 ist die Seidelsche Näherung für den Flächenanteil zum Astigmatismus der Pupillenabbildung, nicht der Objektabbildung. Das liest man in (34.1) ab, wenn man dort die Rollen von Objekt und Pupille vertauscht. Eine Umformung mit Hilfe der Beziehungen (34.2) und (34.3) liefert ganz analog

$$a_1 = -\frac{0{,}546}{\mathrm{LLW}}\left\{\tfrac{3}{2}\left[-1831\,B\,(nI)^2\left(\frac{W'}{n'} - \frac{W}{n}\right)\right] + 915{,}5\,\mathrm{LLW}^2\varrho\left(\frac{1}{n'} - \frac{1}{n}\right)\right\} + $$
$$+ 500\cdot(U'W' - UW)\,.$$

Diese Darstellung ist unbefriedigend, weil man nicht einsieht, welchen Einfluß der Astigmatismus der Pupillenabbildung auf die Objektabbildung hat. Im Bereich der Seidelschen Näherungen ist der Zusammenhang zwischen beiden sehr einfach, es ist

$$B\,(nI)^2\left(\frac{W'}{n'} - \frac{W}{n}\right) = A\,(nJ)^2\left(\frac{U'}{n'} - \frac{U}{n}\right) - \mathrm{LLW}\,(U'W' - UW)\,.$$

Das folgt durch elementare Umformungen mit Hilfe von (34.2) und (34.3). Summiert man die Anteile aller Flächen, dann fallen die Produkte UW paarweise weg bis aufs erste Glied U_1W_1 vor dem System und dem letzten $U'_kW'_k$ hinter dem System. Es bleibt

$$\mathrm{AST\,P} = \mathrm{AST\,O} + 1831\,\mathrm{LLW}\,(U'_k\,W'_k - U_1\,W_1)\,, \qquad (34.4)$$

der Astigmatismus der Objekt- und der Pupillenabbildung unterscheiden sich stets um $1831\,\mathrm{LLW}\,(U'_k\,W'_k - U_1\,W_1)$ R.E., einen Ausdruck, der nur von der Gestalt der Lichtröhre vor und hinter dem System abhängt, für den belanglos ist, aus wieviel Linsen das System besteht und welche Form sie haben.

Wegen (34.4) ist also bei einer Pupillenverschiebung

$$\Delta\,\mathrm{SV}^* = \Delta\,\mathrm{SV} - \pi\frac{0{,}546}{\mathrm{LLW}}\left(\tfrac{3}{2}\Delta\,\mathrm{AST} + \Delta\,\mathrm{PTZ}\right) + \pi^2 3\Delta\,\mathrm{K} - \pi^3\frac{0{,}546}{\mathrm{LLW}}\Delta\,\mathrm{SPH}$$
$$- 1000\pi(U'W' - UW) - 500\pi^2(U'^2 - U^2)\,.$$

Für die Wirkung einer Pupillenverschiebung auf die sphärische Aberration der Pupille bekommt man ein Polynom 4. Grades in π. Ich will es hier nicht angeben, sondern stattdessen die Wirkung einer Objektverschiebung $A^* = A + \omega B$, $n^*U^* = nU + \omega nW$, $n^*I^* = nI + \omega\, nJ$ auf die Seidelsche Näherung für den Flächenanteil

$$\Delta\,\mathrm{SPHO} = -\,915{,}5\,A\,(nI)^2\left(\frac{U'}{n'} - \frac{U}{n}\right)\mathrm{R.E.}$$

zur sphärischen Aberration der Objektabbildung ableiten. Durch Einsetzen der Formeln für die Objektverschiebung findet man

$$\Delta\,\mathrm{SPHO}^* = \Delta\,\mathrm{SPHO} + \omega\, c_1 + \omega^2 c_2 + \omega^3 c_3 + \omega^4 \Delta\,\mathrm{SPHP}\,.$$

Die Koeffizienten sind

$$c_1 = -\,915{,}5\left\{2AnInJ\left(\frac{U'}{n'} - \frac{U}{n}\right) + B(nI)^2\left(\frac{U'}{n'} - \frac{U}{n}\right) + A(nI)^2\left(\frac{W'}{n'} - \frac{W}{n}\right)\right\}$$
$$= -\,1{,}831\,\mathrm{LLW}\cdot 4\,\Delta\,\mathrm{K} + 915{,}5\,\mathrm{LLW}\,(U'^2 - U^2)\,,$$

$$c_2 = -\,915{,}5\left\{A\,(nJ)^2\left(\frac{U'}{n'} - \frac{U}{n}\right) + 2\,BnInJ\left(\frac{U'}{n'} - \frac{U}{n}\right) + \right.$$
$$\left. + 2\,AnInJ\left(\frac{W'}{n'} - \frac{W}{n}\right) + B\,(nI)^2\left(\frac{W'}{n'} - \frac{W}{n}\right)\right\}$$
$$= 3\,\Delta\,\mathrm{AST} + 2\,\Delta\,\mathrm{PTZ} + 3\cdot 915{,}5\,\mathrm{LLW}\,(U'W' - UW)$$
$$= \left(\tfrac{3}{2}\,\Delta\,\mathrm{AST\,O} + \Delta\,\mathrm{PTZ}\right) + \left(\tfrac{3}{2}\,\Delta\,\mathrm{AST\,P} + \Delta\,\mathrm{PTZ}\right),$$

$$c_3 = -\,915{,}5\left\{B(nJ)^2\left(\frac{U'}{n'} - \frac{U}{n}\right) + 2BnInJ\left(\frac{W'}{n'} - \frac{W}{n}\right) + A(nJ)^2\left(\frac{W'}{n'} - \frac{W}{n}\right)\right\}$$
$$= -\,1{,}831\,\mathrm{LLW}\cdot 4\,\Delta\,\mathrm{SV} - 915{,}5\,\mathrm{LLW}\,(W'^2 - W^2)\,,$$

die Umformungen werden wie oben mit Hilfe der Gln. (34.2) und (34.3) vorgenommen. In der Darstellung für c_2 wurde außerdem (34.4) benutzt, um die Symmetrie der Koeffizienten bezüglich der Objekt- und Pupillenabbildung deutlich zu machen.

Summiert man alle Flächenanteile Δ SPHO* eines Systems, dann bekommt man

$$\mathrm{SPH\,O}^* = \mathrm{SPHO} - 4\,\omega\,1{,}831\,\mathrm{LLW}\cdot\mathrm{K} + 6\,\omega^2\left(\tfrac{1}{2}\mathrm{AST} + \tfrac{1}{3}\mathrm{PTZ}\right) -$$
$$- 4\,\omega^3\,1{,}831\,\mathrm{LLW}\cdot\mathrm{SV} + \omega^4\cdot\mathrm{SPHP} + \qquad (34.5)$$
$$+ \omega\,915{,}5\,\mathrm{LLW}\,\{(U_k'^2 - U_1^2) + 3\,\omega\,(U_k'\,W_k' - U_1\,W_1) - \omega^2\,(W_k'^2 - W_1^2)\}\,.$$

Hieraus folgt ein interessanter Satz bezüglich der Existenz idealer optischer Systeme. Soll ein solches System ein endliches Raumstück fehlerfrei abbilden, dann muß wenigstens die Abbildung in einem ebenen, achsensenkrechten Schnitt durch dieses Raumstück fehlerfrei sein. Nehmen wir diesen Schnitt als Objektebene, dann verschwinden in (34.5) die Koeffizienten SPHO, K, AST, PTZ und SV. Damit bei jeder Objektverschiebung innerhalb eines endlichen Intervalls um die ausgezeichnete Objektebene das neue Bild wenigstens frei von sphärischer Aberration ist, muß SPHP $= 0$ sein, aber auch

$$U_k'^2 - U_1^2 = 0, \quad U_k' W_k' - U_1 W_1 = 0 \quad \text{und} \quad W_k'^2 - W_1^2 = 0 .$$

Das bedeutet $U_k' = \pm U_1$, $W_k' = \pm W_1$, und zwar müssen hier wegen der zweiten Bedingung in beiden Fällen die gleichen Vorzeichen genommen werden, die Kombination $U_k' = U_1$ und $W_k' = - W_1$ ist nicht zulässig. Aus der Formel (9.1) folgt, daß die Brechkraft

$$\varphi = \frac{n_k' U_k' n_1 W_1 - n_k' W_k' n_1 U_1}{\mathrm{LLW}} = 0$$

sein muß für jedes System, das ein endliches Raumstück wenigstens im Bereich der Seidelschen Näherung fehlerfrei abbilden soll.

Eine ideale Abbildung endlicher Raumstücke liefert die einfache Lichtröhre ohne Linsen und der ebene Spiegel. Obiger Satz besagt, daß jedes ideale System in seiner Wirkung auf die Lichtröhre diesen trivialen Beispielen äquivalent sein muß. Die für die Praxis wichtigen Systeme, die uns mehr zeigen, als wir mit bloßem Auge erkennen, können kein fehlerfreies Bild räumlicher Gegenstände liefern.

Betrüblich aber ist der Satz von der Nicht-Existenz idealer Systeme nur für die Theoretiker. Umgekehrt hat er nämlich zur Folge, daß für jede neue Anwendung ein zweckmäßiges System entwickelt werden muß. Deshalb rechtfertigt letzten Endes dieser Satz die Existenz der Optik-Konstrukteure und der optischen Industrie.

Schlußbemerkungen und Literaturhinweise

Wer die Absicht hat, optische Systeme zu berechnen, der sei gewarnt. Dafür reicht die dargestellte Theorie nicht aus. Sie enthält wohl alle Formeln, die man in der Praxis braucht, aber es fehlen Hinweise auf die Rechentechnik. Ohne ein zweckmäßiges Rechenschema, ohne Regeln, welche Werte mit welchen Formeln in welcher Reihenfolge berechnet werden müssen, ohne Hinweise, was man im Einzelfall speziell zu beachten hat, ist zumindest ein Anfänger verloren. Umgekehrt macht eine ausgefeilte Rechentechnik vieles vom Formalismus der Theorie entbehrlich. Wer nicht die Zeit hat, jahrelang zu rechnen, der sollte seine Zeit nicht dafür vergeuden. Denn erst wenn der Gang der Rechnung so eingeübt ist, daß er nicht mehr als Belastung empfunden wird, ist man in der Lage, die wesentlichen Zusammenhänge zu überblicken. Sonst läuft man Gefahr, in einem Meer von Zahlen zu ertrinken.

Ich habe auf die Darstellung einer Rechentechnik verzichtet, weil dafür kein Verfahren allgemein üblich ist. Das liegt zum Teil daran, daß es für Optik-Konstrukteure keine offizielle Ausbildung gibt, normalerweise erwerben sie ihre Kenntnisse durch die Arbeit in einem Betrieb der optischen Industrie. Andererseits gibt es keine Rechentechnik, die der unterschiedlichen Vorbildung oder Veranlagung der Konstrukteure optimal angepaßt ist. Der eine versucht, Lösungen aus den Formeln der Bildfehlertheorie analytisch zu finden, der andere bevorzugt numerische Rechnungen, wieder andere verwenden graphische Methoden.

Die numerischen Rechnungen können durch Rechenautomaten wesentlich erleichtert und beschleunigt werden. Wenn sie in großen Mengen anfallen, ist der Einsatz eines elektronischen Rechenautomaten wirtschaftlich. Allerdings verführt deren Rechengeschwindigkeit dazu, unnötig viel zu rechnen, die Bildfehlertheorie zu ignorieren und durch Probieren zu ersetzen. In welchem Maße das wirtschaftlich möglich ist, wird sich erst im Laufe der Zeit zeigen.

Zum Schluß ein paar Literaturhinweise für denjenigen, der tiefer in die Probleme der geometrischen Optik eindringen möchte. Wissenschaftlicher Ehrgeiz und Anstand erfordern es, daß die Liste lang ist und kommentarlos gegeben wird. In dieser Richtung vorbildlich ist das Buch von Czapski-Eppenstein: Grundzüge der Theorie der optischen Instrumente, 3. Auflage, Leipzig 1924. Sein Literaturverzeichnis ist 83 Seiten lang, man wird es mit historischem Vergnügen und sachlichem Gewinn studieren, wenn man nach alten Originalarbeiten sucht. Übrigens ist es in der geometrischen Optik nicht oft erforderlich, nach neuen Arbeiten zu suchen, es sei denn, man möchte zwei Darstellungen eines Sachverhalts miteinander vergleichen. Das Buch von Czapski-Eppenstein ist sehr ausführlich und heute nur mit Mühe lesbar, es repräsentiert aber die geometrische Optik aus der Zeit maximaler Intensität wissenschaftlicher Arbeit auf diesem Gebiet und ist deshalb für viele Fachleute unentbehrlich.

Im Jahre 1929 erschien das Buch von A. E. Conrady: Applied Optics and Optical Design, das zusammen mit dem posthum erschienenen Teil II heute als DOVERBOOK zu haben ist (Dover Publications, New York 1957 und 1960). Es gibt eine ausführliche und elementare Einführung in die Theorie und viele Anwendungsbeispiele aus der Praxis. Conrady benutzt geometrische Begriffe und Beziehungen in stärkerem Maße, als ich es getan habe, deshalb ist seine Darstellung besonders anschaulich. Das Buch von M. Berek: Grundlagen der praktischen Optik, ist 1930 im Verlag W. de Gruyter in Berlin und Leipzig erschienen und ist vor allem als Leitfaden für die Arbeit des Optik-Konstrukteurs gedacht. BEREK und CONRADY haben beide auf dem Gebiet der geometrischen Optik theoretisch gearbeitet und selbst Systeme entwickelt. Das ist wohl der wesentliche Grund, weshalb diese Bücher ihren Wert über Jahrzehnte behalten haben.

Wer sich mit geometrischer Optik beschäftigt, darf die damit verknüpfte Physik nicht vernachlässigen. Der beste Ratgeber hierfür scheint mir das Buch von R. W. POHL zu sein: Optik und Atomphysik, 9. Auflage. Berlin-Göttingen-Heidelberg: Springer **1954**. Das Entstehen des Astigmatismus wird darin auf anfechtbare Weise erklärt, aber dies ist eben die Ausnahme, die man braucht zum Beweis der Regel, daß man sich auf POHL verlassen darf.

Wenn es um Feinheiten der Bildqualität geht, dann ist es zweckmäßig, neben den Bildfehlern der geometrischen Optik die Wellentheorie des Lichtes stärker zu berücksichtigen. Eine Einführung in dieses Gebiet gibt das Buch von H. H. HOPKINS: Wave Theory of Aberrations, Oxford 1950. Als Ergänzung lese man die Arbeit von J. L. RAYCES: Exact relation between wave aberration and ray aberration, Optica acta, Vol. 11, 1964. Die Wellenaberrationen sind physikalisch einfach zu interpretieren und deshalb für die Beurteilung der Bildqualität nützlich. Aber sie sind umständlicher zu berechnen als die Bildfehler der geometrischen Optik, vor allem kennt man dafür keine Zerlegung in Flächenanteile, deren Summe die Gesamtaberration gibt. Deshalb benutzt man in der Praxis für die Berechnung, die Entwicklung optischer Systeme die geometrische Bildfehlertheorie. Sie erlaubt eine genaue Analyse des Systems und gibt dem Optik-Konstrukteur in der Regel ausreichende Hinweise auf die Bildqualität. Die Wellenaberrationen enthalten alle Informationen über die Bildqualität, geben aber nur ganz grob an, durch welche Änderungen des Systems die Qualität verbessert werden kann.

Druck: Carl Ritter & Co., Wiesbaden